Ekkehard Winterfeldt

Prinzipien und Methoden der stereoselektiven Synthese

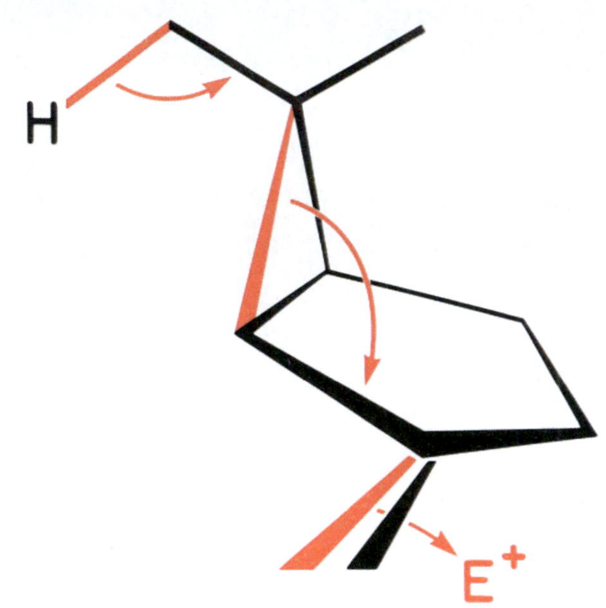

Ekkehard Winterfeldt

PRINZIPIEN UND METHODEN DER STEREOSELEKTIVEN SYNTHESE

Springer Fachmedien Wiesbaden GmbH

Dieses Buch enthält die Zusammenstellung einer siebenteiligen Artikelserie, die der Autor unter dem Titel „Prinzipien und Methoden der stereoselektiven Synthese" in der Zeitschrift *Kontakte* (Merck, Darmstadt) veröffentlichte. Die Beiträge wurden vom Autor durchgesehen und geringfügig überarbeitet. – Abdruck mit freundlicher Genehmigung aus *Kontakte 1985* (1), 3; *1985* (2), 48; *1986* (1), 52; *1986* (2), 16; *1986* (3), 37; *1987* (1), 20 und *1987* (2), 37.

Der Verlag Vieweg ist ein Unternehmen der Verlagsgruppe Bertelsmann.

Ursprünglich erschienen bei Friedr. Vieweg & Sohn Verlagsgesellschaft mbH, Braunschweig 1988
Softcover reprint of the hardcover 1st edition 1988

Buchbinderische Verarbeitung: Hunke & Schröder, Iserlohn

ISBN 978-3-663-01893-3 ISBN 978-3-663-01892-6 (eBook)
DOI 10.1007/978-3-663-01892-6

Abstract

Chapter 1
General Principles and $sp^2 \rightarrow sp^3$-transformation

Following a discussion of some general methods for controlling the stereoselective creation of sp^3 centres, the first chapter concentrates on the use of olefins of known configuration. The most important methods for the preparation of such olefins are briefly outlined. The chapter closes with remarks on the important role of some modern developments of *Diels-Alder* cycloaddition processes, a topic which is continued in the subsequent chapter.

Chapter 2
Secondary Processes in Olefin Educts

The second chapter starts with selected examples from the field of intramolecular *Diels-Alder* cycloadditions, subsequently dealing with 1,3-dipolar cycloadditions and sigmatropic rearrangements. The chapter closes with a general description of selective additions to the double bond including a special section on epoxides.

Chapter 3
Small ring systems

The third chapter deals with the application of three- and four-membered rings in stereoselective synthesis. Epoxides are shown to be useful examples to prove that the stereochemistry of ring opening reactions is decisively influenced by the reaction mechanism of this step. Here as with cyclopropanes strictly nucleophilic attacks give rise to high stereoselectivity while strong *Lewis* acid catalysis leading to highly developed positive charges at carbon atoms is accompanied by losses in stereoselectivity. In the case of β-lactams the numerous possibilities of stereoselective chemical transformations are combined with subsequent nucleophilic attack at the activated carbonyl centre.

Chapter 4
Reactions at the Carbonyl Group

In chapter 4 chemical as well as enzymatic stereoselective reductions of carbonyl groups are treated together with the chemoselectivity, regioseletivity, and stereoselectivity of the addition of metallo-organic reagents to aldehydes and ketones.

Chapter 5
Aldol Reactions

Chapter 5 covers the various possibilities of stereoselective and enantioselective aldol reactions including the closely linked allyl additions. Finally some highly selective transformations of corresponding aza-analogues are added.

Chapter 6
Conjugate additions, Part I

The various versions of conjugate additions are discussed and the wide choice of modern *Michael* donors as well as *Michael* acceptors is indicated. The strereochemistry with cyclic as well as acyclic *Michael* acceptors is presented.

Chapter 7
Conjugate additions, Part II

A discussion of stereoselectivity in intramolecular conjugate additions as well as their possibilities is followed by general remarks on tandem processes. The most important reaction combinations that have been investigated in connection with *Michael* additions are presented and the article closes with some recent contributions to the enantioselective preparation of *Michael* adducts.

Vorwort

Das vorliegende Bändchen ist aus einer Serie von Artikeln hervorgegangen, die der Autor für die von der Firma E. Merck, Darmstadt, herausgegebene Zeitschrift „Kontakte“ verfaßt hat. Ursprünglich nur als Feierabendlektüre für den der Literaturflut nur noch mühsam Herr werdenden praktizierenden Chemiker gedacht, hat dieser Beitrag auch bei Studenten, Doktoranden, Hochschullehrern und Gymnasiallehrern Anklang gefunden, und es ist mehrfach der Wunsch nach zusammengefaßter Herausgabe laut geworden. Erfreulicherweise hat sich Herr *B. Gondesen* vom Vieweg-Verlag bereit erklärt, diese Aufgabe zu übernehmen, und ich bin ihm für überaus bereitwillige Hilfe und vielfältige Ratschläge bei der Vorbereitung des Manuskripts sehr dankbar.

Wie bereits in den entsprechenden Artikeln in verschiedenartigster Form klargestellt, liegt hier keine Monographie zum Gebiet der stereoselektiven Synthese vor, sondern Ziel des Autors war es vielmehr, einige wichtige Lenkungsprinzipien, derer man sich beim Planen stereoselektiver und regioselektiver Transformationen bedient, an einigen nach Gusto ausgewählten konkreten Beispielen der neueren Literatur zu demonstrieren. Das Material stammt z. T. aus einer Vorlesung über Stereochemie, die der Autor an der Universität Hannover hält, und z. T. aus den Beispielen eines GDCh-Fortbildungskurses „Stereoselektive Synthese“, der mehrfach unter der Leitung des Autors in Hannover durchgeführt wurde.

Im ersten Kapitel wird das Konzept des inerten Volumens *versus* aktiven Volumens entwickelt und die Bedeutung *cis*-konfigurierter cyclischer Systeme für stereoselektive Prozesse diskutiert. Nach einer kurzen Behandlung der synthetischen Äquivalenz definiert konfigurierter sp^2- und sp^3-hybridisierter Zentren gelangt man zwangsläufig zur detaillierten Betrachtung diverser Cycloadditionen.

Das zweite Kapitel ist vollständig der wichtigen Rolle intramolekularisierter Prozesse gewidmet. Regioselektivität und Stereoselektivität bei Cycloadditionen und sigmatropen Prozessen, aber auch bei Intramolekularisierung der Doppelbindungsattacke, bieten vielfältige Lenkungsmöglichkeiten. Von ähnlicher Zuverlässigkeit und hoher Anwendungsbreite sind definiert konfigurierte Kleinringsysteme, die im dritten Kapitel näher betrachtet werden und an deren Beispiel die wichtige Rolle des detaillierten mechanistischen Verlaufs für Regio- und Stereoselektivität demonstriert wird.

Im fünften und sechsten Kapitel steht der Angriff auf die Carbonylgruppe bzw. die vinylogisierte Acceptorgruppe im Vordergrund. *Dunitz-Bürgi*-Einflugschneise, *Cram-* bzw. *Felkin-Ahn*-Modell sowie Chelatisierung im Übergangszustand sind hier das Hauptaugenmerk zu schenken.

Im siebten und letzten Kapitel schließlich wird anhand intramolekularisierter Folgeprozesse konjugierter Additionen die große Bedeutung von Tandem-Reaktionen sowie der regenerativen Reaktivität für stereoselektiven Reaktionsverlauf demonstriert.

Vollständigkeit war nie angestrebt. Die Beispiele sind subjektv ausgewählt in der Hoffnung, daß sie die zu vermittelnden Prinzipien anschaulich illustrieren. Einige ärgerliche Formelfehler, die sich wegen einer organisatorischen Panne vor allem in Teil 2 der Serie eingeschlichen hatten, konnten bei dieser Gelegenheit ausgemerzt werden. Herrn Dr. *R. Klink* (E. Merck, Darmstadt), der die Anregung zu dieser Artikelserie gab und dem Autor ungewohnte redaktionelle Freiheitsgrade sicherte, gebührt mein ganz besonderer Dank.

Ekkehard Winterfeldt

Hannover, im Juni 1987

Inhaltsverzeichnis

Kapitel 1
Allgemeine Prinzipien und $sp^2 \rightarrow sp^3$-Transformation

Angesichts der großen und ständig steigenden Bedeutung stereoselektiver und enantioselektiver Synthesen entstand der Wunsch, die wichtigsten Entwicklungslinien dieser Bemühungen sowie die hier vor allem genutzten Reaktionstypen kritisch und vergleichend zu beschreiben. Das Resultat mußte trotz heftigen Strebens nach Knappheit und trotz bewußten Verzichts auf Vollständigkeit in sieben Einzelartikel aufgegliedert werden. Der erste Teil eröffnet den Reigen mit einer Diskussion der allgemeinen Lenkungsmöglichkeiten sowie der Darstellungsmöglichkeiten und der Bedeutung sp^2-hybridisierter Zentren.

Im zweiten Teil werden Cycloadditionen, sigmatrope Prozesse sowie die intramolekulare Olefinfunktionalisierung und im dritten dann die Nutzung definiert konfigurierter Kleinringverbindungen folgen. Das vierte Kapitel behandelt stereoselektive Angriffe auf Carbonylgruppen und Carbonyläquivalente und das fünfte Aldolprozesse. Im sechsten Kapitel wird über konjugierte Additionen berichtet, und es wird in diesem Kapitel auch über die Möglichkeiten der thermodynamischen gegenüber der kinetischen Kontrolle des Reaktionsabschlusses zu sprechen sein. Im siebenten und letzten Kapitel werden dann noch Tandem-Prozesse und enantioselektive konjugierte Additionen zur Sprache kommen.

Die Masse könnt ihr nur durch Masse zwingen,
Ein jeder sucht sich endlich selbst was aus.
Wer vieles bringt, wird manchem etwas bringen,
Und jeder geht zufrieden aus dem Haus.
Gebt ihr ein Stück, so gebt es gleich in Stücken!
Solch ein Ragout, es muß Euch glücken;
Leicht ist es vorgelegt, so leicht als ausgedacht.
Was hilfts, wenn Ihr ein Ganzes dargebracht?
Das Publikum wird es Euch doch zerpflücken.

GOETHE, *Faust Erster Teil*

Einleitung

Die Gültigkeit des stereoelektronischen Prinzips ist eine wichtige Voraussetzung für eine bemerkenswerte Flexibilität bei der Planung und Durchführung stereoselektiver und letztlich natürlich auch enantioselektiver Synthesen. Wie das Schema I zeigt, führt die inter- bzw. intramolekulare elektrophile – und übrigens auch nucleophile – Addition in gleicher Weise wie auch konzertierte Cycloadditions- bzw. sigmatrope Umlagerungsprozesse stereospezifisch von der sp^2- zur sp^3-Hybridisierung, während entsprechende Fragmentierungsprozesse die entgegengesetzte Transformation erlauben:

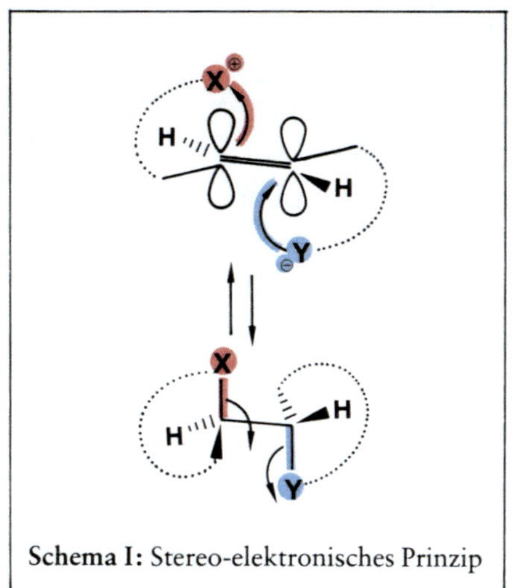

Schema I: Stereo-elektronisches Prinzip

Stehen also in großer Breite einsetzbare, zuverlässige und auch bei großen Ansätzen durchführbare Techniken zur Etablierung di-, tri- und auch gegebenenfalls tetrasubstituierter sp^2-hybridisierter Systeme zur Verfügung, so repräsentieren diese gleichzeitig auch die Stellvertreter und synthetischen Äquivalente für entsprechende sp^3-Zentren. Wo dieser Übergang nicht unmittelbar möglich ist, erschließen direkt herstellbare Kleinringsysteme (Epoxid, Cyclobutan), über die in Kapitel 3 zu sprechen sein wird, verschiedenartigsten Olefinen den Weg in dieses Gebiet. Grund genug also, sich im ersten Teil dieser Zusammenfassung mit den modernen Entwicklungen auf diesem Gebiet zu beschäftigen.

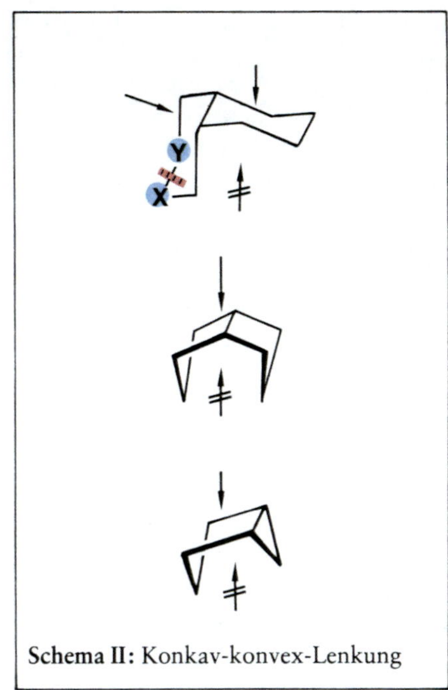

Schema II: Konkav-konvex-Lenkung

Will man dagegen den Aufbau von sp^3-Konfigurationen direkt angehen, so ist es sehr empfehlenswert, speziell konfigurierte cyclische Systeme als Basis und Grundstock für deren Etablierung zu wählen, die vor allem dann besonders nützlich sind, wenn ihre spezielle Konfiguration und

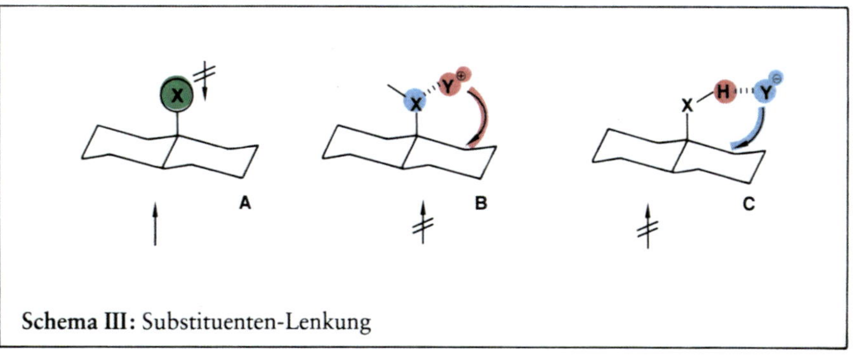

Schema III: Substituenten-Lenkung

Konformation konvexe Flachen schaffen, die dann fur den Angriff von Reagenzien und Reaktionspartnern ganz allgemein klare Praferenzen sicherstellen (s. Schema II):

Von langer Hand vorgesehene und fur die spatere Aufsprengung dieser Ringe eingeplante Sollbruchstellen (X – Y) geben dieser Strategie eine beachtliche konstitutionelle Flexibilitat und weisen diesen Cyclen die Rolle eines nutzlichen intermediaren Vehikels zu. Nicht von ungefahr spielen daher die jeweils *cis*-Dekalin-Konfigurationen garantierenden *Diels-Alder*-Synthesen bei den fruhen stereoselektiven Naturstoffsynthesen der *Woodward*-Ara eine so entscheidende Rolle bei den einleitenden Eroffnungszugen.

Ein zweites, ebenfalls inzwischen wohlbewahrtes Prinzip sieht einen dirigierenden Schlusselsubstituenten auf einer Seite eines mehr oder weniger planaren Molekuls vor, der interessanterweise in zweierlei Weise wirksam werden kann (s. Schema III):

Wirkt X durch seinen schieren inerten Raumanspruch (Methylgruppe, *tert*-Butyl, Trialkylsilyl), so wird den Reaktionspartnern der Zugang zu der von dieser Gruppe besetzten Seite verwehrt. Der Substituent wird als chemische Abschreckung funktionieren und zu bevorzugter α-Attacke fuhren [Ⓐ].

Die Stereoselektivitat der Steroidreaktionen, bei denen zwei β-orientierte angulare Methylgruppen zuverlassig und gut vorhersagbar den unterschiedlichsten Angriffen auf das Molekul die α-Praferenz aufzwingen, legt hierfur beredt Zeugnis ab.

Schon jetzt sei vorweggenommen, daß bei Aufhebung exocyclischer Doppelbindungen sowohl in diesen Systemen wie auch bei den im Schema II vorgestellten jeweils die thermodynamisch instabilere Konfiguration erzeugt wird (s. Schema IV), so daß auch die Option fur die thermodynamisch stabilen Stereoisomeren bleibt. Diesen Vorteil wird man speziell dann besonders zu schatzen wissen, wenn man in der Wirkstoffserie fur das Studium der Konfigurationsabhangigkeit der biologischen Aktivitat mit einer gewissen Systematik an allen Stereoisomeren der jeweiligen Substanzklasse interessiert ist. Auf die wichtige Problematik der thermodynamischen wie kinetischen Lenkung zur Erzeugung definiert konfigurierter sp^3-hybridisierter Zentren wird noch speziell einzugehen sein.

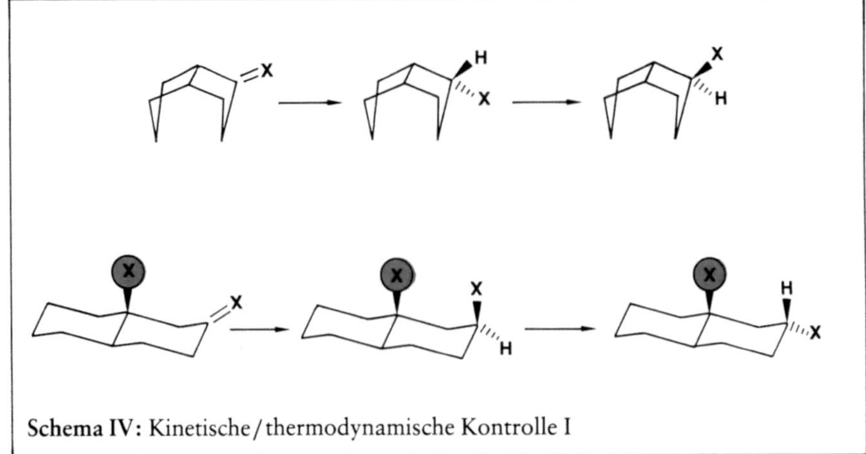
Schema IV: Kinetische/thermodynamische Kontrolle I

Zuruck jedoch zur Dirigierungsgruppe X im Schema III. Wie die Beispiele Ⓑ und Ⓒ zeigen, kann dieser Substituent auch ein aktives Volumen reprasentieren. Von einer *Lewis*-Basen-Aktivitat (freie Elektronenpaare, Ether, Amin, Sulfid) erwartet man eine fruhe, vorgeschaltete Erkennung aller Reagenzien, die den Charakter einer *Lewis*-Saure aufweisen. Komplexbildung des Typs Ⓑ wird den angreifenden Reaktionspartner dann auf der Oberseite des Molekuls fixieren und somit den Angriff auf dieser Molekulseite favorisieren. Hat der Substituent X dagegen *Lewis*-Sauren-Habitus – im einfachsten Falle ein acides Proton –, so wird der bei Ⓒ angegebene Kontakt eine ahnliche Vororientierung fur Anionen bzw. *Lewis*-Basen ganz allgemein bewirken. Die hocheffiziente und spater noch detailliert zu besprechende *Sharpless*-Oxidation ist hier wohl das unangefochtene Paradebeispiel. Nur am Rande sei erwahnt, daß naturlich von zwei Positionen des Molekuls ausgehende Kontakte dieses Typs (z. B. Chelatisierung) neben Reagenz-Fixierung auch noch eine dramatische Einschrankung der konformativen Freiheitsgrade des Grundgerustes bewirken und durch dieses Zusammenbinden eine ausgezeichnete Voraussetzung fur enantioselektive Prozesse schaffen. Bei der Auslegung des Substituenten X zur Wahrnehmung der oben analysierten Auf-

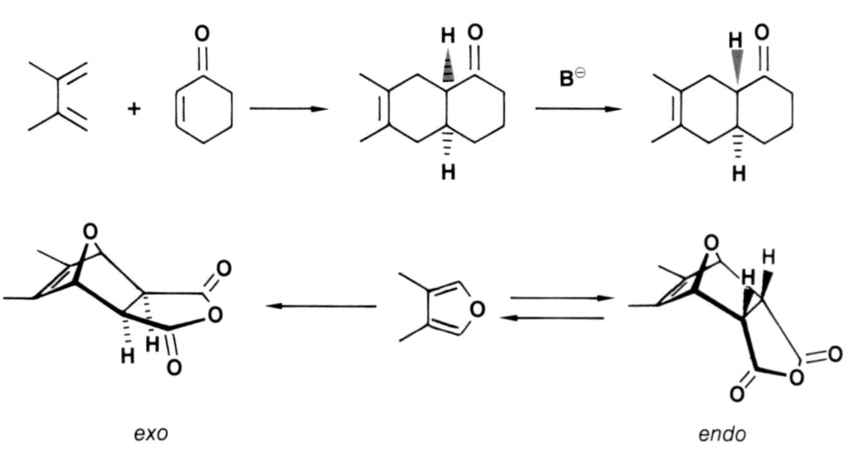

Schema V: Kinetische/thermodynamische Kontrolle II

gabe hat man im allgemeinen hinreichende Möglichkeiten. Das aktive Volumen einer OH-Gruppe wird durch Bildung eines Dimethyl-*tert*-butyl-silylethers in inerten Raumanspruch umgewandelt, der elektrophile Charakter der Carbonylgruppe eines Esters wird im Falle des *tert*-Butylesters abgedeckt und ebenfalls in schlichtes inaktives Volumen umgewandelt.

Gleichermaßen verkörpert der *tert*-Butylester die fette, voluminöse Variante einer Estergruppe, während die Nitrilgruppe das gertenschlanke, räumlich anspruchslose Äquivalent darstellt, und das basische donorstarke Dialkylamin erweist sich als entsprechendes N-Pivalat nur noch als völlig uninteressierter dicker Substituent.

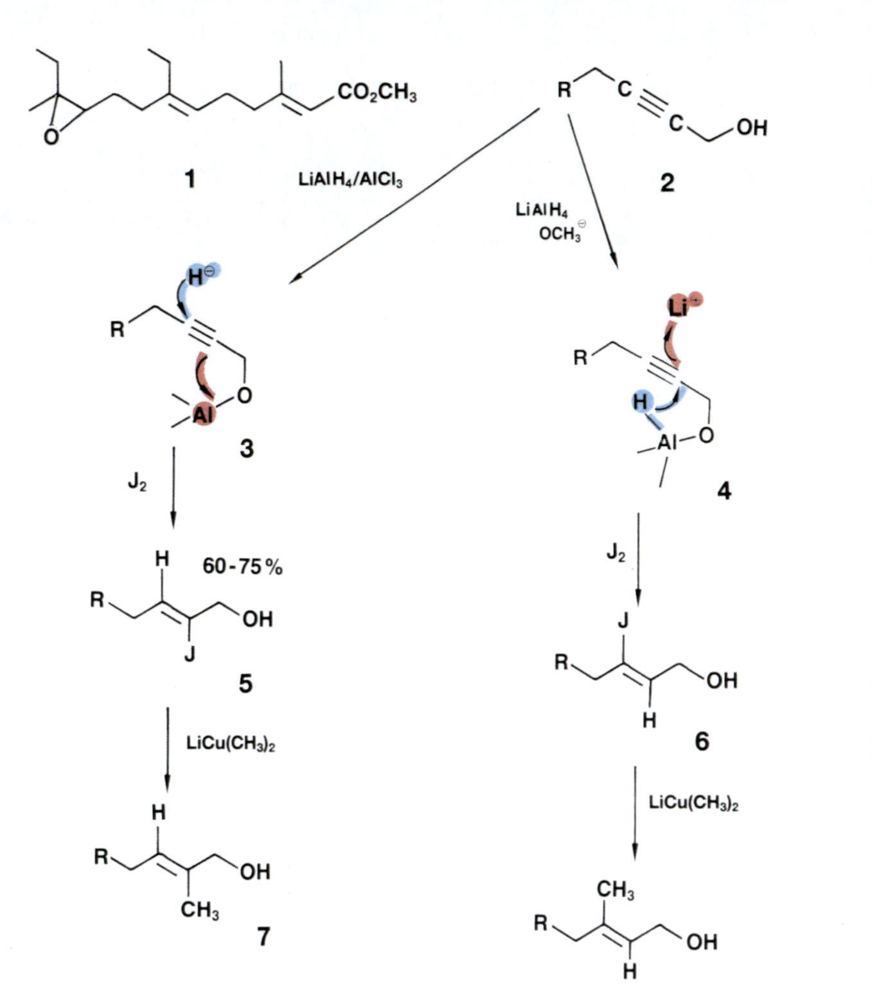

Ist man indesssen in der elektronischen Qualität der lenkenden Gruppe festgelegt (z. B. Thioketal → Carbonylgruppe bzw. Sauerstoffketal aus Reaktivitäts- oder Stabilitätsgründen nicht erlaubt), so bleibt schließlich die Möglichkeit, das zu verwendende Reagenz diesen Bedingungen anzupassen.

So wird, um beim Beispiel des Thioketals zu bleiben, diese Gruppe dem nucleophilen negativ geladenen Boranat oder besser noch Selectrid®-Anion nur sterische Hinderung entgegensetzen. Ein *Lewis*-Säuren-Reduktionsmittel wie z. B. Dialkyl-Aluminiumhydrid wird rasch einen vororientierenden und reaktivitätserhöhenden At-Komplex generieren. Dieser Gesichtspunkt taucht hier zum ersten Mal auf, verdient aber in der Tat ganz besondere Aufmerksamkeit, denn es ist in vielen Fällen selbstverständlich und vorhersehbar, daß unter bestimmten Voraussetzungen die elektronische Interaktion mit dem Ziel der Vororientierung natürlich auch gleichzeitig die Aggressivität des Reagenzes gegenüber bestimmten funktionellen Gruppen in definierter Weise erhöhen kann. Auf diese Weise werden Reaktionen durchführbar, die ohne diese spezielle Umgebung nicht möglich wären. Die im nächsten Kapitel aufgeführten Alanatreduktionen von Dreifachbindungen in Propargyl- und Homo-Propargylalkoholen liefern hierfür ein gutes Beispiel. Ja sogar bis zur Absolvierung unerwünschter und absolut unerwarteter Reaktionen (z. B. Reduktion einer Doppelbindung[1)]) kann unter solchen Bedingungen über das Ziel hinausgeschossen werden. Diese Notwendigkeit, sich mit dem Reagenz jeweils sehr gezielt auf die elektronische Umgebung am Tatort einstellen zu müssen, fordert uns auf, in der Entwicklung immer wieder neuer, sehr selektiver und stereoselektiver Reagenzien nicht zu erlahmen, damit schließlich ein vollständiges Arsenal elektronisch und sterisch abgestimmter Operationsbestecke zur Verfügung steht, um den Molekülen nach Uhrmachermanier mit spitzen Feilen und Pinzetten zu Leibe rücken zu können.

Schema VI: *E*-selektive Alkinreduktion

Alle bisher erwähnten Maßnahmen nutzen die Gestalt und allgemeine Parameter des Eduktes zur Lenkung der angreifenden Reagenzien in bestimmte fest vorgeschriebene Reaktionsbahnen. Eine weitere Möglichkeit verbirgt sich in der geschickten Kombination von Moleküleigenschaften und speziellen Anforderungen des Reaktionsmechanismus. Dies trifft vor allem für die Manipulation sowie die Öffnung von Kleinringsystemen zu, für die als Beispiel die Epoxid-Chemie stehen soll. Protonenkatalysierte zum Kation führende Ringöffnung hat nur bei früher Intervention des Nucleophils gute Aussichten auf hohe Stereoselektivität und Stereospezifität. Wird jedoch mit der schieren nucleophilen Kraft des Angreifers operiert, so ist die Einflugschneise durch die zu brechende Bindung klar festgelegt, und ausgezeichnete Stereoselektivität und Stereospezifität sind die Folge.

Bei starren cyclischen Systemen gibt es wegen des stereoelektronischen Prinzips auch noch sicher vorhersagbare Regioselek-

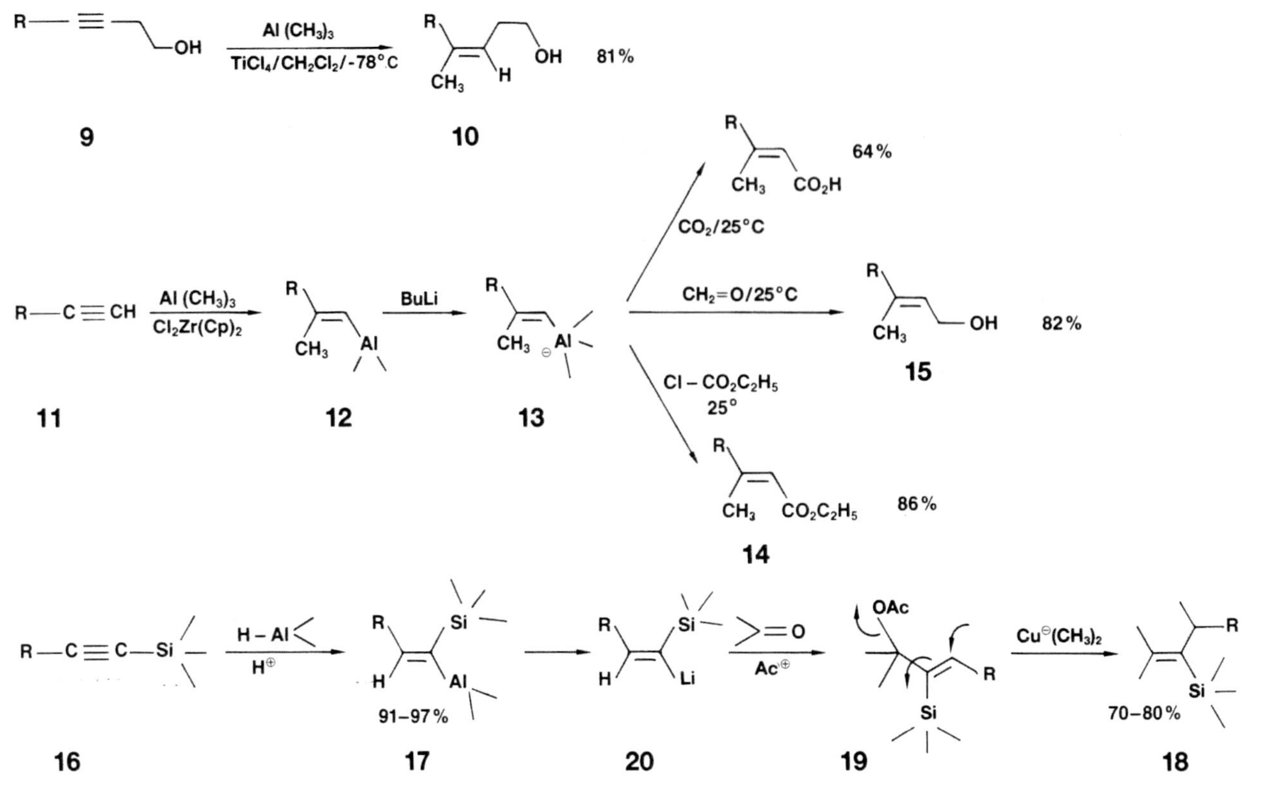

R—≡—∕∖OH → Al $(CH_3)_3$ / $TiCl_4/CH_2Cl_2/-78°C$ → 10 OH 81%

9 10

R—C≡CH → Al $(CH_3)_3$ / $Cl_2Zr(Cp)_2$ → 12 → BuLi → 13 → $CO_2/25°C$ (64%, CO_2H); $CH_2{=}O/25°C$ → 15 (82%, OH); $Cl-CO_2C_2H_5$, 25° → 14 (86%, $CO_2C_2H_5$)

11 12 13 15 14

16 → H–Al, $H^{\oplus}$ → 17 (91–97%) → 20 → Ac$^{\oplus}$ → 19 (OAc) → $Cu^{\ominus}(CH_3)_2$ → 18 (70–80%)

16 17 20 19 18

Schema VII: Alkin-Additionen

tivität als Zugabe. Angesichts der Tatsache, daß Verbindungen dieses Typs (s. auch Cyclopropane, Cyclobutane, β-Lactone, β-Lactame) sehr häufig relativ leicht mit definierter relativer und bisweilen auch absoluter Konfiguration herbeigeschafft werden können, eröffnen diese Eigenschaften vielfältige Möglichkeiten für die stereoselektive Synthese.

Bleibt zum Schluß die Nutzung von thermodynamischem *versus* kinetischem Reaktionsabschluß zur stereoselektiven Etablierung sp^2- bzw. sp^3-hybridisierter Zentren. Immer dann, wenn der Mechanismus der Reaktion die Vorhersage des thermodynamisch instabilen Stereoisomeren erlaubt, wird man für den Fall, daß diese Verbindung erwünscht ist, versuchen, die Reaktion unter nicht äquilibrierenden Bedingungen durchzuführen. Dazu wird es nötig sein, die mildesten noch akzeptablen Reaktionsbedingungen aufzufinden – eine Aufgabe, die heute mit Hilfe von DC und HPLC rela-

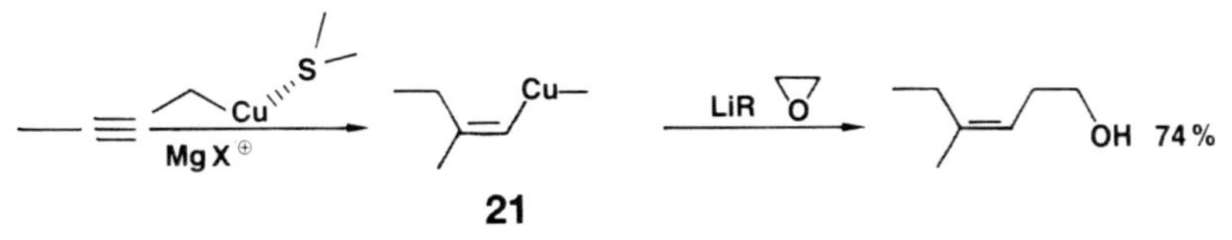

$MgX^{\oplus}$ → 21 (Cu) → LiR, Epoxid → OH 74%

21

Schema VIII: Direkte Cuprat-Addition

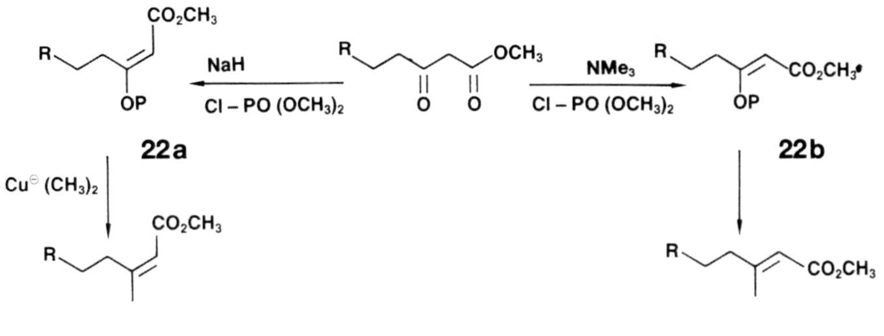

NaH / $Cl-PO(OCH_3)_2$ → 22a (CO_2CH_3, OP); NMe_3 / $Cl-PO(OCH_3)_2$ → 22b (CO_2CH_3, OP)

22a → $Cu^{\ominus}(CH_3)_2$ → CO_2CH_3; 22b → CO_2CH_3

Schema IX: Substitution an Vinylphosphaten

tiv leicht gelöst werden kann. Lieber wird man einen Teil unverändert gebliebenen Ausgangsmaterials abtrennen und recyclisieren, als sich auf das im allgemeinen viel schwierigere Geschäft der Stereoisomerentrennung einzulassen. So wird beispielsweise die *Diels-Alder*-Synthese mit Cyclohexenonen die *cis*-Konfiguration im Produkt hervorbringen (s. Schema V). Relativ leicht – speziell unter Basenkatalyse – wird jedoch die Umwandlung in das thermodynamisch stabile *trans*-Produkt vollzogen. Vorsicht ist hier also stets am Platze. Noch heikler ist die Situation bei Cycloadditionen mit dem aromatischen Furan. Wegen hoher Reversibilität der Reaktion nämlich kann leicht statt des erwarteten kinetisch kontrollierten *endo*-Adduktes bereits direkt das stabilere *exo*-Addukt gewonnen werden.

Richtige Beurteilung der jeweiligen Situation und geschickte Nutzung dieser Möglichkeiten werden sich immer dann auszahlen, wenn, wie in diesen Fällen, das kinetisch kontrollierte Produkt das thermodynamisch instabile Ensemble von Konfigurationen repräsentiert. Erhöhte konfigurative Flexibilität ist der Lohn für die Mühe zur Erlangung und eperimerisierungsfreien Isolierung dieses Produktes.

sp^2-Zentren

Während disubstituierte Doppelbindungen definierter Konfiguration auch für den thermodynamisch instabilen Z-Fall dank der *Lindlar*-Hydrierung von Dreifachbindungen sowie der konsequenten Durcharbeitung der *Wittig*-Reaktion schon längere Zeit präparativ kein Problem mehr darstellen[2], sind die tri- und tetrasubstituierten Vertreter erst in den letzten 25 Jahren intensiv bearbeitet worden. Dennoch steht heute bereits ein beachtliches Arsenal zur Verfügung, auf das vollständig in diesem Artikel nicht eingegangen werden kann und glücklicherweise wegen bereits existierender ausgezeichneter Review-Artikel[3] auch nicht eingegangen zu werden braucht. An dieser Stelle muß ganz allgemein bei allen auf dem Feld der stereoselektiven Synthese aktiven Forschungsgruppen um Nachsicht und Verständnis gebeten werden, wenn dieser Artikel nur prinzipielle Entwicklungstrends aufzeigt, wobei ohne irgendwelchen Anspruch auf Vollständigkeit jeweils geeignete Beispiele nach der rein subjektiven Beurteilung des Autors willkürlich ausgewählt wurden.

Schema X: *Claisen*-Umlagerung

Sicher hat die Beschäftigung mit dem biologisch aktiven Molekül Juvenilhormon **1** – wie das häufig bei synthetischen Methoden der Fall ist – als Auslöser gewirkt und viele Studien der Reihe der trisubstituierten Doppelbindungen stimuliert. Schon bei den ersten richtungweisenden Beiträgen zu diesem Gebiet[4] erkennt man die wichtige Rolle der Dreifachbindung, die immer wieder zu regioselektivem und stereoselektivem Hantieren eingeladen hat (s. Schema VI).

So basiert bereits eine der frühen Methoden auf alten Erfahrungen der Acetylenchemiker. Es war dort lange bekannt, daß die Alanatreduktion von Acetylenestern und -aldehyden nicht zu Propargylalkoholen, sondern stereoselektiv zu *trans*-Allylalkoholen führt. Wie kürzlich gezeigt wurde, gelingt mit Diisobutylaluminiumhydrid an Propargylaminen wie auch an entsprechenden Diinen die analoge Überführung in *trans*-Allylamine[4a].

Nutzung der mechanistischen Konzeption der Vorkomplexierung (s. o.) legte es nahe, das postulierte Intermediat mit Iod abzufangen, und in der Tat gelang es dann, über die Vinyliodide die korrespondierenden Olefine (**8**) zu gewinnen. Durch Vorkomplexierung mit *Lewis*-Säuren gelangte man zu den Isomeren **7**. Wohl einem sehr ähnlichen Mechanismus folgen Titan-, Zink- und Kupfer-katalysierte Aluminiumalkyl-Additionen, z. B. **9** → **10**[5, 6] (s. Schema VII).

Die als *cis*-Addition erkannte Umsetzung mit Aluminium- und Bor-Verbindungen liefert einmal die At-Komplexe vom Typ **13**, aus denen die funktionalisierten Olefine **14** und **15** hervorgehen[7]; zum anderen können über Silylderivate Vinylanionen vom Typ **20** erhalten werden, die nach Umsetzung mit Ketonen und spezieller Acetylierung (Vermeidung der *Peterson*-Olefinierung) wiederum mit Cupraten trisubstituierte Olefine (**18**) liefern, bei denen die Silylgruppierung sicher noch höhere Flexibilität garantiert als die glatt daraus gewinnbaren Vinyliodide[8].

Eine erhebliche synthetische Anwendungsbreite versprechen auch die durch direkte Addition an die Dreifachbindung darstellbaren Vinylcuprate **21**[9] (s. Schema VIII). Da die Addition stereoselektiv ist und die Folgereaktionen des Vinylanions erwartungsgemäß unter Retention verlaufen, ist die Olefin-Konfiguration gut vorhersagbar.

Die leicht durch Alkylcuprate zu substituierenden Vinylphosphate **22** sind gezielt und stereoselektiv je nach Wahl der Base aus β-Ketoestern darstellbar[10] und repräsentieren daher ein äußerst breit einsetzbares Ausgangsmaterial für funktionalisierte trisubstituierte Olefine (s. Schema IX).

Natürlich nehmen auch stereospezifische Umlagerungsreaktionen – wie die *Cope*- und die *Claisen*-Umlagerung[11] – einen prominenten Platz bei der Auflistung dieser Methoden ein, wobei die direkte Bildung der korrespondierenden Enolether **23** aus

Estern mit Hilfe des sogenannten *Tebbe*-Reagenzes interessante Möglichkeiten eröffnet[12] (s. Schema X).

Von ganz allgemeiner Bedeutung bei der synthetischen Anwendung aller dieser 3,3-sigmatropen Techniken, über deren thermische[13] wie auch kationenkatalysierte[14] Variante umfangreiche und kompetent zusammengestellte Übersichten existieren, ist die Tatsache, daß durch ihren intramolekularen Verlauf sterische Hinderung besonders effizient überwunden wird und somit der Aufbau quartärer Zentren (s. **24**) besonders leicht gelingt. Nur am Rande sei erwähnt, daß man in der Chorismin-Prephensäure-Umlagerung jetzt sehr wahrscheinlich auch den ersten enzymatisch gesteuerten Vertreter 3,3-sigmatroper Reaktionen erkannt hat. Erinnert man sich, daß auch Heteroatome in das umlagerungsfähige System eingebettet sein können, so wird die große Anwendungsbreite erkennbar, deren Potential weit davon entfernt ist, ausgeschöpft zu sein. Ebenfalls mit einer Gerüstumlagerung verknüpft ist die *Julia*-Technik der Cyclopropan-Olefin-Umwandlung (**25** → **26**[15] bzw. **27** → **28**) (s. Schema XI). Es muß vermutet werden, daß einmal mehr das stereoelektronische Prinzip – also der Zwang zur Antikoplanarität der brechenden Bindungen – für den stereoselektiven Verlauf verantwortlich zeichnet.

Eine relativ einfache, interessante Methode ergab sich aus der Beobachtung, daß Thioketen-Acetale (**29**) sehr gezielt mit *Grignard*-Verbindungen umgesetzt werden können[16] (s. Schema XII). Offenbar findet der Primärangriff an der weniger behinderten Seite der Doppelbindung statt und liefert den Thioenolether **30**. Unabhängig davon, daß dieser bereits für sich als Ketonäquivalent und Vorläufer für die disubstituierten Olefine **32** Aufmerksamkeit beansprucht, kann er durch eine weitere *Grignard*-Reaktion auch trisubstituierte Olefine definierter Konfiguration liefern.

Angesichts dieses breit gefächerten Zugangs zu Doppelbindungen verschiedenster Art nimmt es nicht wunder, daß ein gut Teil der Methoden zur Generierung von sp^3-hybridisierten Zentren vielfach auf die im Olefin vorgegebenen Konfigurationen zurückgreift, um sie dann mit hoher Stereospezifität in vorhersagbarer Weise in sp^3-Konfigurationen umzuwandeln. Da dieser Transfer sowohl bei der stereoselektiven Synthese wie auch bei der enantioselektiven Synthese in vielfältiger Weise genutzt wird, sind hier einige allgemeine, für beide Syntheseziele geltende Bemerkungen angebracht. Man wird natürlich bei der Auswahl der hierfür zu verwendenden Reaktionen besonders gern auf solche Prozesse zurückgreifen, die mechanistisch verhältnismäßig gut verstanden werden, und bei denen man sicher sein kann, daß hohe Anforderungen an den Übergangszustand gestellt werden, so daß die Lage eines jeden an der Reaktion beteiligten Zentrums im Raum möglichst klar definiert ist. Es wird darüber hinaus der Wunsch bestehen, daß die Reaktion in großer Breite einsetzbar ist und daß sie durch entsprechende Wahl bzw. Manipulation der Edukte auch bereits bei tiefen Temperatu-

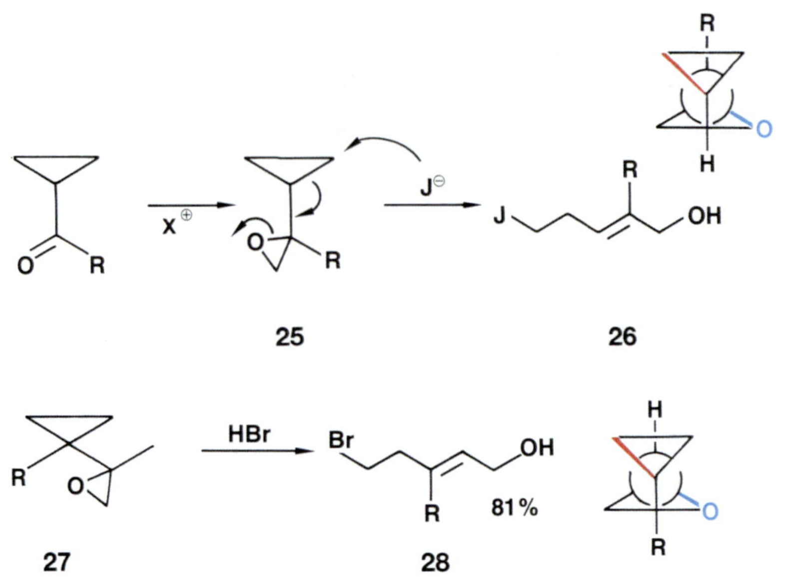

Schema XI: *Julia*-Prozeß

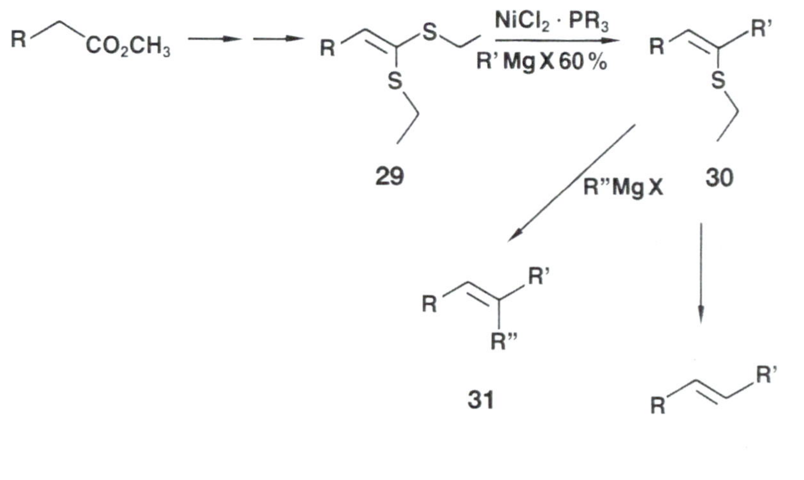

Schema XII: Thioketenacetal-Reduktion

ren möglich ist, und wo das nicht erreicht wird, zumindest Katalysatoren zur Hand sind, die es gestatten, möglichst milde Reaktionsbedingungen anzuwenden. Um Probleme der Regioselektivität bzw. der sterischen Hinderung in den Griff zu bekommen, sollte der Prozeß gegebenenfalls auch intramolekularisierbar sein.

Allen diesen Anforderungen werden am besten die konzertierten Reaktionen gerecht, und es wird daher als erste und wahrscheinlich auf diesem Gebiet wichtigste Transformation die 2π-4π-Cycloaddition oder *Diels-Alder*-Reaktion zu betrachten sein.

sp^3-hybridisierte Zentren

Zur zuverlässigen und gut belegten Stereospezifität kam in der neueren Zeit auf Grund des besseren mechanistischen Verständnisses noch die Erkenntnis hinzu, daß die klassische Verwendung von elektronenreichen 4π- und elektronenarmen 2π-Systemen kein Dogma ist, sondern daß zur problemlosen Erreichung der Übergangszustandes nur prinzipiell ein deutlicher Unterschied in den Elektronendichten angestrebt werden sollte. Hieraus ergaben sich zwei wichtige Konsequenzen, nämlich die Entwicklung hochreaktiver und gute Regioselektivität garantierender sehr elektronenreicher Diene[17] sowie die Konzipierung der inversen Diensynthese[18], bei der man ganz gezielt jetzt einem elektronenarmen 4π-System eine besonders elektronenreiche Doppelbindung als Reaktionspartner anbot. Das neue mechanistische Verständnis, nach dem nur die Anzahl der eingebrachten Elektronen zählt, nicht aber so sehr das Gerüst, in das sie eingelagert sind, regte dazu an, auch Heteroatome in das Bett der Elektronen einzubauen und damit die *Diels-Alder*-Reaktion aus der Alicyclenchemie auch auf die Heterocyclensynthese auszudehnen. Zusätzlich meisterte man Regioselektivitätsprobleme durch Intramolekularisierung der Reaktion, und für chronisch den Dienst versagende π-Systeme – wie z. B. Keten als 2π-Komponente – wurden nützliche Syntheseäquivalente entwickelt. Dieses sind die wichtigen Entwicklungslinien, die das Potential dieser Reaktion erheblich ausgeweitet haben und die Grundlage lieferten für die Entwicklung geeigneter Startmaterialien zur Durchführung von Synthesen enantiomerenreiner Substanzen – ein Anwendungsgebiet, auf dem die Cycloadditionen bereits jetzt eindrucksvolle Beispiele aufweisen können. Im Folgenden werden ei-

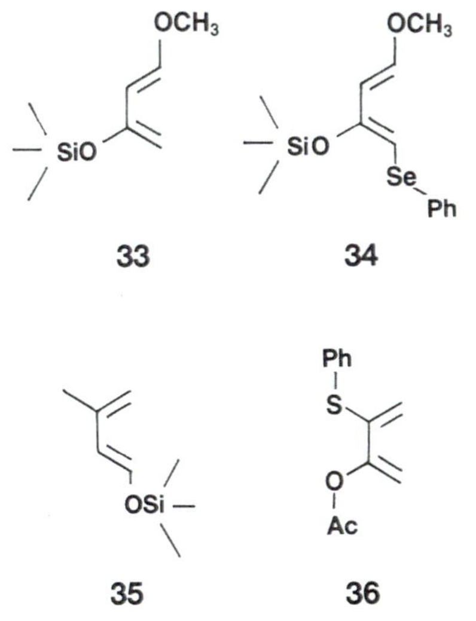

Schema XIII: Elektronenreiche Diene

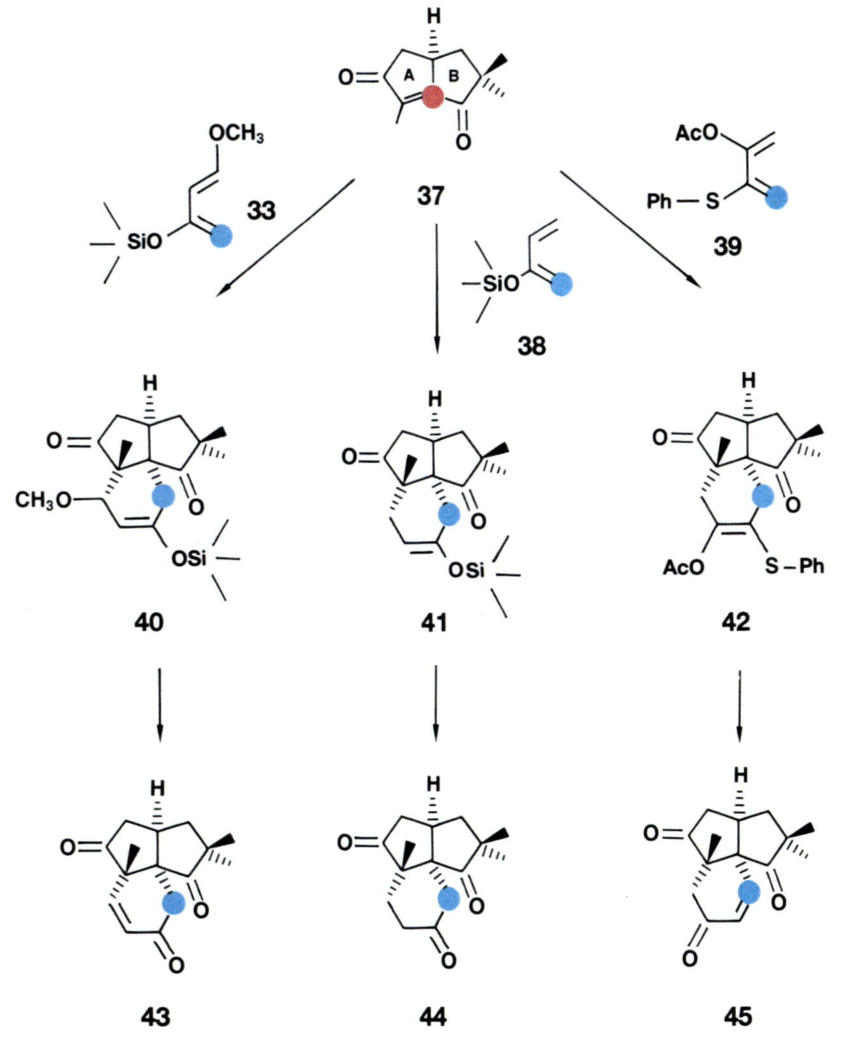

Schema XIV: Regioselektivität I

nige ausgewählte Beiträge zur Demonstration dieser Entwicklungstendenzen beispielhaft aufgeführt.

Das aus Methoxybutenon leicht darstellbare sogenannte *Danishefsky*-Dien (33) und entsprechende elektronenreiche Analoga (z. B. **34**, **35**, **36**) vereinigen mit hoher Reaktivität eine Neigung zu ausgeprägter Regioselektivität[19] (s. Schema XIII). Sie führen durch die vorhandenen Substituenten wie OCH_3 oder S-Ph bzw. gegebenenfalls Se-Ph außerdem verkappte weitere Funktionalität mit sich, die durch Eliminierung Doppelbindungen bzw. durch *Pummerer*-Reaktion Carbonyl-Äquivalente erzeugt. Schließlich können Schwefel- und Selengruppen, nachdem sie ihre elektronische Aufgabe erfüllt haben, auch durch einfache Reduktion rückstandslos beseitigt werden.

Ein gutes Beispiel zur Lösung von Regioselektivitätsproblemen liefert das Diketon 37[20] (s. Schema XIV).

Auf der Basis der Grenzorbital-Theorie[21] lassen sich recht gute Voraussagen machen für den Fall, daß ein elektronenreiches Dien, wie z. B. 33, mit einem α,β-ungesättigten Carbonylsystem reagiert (s. Schema XV). Das positivierte β-Kohlenstoffatom sollte die höchste Überlappungswahrscheinlichkeit mit der stärksten Donorposition des Butadiens aufweisen, die aus dem mesomeren Beitrag der entsprechenden Substituenten überschlagmäßig leicht herleitbar und in den Beispielen durch einen Punkt markiert ist. Methylcyclopentenon sollte danach aus 33 das Addukt **46** hervorbringen, und ein solcher Verlauf wurde auch tatsächlich bei vielen ungesättigten Ketonen registriert.

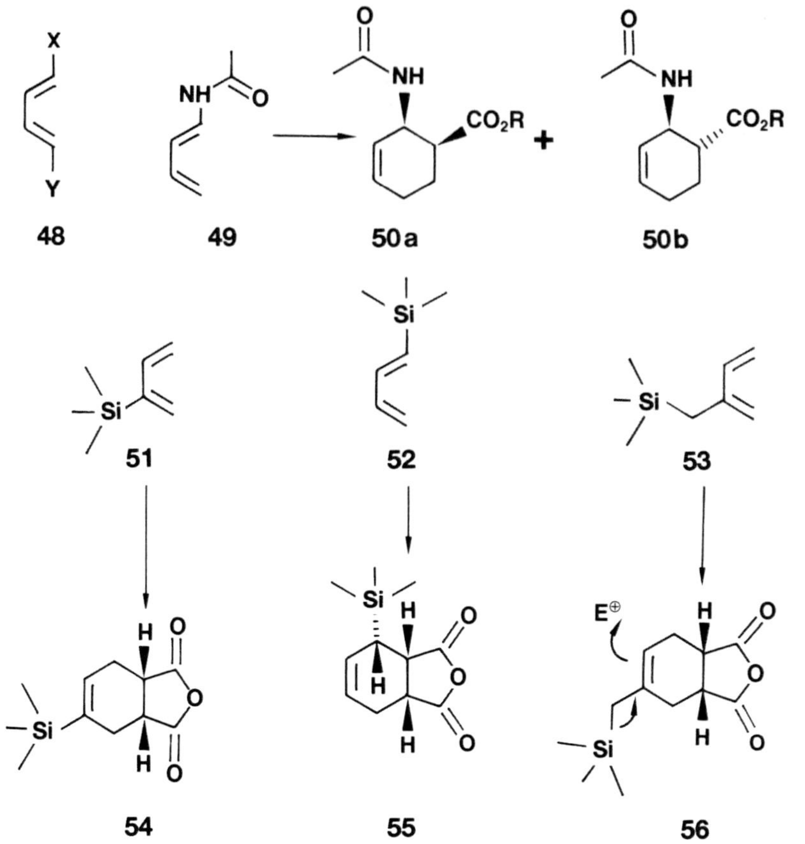

Im Falle eines Diketons wie **37** fällt die Vorhersage jedoch recht schwer, da die Rolle der beiden Acceptorgruppen schwer abschätzbar ist (s. Schema XIV). Im allerungünstigsten Fall ist auch schlechte Regioselektivität nicht auszuschließen. Das Experiment zeigt indessen, daß auch in einem solchen Fall hohe Regioselektivität auftreten kann. Die Carbonylgruppe im Ring A steuert offenbar den Prozeß. **40** ist das wichtige Produkt und **43** das daraus hervorgehende ungesättigte Keton. Daß auf diese Selektivität Verlaß ist, zeigt die Umsetzung von **38**, die zu dem Addukt **41** und von dort zu **44** führt. Strebt man nun aber das aus 33 offenbar nicht erreichbare isomere ungesättigte Keton **45** an, so wird das Butadien **39** aus der Klemme helfen. Die hohe Donorkapazität des Thioethers garantiert bei der experimentell belegten Regioselektivität (s. Punkt) die Bildung des Adduktes **42**, das nach Hydrolyse, Oxidation zum Sulfoxid und thermischer Eliminierung zu **45** führt.

Auch exklusiv terminal donorsubstituierte Butadiene des allgemeinen Typs **48** stehen heute in beträchtlicher Zahl zur Verfügung, und selbst die donorstarke Amino-

33

46

47

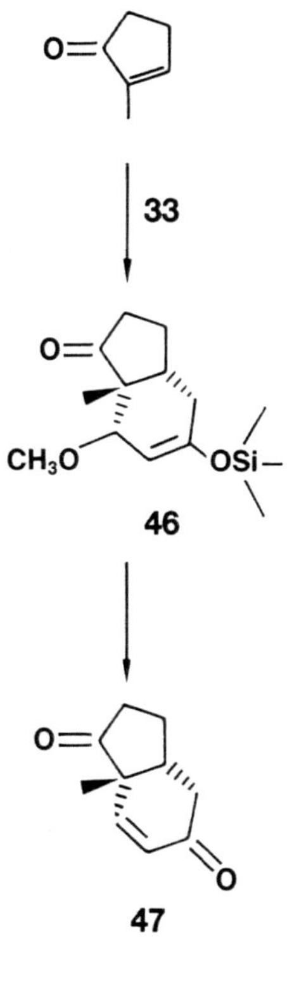

Schema XV: Regioselektivität II

48 49 50a 50b 51 52 53 54 55 56

Schema XVI: Spezielle Diene

gruppe konnte nach Zähmung als Urethan bzw. Amid (s. **49**) an das Butadien geknüpft werden, und die hier beobachtete hohe Regioselektivität und Stereoselektivität (s. **50**) überrascht jetzt natürlich nicht mehr[22, 23] (s. Schema XVI).

Einen besonderen Regioselektivitäts-Bonus für die Folgeprodukte offerieren die silylierten Butadiene **51**, **52** und **53**[24, 25, 26]. Da sie in der Cycloaddition Vinylsilane bzw. Allylsilane hervorbringen, kann man anschließend von der bekannten und gut belegten Steuerung durch die Trimethyl-Silylgruppe profitieren und beispielsweise, wie in **56** skizziert, eine *exo*-cyclische Doppelbindung gezielt installieren.

Eine wichtige Rolle bei der Regioselektivitätsbeeinflussung spielen auch *Lewis*-Säuren[27] sowie gezielt eingeführte Zusatzsubstituenten[28] (s. Schema XVII). Während Acrylester natürlich vorhersagegetreu eine zu **57** führende Cycloaddition an Alkoxybutadiene absolvieren, lenkt die Nitrogruppe als starkerer Acceptor um zum Addukt **58**, aus dem dann reduktiv das quasi-*meta*-Produkt **60** erzeugt werden kann. Das Beispiel **59** zeigt, daß auch bereits der Unterschied zwischen Aldehyd- und Estergruppe ausreicht, um eine eindeutige Präferenz zu sichern[29].

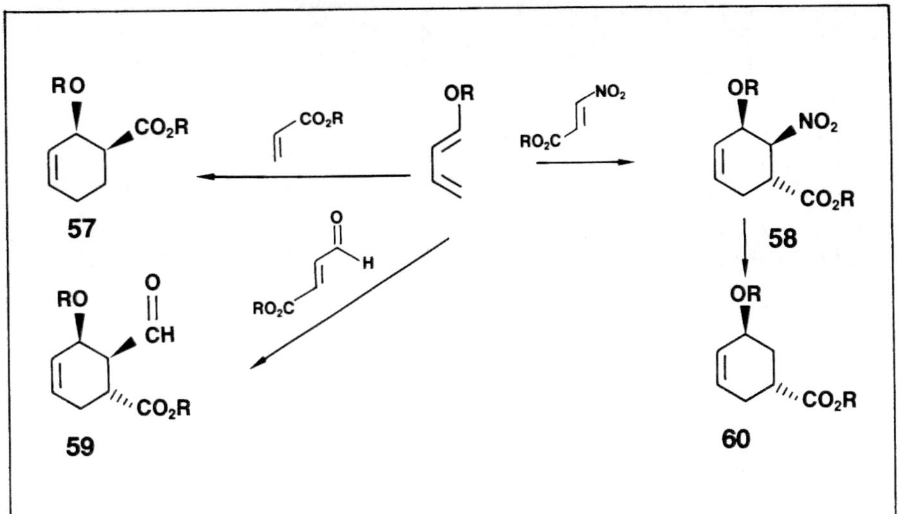

Schema XVII: Manipulation der Regioselektivität

Bei allen Fortschritten auf dem Gebiet der Regioselektivität gibt es doch immer noch einige sehr schwer beherrschbare π-Systeme. Bei den 2π-Komponenten ist es das Keten, mit dem 2π-4π-Additionen sehr schwer durchzuführen sind, weil stets sehr konsequent die 2π-2π-Cycloaddition zu Cyclobutanonen absolviert wird. Nützliche Syntheseäquivalente sind hier α-substituierte Arylnitrile vom Typ **61**[30], die via Cyanhydrinderivat **63** zum korrespondierenden Keton führen, oder der Brompropiolester **62**[31] (s. Schema XVIII). Das mit dieser leicht darstellbaren Acetylenverbindung gewinnbare Addukt **65** hat natürlich die Reaktivität eines vinylogen Säurebromids, so daß das Halogenatom leicht durch diverse Nucleophile austauschbar ist, was im Falle der Hydrolyse zu dem präparativ breit einsetzbaren β-Ketoester **64** führt. Vor oder nach chemischer Modifikation dieses Intermediats kann in jedem Falle durch Decarboxylierung das entsprechende cyclische Keton gewonnen werden, das im einfachsten Fall (s. **64**) auch aus dem Cyanhydrin (s. **63**) durch Hydrolyse erreicht werden kann.

Sehr unzuverlässige Kandidaten der 4π-Serie sind im allgemeinen die substituierten Cyclopentadiene (z. B. **67**), weil thermische 1,5-Wasserstoffverschiebungen sehr rasch die Isomeren **68** bzw. **69** hervorbringen (s. Schema XIX). Ein konstitutionstreuer Stellvertreter ist hier die formal thermisch stabile Trimethylsilylverbindung **70**[32]. Die in den Addukten **71** chemisch leicht transformierbare Silylgruppe repräsentiert ein schlafendes Carbanion, das auf verschiedenen Wegen wieder ins Spiel gebracht werden kann. Ebenfalls stabil und synthetisch flexibel ist der Eisenkomplex **72**[33], der einmal einen problemlosen Zugang zu den Addukten **74** erlaubt und zum anderen leicht oxidativ eine Estergruppe generiert (s. **73**).

Die Miteinbeziehung von Heteroatomen in das 2π-4π-System ist im Grunde nicht neu und aus der Dimerisierung des Acroleins zu **75** wohlbekannt. Dennoch ist erst in

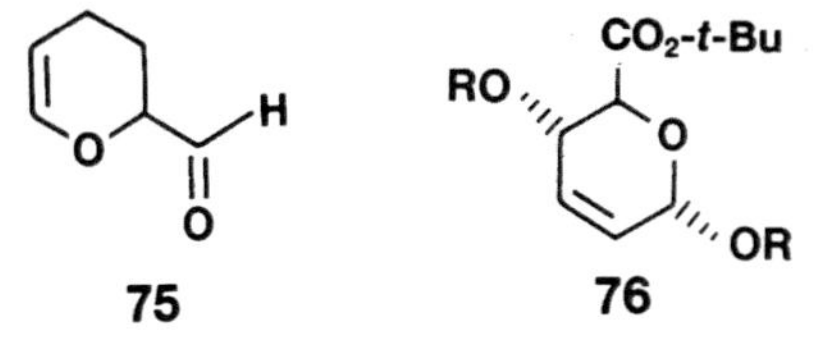

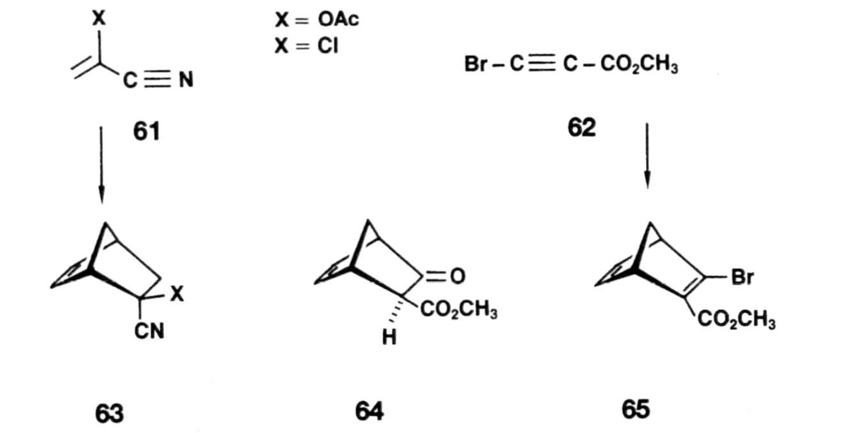

Schema XVIII: Keten-Stellvertreter

neuerer Zeit an eine systematische Überprüfung der Möglichkeiten herangegangen worden, deren Resultate in neueren Übersichten zusammengefaßt worden sind[34]. Daß die Aldehydgruppe auch als 2π-Komponente fungieren kann, zeigt **76**, und aus **77** ist ablesbar, daß ein α,β-ungesättigter Aldehyd unter geeigneten Bedingungen die C=O-Gruppe und nicht die Doppelbindung in den Cycloadditionsprozeß einbringen kann. Auch die azaanaloge Iminstruktur kann als 2π- wie auch als 4π-Komponente auftreten, wie **78** und **79** zeigen[35], und präparativ äußerst nützliche Möglichkeiten ergeben sich aus der elektronisch vergleichbaren und durch sehr effiziente Cycloadditionen sich auszeichnende Nitrosogruppe[36]. Speziell in dieser Reihe sind auch sehr interessante intramolekularisierte Prozesse anzutreffen, die im nächsten Kapitel diskutiert werden. Dort wird dann auch noch auf die Möglichkeiten der Diensynthese zur Darstellung enantiomerenreiner Verbindungen einzugehen sein.

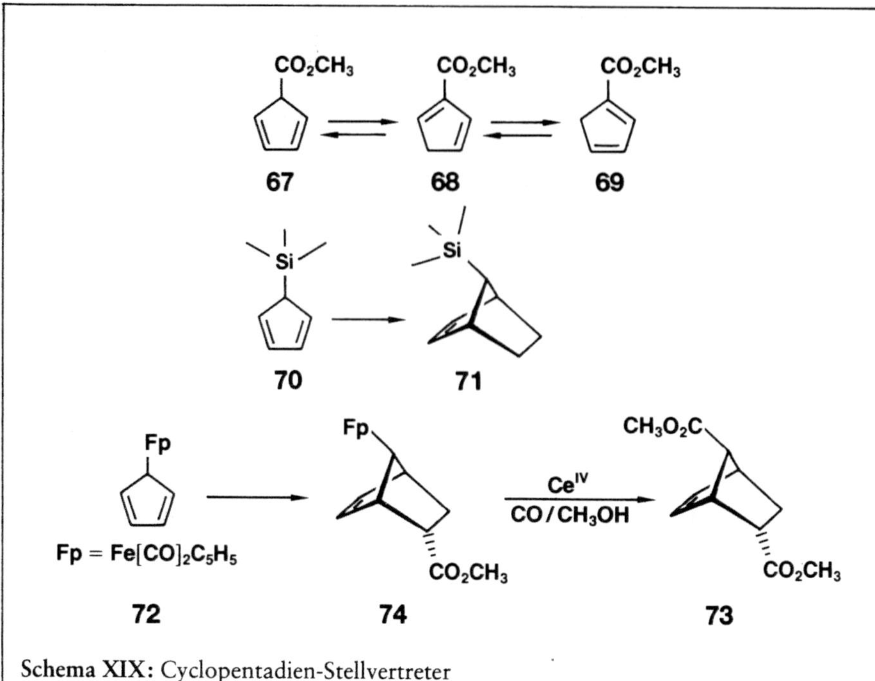

Schema XIX: Cyclopentadien-Stellvertreter

Literaturverzeichnis

1) SZMUSZKOVICZ, J., MUSSER, J. J., LAURIAN, L. G.: Tetrahedron Lett. **1978**, 1411
2) a) HENRICK, C. A.: Tetrahedron **33**, 1845 (1977); b) SONNET, P. E.: Tetrahedron **36**, 557 (1980); c) HANSEN, H. H., SCHMID, H.: Tetrahedron **30**, 1959 (1974); d) COREY, E. J., ECKRICH, T. M.: Tetrahedron Lett. **1984**, 2419
3) a) FAULKNER, D. J.: Synthesis **1971**, 175; b) REUCROFT, J., SAMMES, G. P.: Quart. Rev. **25**, 135 (1971)
4) COREY, E. J., KATZENELLENBOGEN, J. A., POSNER, G. H.: J. Am. Chem. Soc. **89**, 4245 (1967); 4a) GRANITZER, W., STUTZ, A.: Tetrahedron Lett. **1979**, 3145
5) SCHIAVELLI, M. D., PLUNKETT, J. J., THOMPSON, D. W.: J. Org. Chem. **46**, 807 (1981)
6) SATO, F., ISHIKAWA, H., WATANABE, H., MIYAKE, T., SATO, M.: J. Chem. Soc., Chem. Commun. **1981**, 718; b) Allgemeine Übersicht: NORMANT, J. F., ALEXAKIS, A.: Synthesis **1981**, 841
7) OKUKADO, N., NEGISHI, E.: Tetrahedron Lett. **1978**, 2357
8) a) MILLER, R. B., McGARVEY, G.: J. Org. Chem. **43**, 4424 (1978); b) AMOUROUX, R., CHAN, T. H.: Tetrahedron Lett. **1978**, 4453
9) a) MARFAT, A., McGUIRK, P. R., HELQUIST, P.: J. Org. Chem. **44**, 3888 (1979); b) BAKER, R., BILLINGTON, D. C., EKANAYAKE, N.: J. Chem. Soc., Perkin Trans. I **1983**, 1387; c) BOARDMAN, L. D., BAGHERI, V., SAWADA, H., NEGISHI, E.: J. Am. Chem. Soc. **106**, 6105 (1984)
10) a) SUM, F. W., WEILER, L.: Tetrahedron Lett. **1979**, 707; b) HARRIS, F. L., WEILER, L.: Tetrahedron Lett. **1984**, 1333; c) ALDERDICE, M., SPINO, C., WEILER, L.: Tetrahedron Lett. **1984**, 1643
11) a) BENNETT, G. B.: Synthesis **1977**, 589; b) JEFFERSON, A., SCHEINMANN, F.: Quart. Rev. **22**, 390 (1968); c) WINTERFELDT, E.: Fortschr. Chem. Forsch. **16**, 75 (1970); d) ZIEGLER, F. E.: Acc. Chem. Res. **10**, 227 (1977)
12) a) STEVENSON, J. W. S., BRYSON, T. A.: Tetrahedron Lett. **1982**, 3143; weitere Literatur zur *Tebbe*-Reaktion s. dort. b) REISSIG, H. U.: Nachr. Chem. Tech. Lab. **34**, 562 (1986)
13) LUTZ, R. P.: Chem. Rev. **84**, 205 (1984)
14) OVERMAN, L. E.: Angew. Chem. **96**, 565 (1984); Angew. Chem., Int. Ed. Engl. **23**, 579 (1984)
15) a) JULIA, M., JULIA, S., GUEGAN, R.: Bull. Soc. Chim. Fr. **1962**, 1072; b) NAKAMURA, H., YAMAMOTO, H., NOZAKI, H.: Tetrahedron Lett. **1973**, 111
16) WENKERT, E., FEREIRA, T. W.: J. Chem. Soc., Chem. Commun. **1982**, 840
17) a) Übersicht: PETRZILKA, M., GRAYSON, J. I.: Synthesis **1981**, 753; BULL, R. J., THOMSON, R. J.: J. Chem. Soc., Chem. Comm. **1986**, 451; b) BESTMANN, H. H., ROTH, K.: Angew. Chem. **93**, 587 (1981); Angew. Chem., Int. Ed. Engl. **20**, 575 (1981); SCHOMBURG, D., THIELMANN, M., WINTERFELDT, E.: Tet. Lett. **27**, 5833 (1986); c) DANISHEFSKY, S., YAN, C. F., McCURRY Jr., P. M.: J. Org. Chem. **42**, 1819 (1977); d) DANISHEFSKY, S.: Acc. Chem. Res. **14**, 400 (1983)
18) a) SAUER, J.: Angew. Chem. **79**, 76 (1967); Angew. Chem., Ing. Ed. Engl. **6**, 16 (1967); b) SAUER, J., SUSTMANN, R.: Angew. Chem. **92**, 773 (1980); Angew. Chem., Int. Ed. Engl. **19**, 779 (1980); c) TIETZTE, L. F. in: „Selectivity – a Goal for Synthetic Efficiency", Proceedings of the Fourteenth Workshop Conference Hoechst, Schloß Reisenburg, 18.–22. Sept. 1983 (Hrsg. W. Bartmann, B. Trost), Verlag Chemie Weinheim 1983;
19) DANISHEFSKY, S., KITAHARA, T., YAN, C. F., MORRIS, J.: J. Am. Chem. Soc. **101**, 6996 (1979)
20) DANISHEFSKY, S., KAHN, M.: Tetrahedron Lett. **1984**, 489
21) FLEMING, I.: „Frontier Orbitals and Organic Chemical Reaction", J. Wiley & Sons, New York, 1976
22) a) OVERMAN, L. E.: Acc. Chem. Res. **13**, 218 (1980); b) OVERMAN, L. E., CLIZBE, L. A., FREERKS, R. L., MARLOWE, C. K.: J. Am. Chem. Soc. **103**, 2807 (1981)
23) a) OPPOLZER, W., FROSTLE, W.: Helv.

Chim. Acta 58, 587 (1975); b) OPPOLZER, W., BIEBER, L., FRANCOTTE, E.: Tetrahedron Lett. **1979**, 981
24) BATT, D. G., GANEM, B.: Tetrahedron Lett. **1978**, 3323
25) JUNG, M. E., GAEDE, B.: Tetrahedron **35**, 621 (1979)
26) HOSOMI, A., SAITO, M., SAKURAI, H.: Tetrahedron Lett. **1980**, 355
27) a) LIU, H. J., BROWNE, E. N. C.: Can. J. Chem. **57**, 377 (1979); b) BOHLMANN, F., MATHAR, W., SCHWARZ, H.: Chem. Ber. **110**, 2028 (1977); c) BEDNARSKI, M., DANISHEFSKY, S.: J. Am. Chem. Soc. **105**, 6968 (1983); weitere Lit. s. dort.
28) DANISHEFSKY, S., PRISBYLLA, M. P., HINER, S.: J. Am. Chem. Soc. **100**, 2918 (1978)
29) KUKUSHIMA, M., SCOTT, D. G.: Can. J. Chem. **57**, 1399 (1979)
30) Übersicht: RANGANATHAN, S., RANGANATHAN, D., MEHROTRA, A. K.: Synthesis **1977**, 289
31) CHAMBERLAIN, P., ROONEY, A. E.: Tetrahedron Lett. **1979**, 383
32) a) KRAIHANZEL, C. S., LOSEE, M. L.: J. Am. Chem. Soc. **90**, 4701 (1968); b) Übersicht: CHAN, T. H., FLEMING, I.: Synthesis **1979**, 761
33) WRIGHT, M. E., HOOVER, J. F., NELSON, G. O., SCOTT, C. P., GLASS, R. S.: J. Org. Chem. **49**, 3059 (1984)
34) a) WEINREB, S. M., LEVIN, J. L.: Heterocycles **12**, 949 (1979); b) WEINREB, S. M., GARIGIPATI, R. S., GAINOR, J. A.: Heterocycles **21**, 309 (1984); c) LARSON, E. R., DANISHEFSKY, S.: J. Am. Chem. Soc. **105**, 6715 (1983) und dort zitierte Lit.; d) WEINREB, S. M., STAIB, R. R.: Tetrahedron **38**, 3087 (1982); e) BOGER, D. L., Tetrahedron **39**, 2869 (1983); DANISHEFSKY, S. J., DE NINNO, M. P., Angew. Chem. **99**, 15 (1987)
35) GRIGG, R., STEVENSON, P. J.: Synthesis **1983**, 1009
36) a) KRESZE, G., FIRL, J.: Fortschr. Chem. Forsch. **11**, 245 (1969); b) KRESZE, G., WEISS, M. M.: Liebigs Ann. Chem. **1984**, 203

Kapitel 2
Folgeprozesse an Olefinedukten

Wenn auch im vorangegangenen Kapitel der Eindruck entstanden sein mag, daß alle Stolpersteine der Dien-Synthese aus dem Wege geräumt seien, so muß doch leider jetzt erkannt werden, daß gegen die beiden hartnäckigen Ärgernisse der intermolekularen Cycloadditionsreaktionen trotz aller Fortschritte und Tricks doch noch so recht kein Kraut gewachsen ist. Es sind dies die Regioselektivität bei Verwendung nichtsymmetrischer Reaktionspartner sowie die Instabilität vieler potentieller 2π- und 4π-Systeme.

Es ist leicht einsehbar, daß man beiden Problemen sicher am zuverlässigsten durch Intramolekularisierung sollte zu Leibe rücken können. Durch die Länge und die Konstitution der Trosse, die beide Systeme verbindet, wird einmal die Regioselektivität bestimmt, und zum anderen kann ein intramolekular „wartendes" 2π-System auch recht kurzlebige Butadiene erkennen bzw. abfangen und vice versa. Zusätzlich hat die berechtigte Hoffnung, durch Intramolekularisierung auch bösartige sterische Hinderung überwinden zu können, diesen Bemühungen erheblichen Auftrieb gegeben.

Eine große Zahl sehr beeindruckender synthetischer Erfolge ist aus dem Studium der intramolekularen *Diels-Alder*-Synthese hervorgegangen und in zwei ausgezeichneten und äußerst sorgfältig zusammengetragenen Übersichtsartikeln[1, 2] niedergelegt worden. Bleibt hier nur noch die Aufgabe, an einigen neueren Beispielen zu demonstrieren, daß die Hoffnungen tatsächlich erfüllt wurden und daß die Grenzen noch lange nicht erreicht sind.

Die Beispiele **1**→**2**[3] und **3**→**4**[4] zeigen, daß Regioselektivität garantiert ist, wobei **2** zusätzlich signalisiert, daß bereits eine Wasserstoffbrücke als nützlicher Handlanger zur Erreichung und Stabilisierung des Übergangszustandes dienen kann, während bei **4** die Entfernbarkeit des Verbindungsgliedes mittels *Raney*-Nickel einen interessanten Zusatzaspekt repräsentiert. Dieser Trick ermöglicht es, die Intramolekularisierung zu nutzen und dennoch durch den Mechanismus auferlegte, aber nicht gewünschte Ringe wieder abschütteln zu können. Es sei nur am Rande erwähnt, daß dieser reduktiven Entfernung eine das Nachbaratom funktionalisierende *Pummerer*-Reaktion vorangeschickt werden kann. Eine Transformation, die speziell bei so einer unsymmetrischen Verbindung wie **4** besonders verlockend ist. Auf diese Weise wird schließlich erreicht, daß nicht einfach langweilige Methylstümpfe bei der Entschwefelung zurückbleiben (s. **5**).

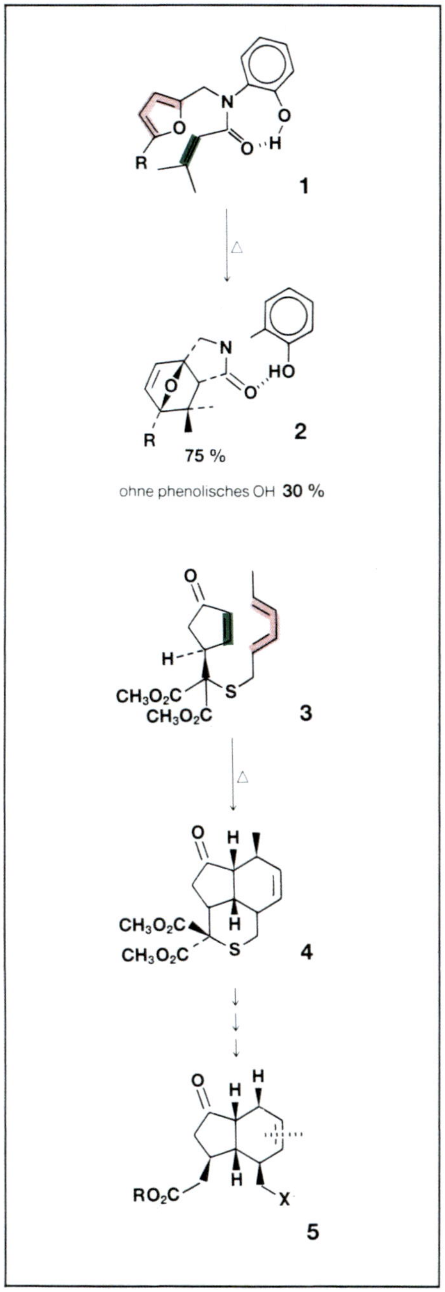

Bei enantioselektiven Synthesen werden natürlich in der Brücke etablierte Chiralitätszentren den Cycloadditionsprozeß lenken (**6**→**7**[5]), und wie bei den intermolekularen Prozessen wird Katalyse mit milden *Lewis*-Säuren Problemfälle aus dem Feuer reißen (**8**→**9**[6] und **10**→**11**[7]).

Paradebeispiele für mit Sicherheit kurzlebige 4π-Systeme, die dennoch sicher erkannt und effizient eingebaut werden, finden wir bei den Steroidsynthesen (**12**→**13**[8], **14**→**15**[9]), und das sehr reaktive 2π-System der Nitrosogruppe konnte ebenfalls „in situ" generiert und abgefangen werden (**16**→**17**[10]).

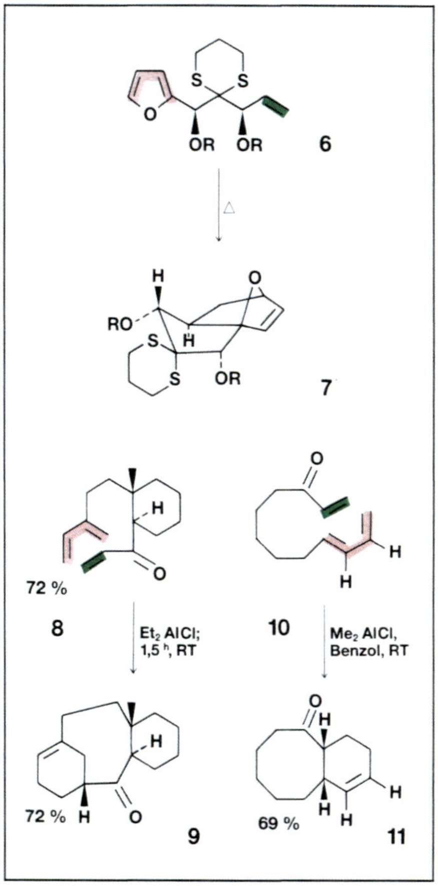

ohne phenolisches OH 30 %

Wie bei den intermolekularen Prozessen erleben wir natürlich auch hier, wie das letzte Beispiel bereits zeigt, einen triumphalen Einzug des Heteroatoms (**18**→**19**[11], **20**→**21**[12], **22**→**23**[13], **24**→**25**[14]), und aus der Tatsache, daß in einem Fall sogar ein Aromat ausgehebelt werden kann (**26**→**27**[15]), könnte leicht der Eindruck entstehen, das „Sesam, offne dich" der Cyclisierungsreaktionen in Händen zu haben. Höchste Zeit also, die Euphorie zu bremsen und nach Pferdefußen Ausschau zu halten, die erwartungsgemäß da sind.

Xylol 190 °C, 14h

73 %

Toluol; 165 °C, 5d

54 %

X = CO_2R

$ZnCl_2$ 170 °C

44 %

100 °C

Es beginnt damit, daß natürlich die Kettenlange des Verbindungsstückes von beträchtlichem Einfluß ist. Mittlere Ringe als Verbindungselemente belasten – da Übergangszustände von Cyclisierungsreaktionen sehr produktnah sind – die Cycloaddition mit der gesamten sterischen Hypothek dieser Verbindungsklasse. Hohe Reaktionstemperaturen bzw. völliges Ausbleiben der Reaktion können die eine Konsequenz sein (**28**[16]) und Preisgabe des Regioselektivitätsbonus (**30**, **31**[17]) die andere.

keine intramolekulare Cycloaddition

Aber auch die Qualität der Verbindungsglieder kann von entscheidender Bedeutung sein. Ester- bzw. Amidverknüpfungen – so willkommen und leicht einführbar sie auch sein mögen – versagen bisweilen selbst bei „normalen" Ringgrößen aus konformativen Gründen den Dienst. In einer äußerst informativen, systematischen Studie belegt *R. K. Boekmann jr.*[18], daß die Esterverknüpfung in **33** für das Scheitern der intramolekularen Cycloaddition zu **32** verantwortlich ist. Erst bei relativ hoher Temperatur eröffnet ein vorgeschalteter Isomerisierungsprozeß den

Reaktionskanal zum γ-Lacton **34**, während gleichzeitig die konformativ unbelasteten Verbindungen **35** und **36** anstandslos cyclisieren. Darüber hinaus verläuft die intermolekulare Cycloaddition zu **39** problemlos und beweist somit, daß in ganz bestimmten Fällen diese klassische Variante interessanterweise dem intramolekularisierten Geschehen sogar den Rang ablaufen kann.

Nachdem beim Beispiel **6** definierte Konfigurationen in der Verbindungskette sich zur sterischen Lenkung nützlich gemacht haben, erwartet man starke Einflußnahme

	41		42
X = O	70	:	30
X = $(OEt)_2$	30	:	70

bei bewußt manipuliertem Raumanspruch in dieser Molekulregion. So verlangt der höhere Raumbedarf der Ketalgruppierung das Überwechseln zur sterisch weniger belasteten *exo*-Anordnung **44** im Übergangszustand, die dann die thermodynamisch instabilere *trans*-Konfiguration **42** für das Produkt sicherstellt[19]. Bei so zuverlässigem Reagieren auf gezielte Lenkung und künstlich eingeführte Stellschrauben nimmt es nicht wunder, daß die *Diels-Alder*-Reaktion schon früh für die asymmetrische Synthese dienstbar gemacht wurde.

Gab man sich in der frühen Phase noch mit einfachen, optisch aktiven Estern zufrieden, so stehen heute getreu der Forderung: „Du sollst Rotationsfreiheitsgrade einfrieren" speziell für diese Aufgabe maßgeschneiderte Dienophile mit definiertem konformativen Verhalten zur Verfügung[20], von denen hier nur die Verbindungen **45**, **46** und **47** beispielhaft vorgestellt werden. Die in Klammern stehenden Enantiomerenüberschusse sprechen fur sich, Optimismus scheint angebracht. Die vorliegenden Beispiele repräsentieren alle 2π-Systeme mit chiraler Information und eingeschrankter konformativer Mobilität. Es liegt dann nahe, auch die 4π-Komponente mit diesen Eigenschaften auszustatten, um auf diese Weise über doppelte Stereoselektion zu besonders guten Resultaten zu gelangen. Dieses Prinzip ist vor allem bei den Aldolprozessen vorexerziert worden und wird dort (Teil 5 dieser Aufsatzserie) zu behandeln sein.

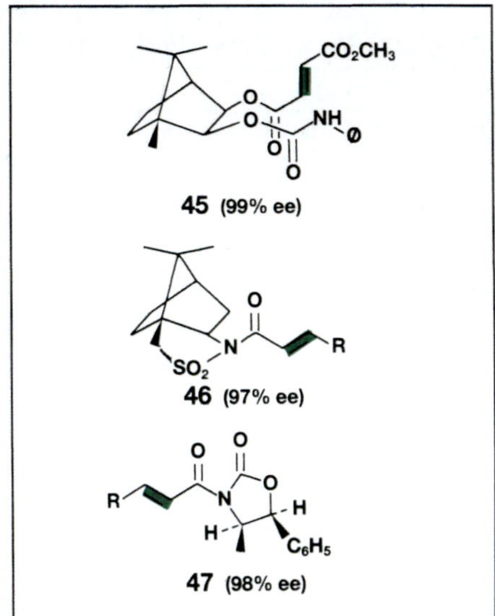

Der neueste Stand der Kunst und die Erfolge bei Totalsynthesen komplexer Naturstoffe sind in drei informativen Review-Artikeln[21–23] zusammengestellt, und sicher werden die am breitesten einsetzbaren Vertreter im allgemeinen Wettbewerb bald sichtbar und somit auch leicht zuganglich werden.

Da jedoch die ökonomischste Variante der asymmetrischen Induktion stets in der chiralen Katalyse gesehen werden muß, ziehen erwartungsgemäß die mit chiralen Europium-Komplexen erzielten interessanten Resultate[24] viel Aufmerksamkeit auf sich und könnten sich zu einer respektablen Konkurrenz auswachsen.

Der weit verbreitete Trend, die ebenfalls sehr ökonomische und stereochemisch vielversprechende Tandem-Technik präparativ nutzbar zu machen, greift naturlich auch auf die Cycloadditionen über, zumal hier in der *Diels-Alder*-Retro-*Diels-Alder*-Sequenz bereits ein seit langem wohl etablierter Tandem-Prozeß vielfältig genutzt wird[25]. Das Geschehen basiert hier auf der Tatsache, daß ein Cycloaddukt vom Typ **49**, das aus einer 4π-Komponente und einer Acetylenverbindung gebildet wurde (Linie Ⓐ), durchaus gemäß der alternativen Retrospaltung (Linie Ⓑ) wieder zerfallen kann. Dieser alternative Retroprozeß wird dann besonders effizient sein, wenn X≡Y ein besonders stabiles Molekül repräsentiert und Z ein Heteroatom mit einem freien Elektronenpaar oder eine Doppelbindung ist – also die Bildung eines Aromaten ins Haus steht. So erlebten wir kürzlich[26], daß aus dem Addukt von Propargylaldehyd an Ergosterinacetat (**50**) beim Erhitzen in Toluol nicht etwa der Aldehyd wieder entlassen wird, sondern daß die Retro-Reaktion dem Steroid das Rückgrat bricht und die Ansa-Verbindung **51** hervorbringt. Aber natürlich können auch andere thermische Reaktionen draufgesattelt werden, und wie die beiden Beispiele **53**[27] und **56**[28a] zeigen, bei denen im ersten Fall eine weitere Cycloaddition, im zweiten dagegen eine En-Synthese im Windschatten der einleitenden *Diels-Alder*-Reaktion mitfährt, ist offenbar die Vielfalt der Kombinationsmöglichkeiten groß[28b, c]. Die mit hoher synthetischer Flexibilität ausgestattete Sequenz **58**→**59**→**60**[29] schlägt dabei dann die Brücke von den 6-Ring bildenden 2π-4π-Prozessen zur 5-Ringe hervorbringenden 1,3-dipolaren Cycloaddition.

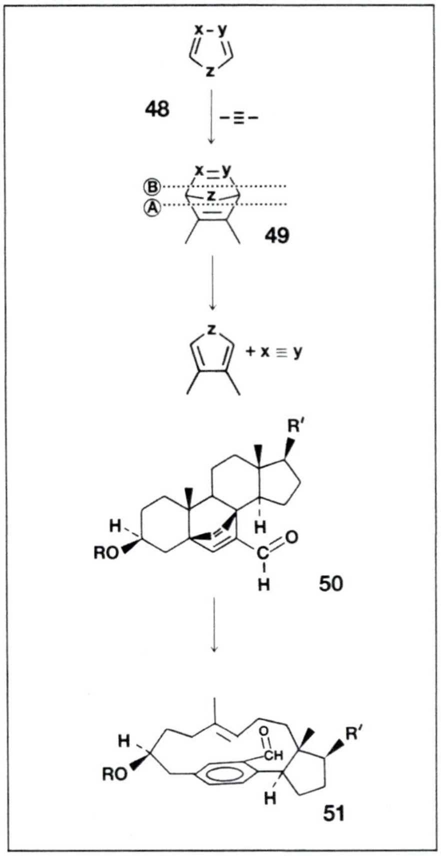

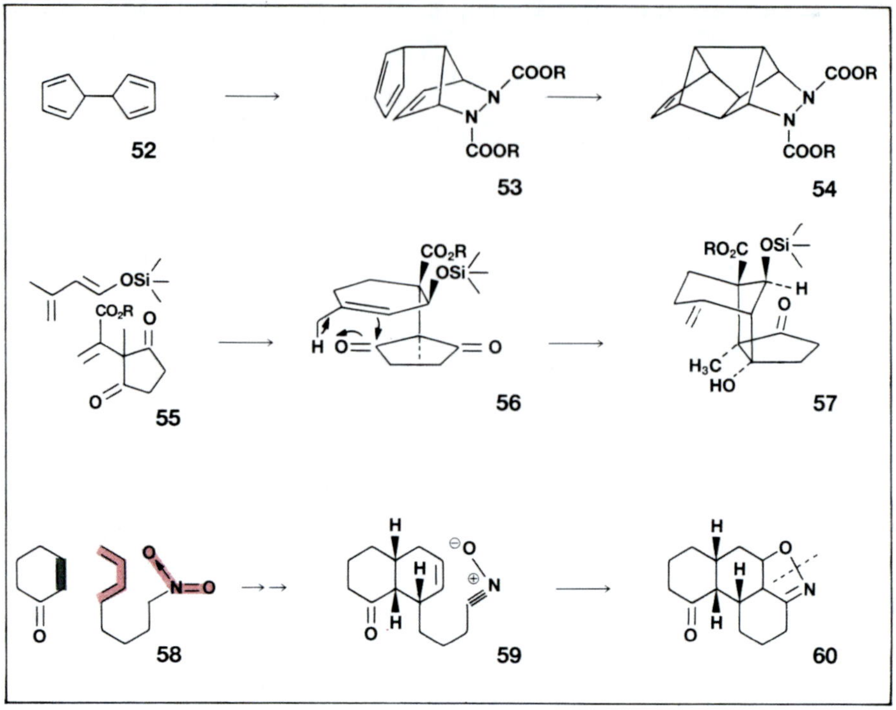

1,3-Dipolare Cycloaddition

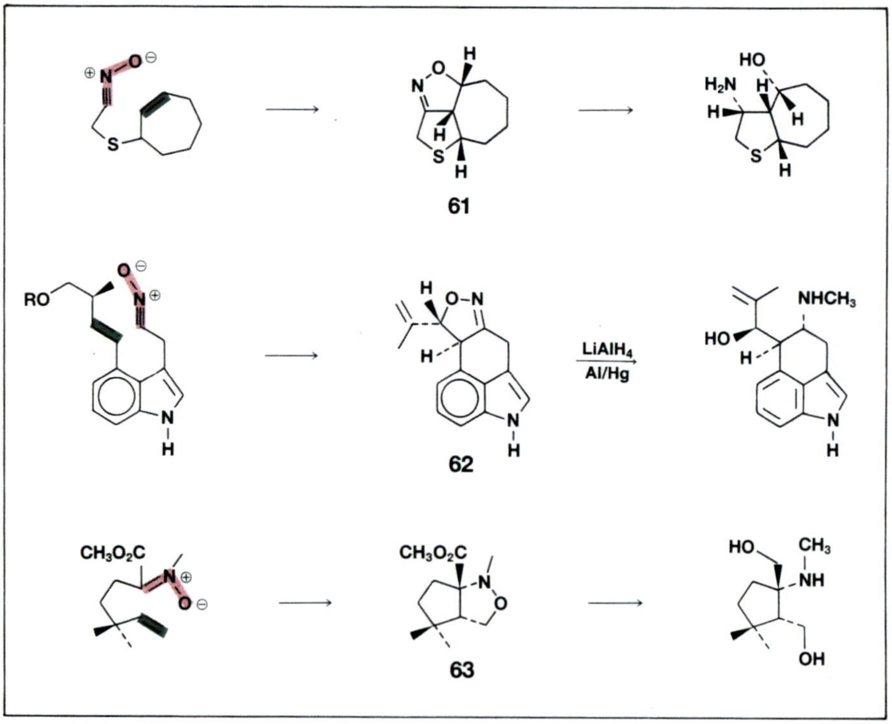

Bei dieser zunächst speziell in die Heterocyclenchemie führenden Reaktion[30] wird immer stärker die Neigung erkennbar, statt der dabei entstehenden Heterocyclen die auf diese Weise so elegant durchführbare regioselektive und stereoselektive Funktionalisierung einer Doppelbindung für synthetische Vorhaben auszuschlachten. In **60** ist die entsprechende Sollbruchstelle bereits markiert, **61**, **62** und **63**[31, 32] repräsentieren weitere Beispiele für diese Vorgehensweise. Besonders bemerkenswert ist für dieses Gebiet, daß es sich aus Gründen der Regioselektivität bei den besonders spektakulären, bei Totalsynthesen angewendeten Varianten praktisch immer um intramolekulare Prozesse handelt. Ja, hier ist sogar kurzlich selbst fur den Fall einer recht ungewöhnlichen Ringgröße (**64**→**65**) ausgezeichnete Regioselektivitat mitgeteilt worden[33]. Die wichtigsten präparativen Anwendungsbeispiele der letzten Jahre sind in einem neuen systematischen Übersichtsartikel zusammengefaßt[32].

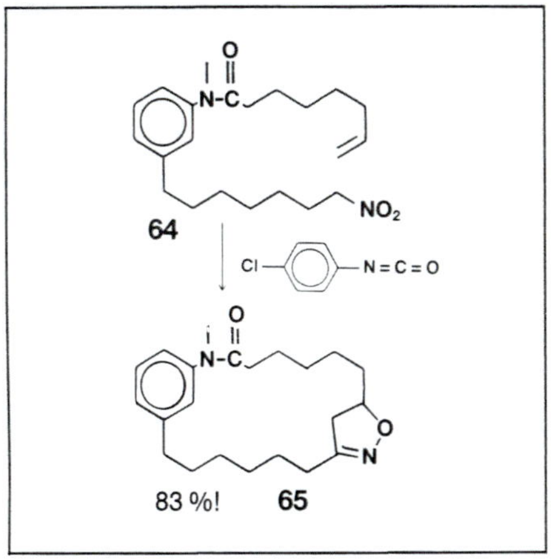

4-Ringe

Aus dem Bereich der 4-Ring bildenden Cycloadditionen sind neben der *Paterno-Büchi*-Reaktion[34a] und der Photodimerisierung von Olefinen[34a] wohl vor allem Keten-Addukte[35] der allgemeinen Struktur **66** und **67** zu erwähnen, die aufgrund ihrer definierten Konfiguration (s. Teil 1) zu interessanten stereoselektiven Folgereaktionen und in Anbetracht erheblicher Ringspannung zu verschiedenen Ringöffnungen (Linien Ⓐ, Ⓑ) inclusive *Baeyer-Villiger*-Oxidation (Linie Ⓒ) auffordern.

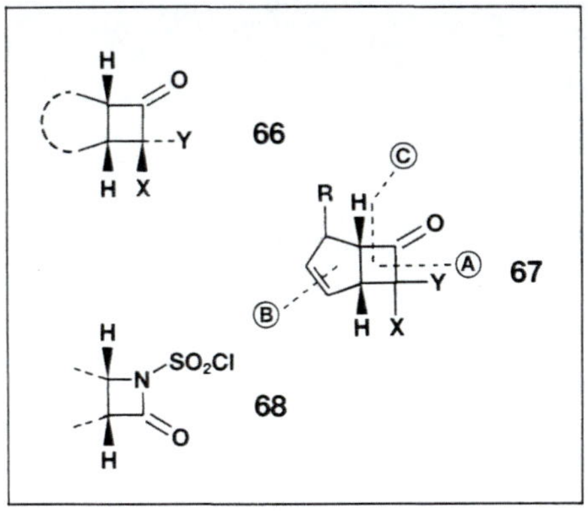

Der aza-analoge Fall der *Graf*-Cyclisierung[6] zeichnet sich ebenfalls durch hohe Stereoselektivität aus und liefert eine große Zahl reaktiver, definiert konfigurierter Synthesebausteine, die weit über den Wirkstoffsektor hinaus (s. **68**, β-Lactame) des präparativen Chemikers Aufmerksamkeit erregen[37] und deshalb im 3. Kapitel im Zusammenhang mit synthetischer Nutzung von Kleinring-Systemen noch einmal aufzugreifen sein werden.

Sigmatrope Prozesse

Zu den vielseitigsten und besonders nützlichen Möglichkeiten der stereoselektiven Umwandlung von sp^2-hybridisierten in sp^3-hybridisierte Zentren und umgekehrt gehören die sigmatropen – und allen voran sicher die 3,3-sigmatropen – Reaktionen (s. **69**→**70**). Historisch aus der Aromatenchemie hervorgehend (*Claisen*-Umlagerung, *Fischer*-Indolsynthese), haben sie erst in den 60er Jahren nach Erkennung des allgemeinen Rahmens und Herbeischaffung ausgezeichneter Indizien fur die Sesselkonformation des Übergangszustandes einen sturmischen Einzug in die stereoselektive Synthese genommen. Durch eine systematische Studie von *H. Schmid* wurden die durch den Sessel bedingten Zusammenhänge zwischen Edukt- und Produktkonfiguration sichergestellt und außerdem auch die Konfigurationsabhangigkeit der Reaktionsgeschwindigkeitskonstante aufgedeckt[38] (**71**→**72**; **73**→**74**).

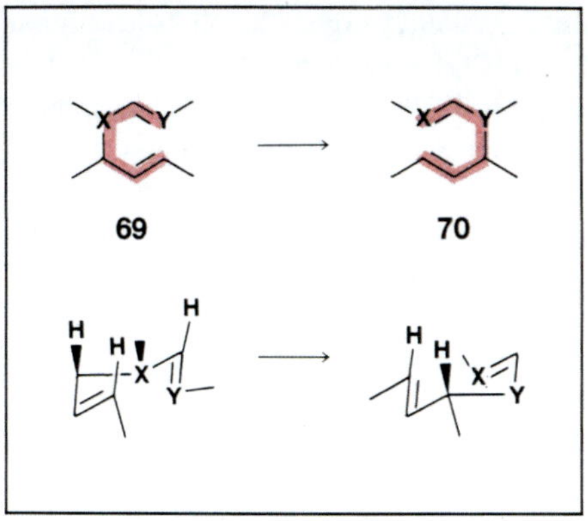

In einer späteren, sehr sorgfältig durchgeführten mechanistischen Studie der *Cope*-

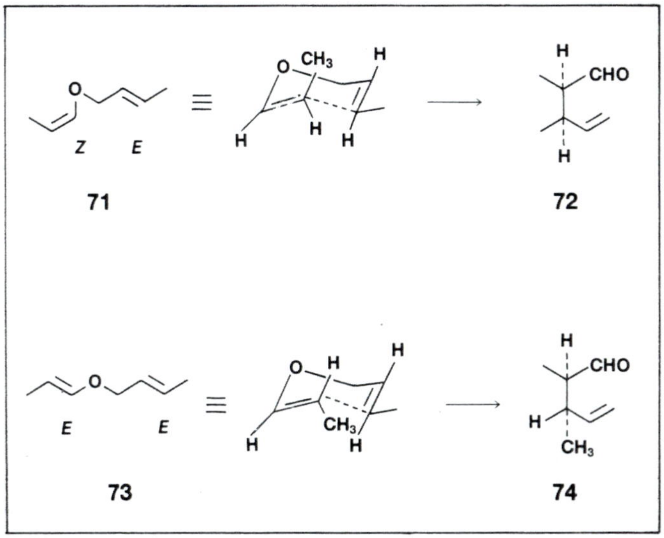

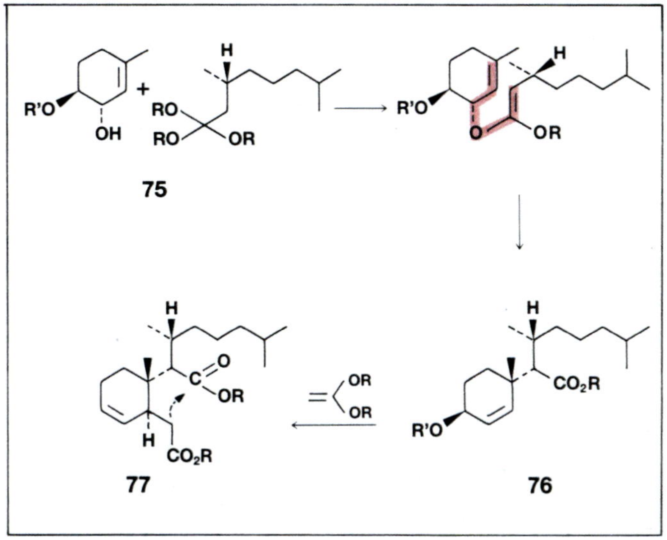

Reaktion demonstriert *W. Kirmse*[39] jedoch die wichtige Rolle der Substituenten für den sterischen Verlauf. Eine Erkenntnis, die eine jeweilige Überprüfung des sterischen Ausgangs bei Übertragung auf neue Systeme geraten erscheinen läßt. Wie eine Inspektion der postulierten Übergangszustände sicher erwarten läßt, werden **72** und **74** jeweils mit hoher Präferenz gebildet, und außerdem reagiert die *E/E*-konfigurierte Verbindung **73** unter vergleichbaren Bedingungen erheblich rascher als das korrespondierende *Z/Z*-Stereoisomere. Die Nützlichkeit für die stereoselektive Synthese liegt auf der Hand, und eine Vielzahl interessanter Syntheseanwendungen ist in verschiedenen Review-Artikeln zusammengestellt[40, 41]. Hier sollen nur diejenigen Gesichtspunkte hervorgehoben werden, die von allgemeiner Bedeutung für die Nutzung bei Totalsynthesen sind. Der zuverlässig vorhersagbare Konfigurationstransfer gestattet es, synthetisch relativ leicht einstellbare Konfigurationen (z. B. Epoxid, Carbinol, Thiol, Amin) in sicher nur aufwendig installierbare sterisch gehinderte C-C-Bindungen zu überführen und dabei prinzipiell die Funktionalität bzw. Funktionalisierbarkeit des Startzentrums nicht zu opfern (s. **75**→**76**→**77**)[42].

In **77** finden wir die *trans*-Anordnung des Diols **75** in Form *trans*-ständiger C-C-Bindungen wieder, aus denen man dann, wie der Pfeil zeigt, zur Bildung des thermodynamisch instabilen *trans*-Hydrindansystems Profit schlagen wird, und es ist dennoch durch die im letzten Schritt generierte Doppelbindung die Option auf Funktionalität in der ursprünglichen Diol-Region aufrechterhalten.

Es liegt natürlich nahe, diesen Chiralitätstransfer für enantioselektive Synthesen zu nutzen, und bei enantiomerenreinen Lactonen erzielte man in der Tat ausgezeichnete Diastereoselektivitäten (**78**→**79**[43]). Ein neueres Beispiel zu dieser Problematik (**80**→**81**→**82**) zeigt, daß die Aussichten auch bei acyclischen Edukten durchaus ermunternd sind[44]. Die gerade im Falle der Acetylenalkohole auf verschiedenen Wegen besonders leicht einstellbare Konfiguration **80** wird via 3,3-sigmatrope Umlagerung des durch *E*-selektive Reduktion bequem darstellbaren Vinylsilans in das chirale, definiert konfigurierte Allylsilan **81** überführt, und es kann diese Konfiguration dann anschließend höchst effizient zur Lenkung einer Cyclisierungsreaktion genutzt werden, wobei das *trans*-substituierte Cyclopenten **82** mit hohem Enantiomerenüberschuß gebildet wird.

Für die breite synthetische Anwendung der 3,3-sigmatropen Prozesse sind vor allem zwei in den letzten Jahren sehr konsequent und überaus erfolgreich verfolgte Entwicklungslinien verantwortlich zu machen. Erstens der Einbau verschiedener und geschickt ausgewählter Heteroatome in das Bett der beteiligten Elektronen, wobei besonders der in der Startphase aufzubrechenden sigma-Bindung besondere Aufmerksamkeit geschenkt wurde, sowie zweitens die bisweilen mit diesen Varianten einhergehenden ladungsinduzierten sigmatropen Reaktionen, die durch drastische Absenkung der Aktivierungsbarriere und somit besonders milde Reaktionsbedingungen charakterisiert sind. Dieser Effekt tritt natürlich auch bei Metallsalz-katalysierten Prozessen auf, und es erlangen derartige ladungsinduzierte Umlagerungen speziell bei komplexeren, thermisch nicht sehr belastbaren Edukten besondere Attraktivität.

Daß der Einbau von Heteroatomen eine breite Anwendungspalette bescheren sollte, liegt angesichts der Tatsache, daß schon die beiden Veteranen *Claisen*-Umlagerung und *Fischer*-Indolsynthese dieser Kategorie angehören, durchaus nahe und hat schon früh zu interessanten Variationen geführt[45], bei denen vor allem bei Vorliegen einer zentralen N-O-Bindung spontane Umlagerungen unter milden Reaktionsbedingungen registriert wurden (**83**→**84**[46]; **85**→**86**[47]). Im zweiten Beispiel, bei dem **85** durch *Michael*-Addition an ein acceptorsubstituiertes Allen erzeugt wird, wirken Bindungstyp und Ladungsinduktion gleichzeitig so, daß überaus rasche Umlagerung resultiert, die dann anschließend noch nach einem Umprotonierungsprozeß die Bildung eines α-substituierten Indols nach sich zieht. Die negative Ladung kann erwartungsgemäß dem Edukt in unterschiedlicher Weise aufgedrangt werden. Neben der oben erwähnten nucleophilen Addition (**87**→**88**[48]) spielt dabei natürlich auch die Deprotonierung eine wichtige Rolle (**89**→**90**[49]; **91**→**92**[50]; **93**→**94**[51]). Im Fall **89** ist neben milder Reaktionsfuhrung die Tatsache erwähnenswert, daß gegenüber der im Prinzip auch mit dem freien Diketon rein thermisch erzwingbaren Umlagerung (150 – 250 °C!) die beiden Carbonylgruppen jetzt anstandslos selektiv manipulierbar sind. **94** beeindruckt besonders durch die hohe Ausbeute bei der Generierung von zwei benachbarten quartären C-Atomen. Die *Ireland*-Variante dieser Enolattechnik kaschiert die negative Ladung durch Silylierung, so daß das umlagerungsfähige Substrat gezielt präpariert werden kann. Im Beispiel **95**→**96**[52] beschert diese Reaktion aus einem relativ leicht erreichbaren Zuckerderivat eine definiert konfigurierte polyfunktionalisierte unverzweigte C_8-Kette (s. fette Linie). Da, wie

95 → 96

87 → 88; 89 → (NaH) → 90 (66%); 91 → (LDA) → 92 (84%); 93 → 94 (98%)

bereits mehrfach erwahnt, auch die endocyclische Z-Doppelbindung als Stellvertreter definierter sp^3-Zentren anzusehen ist, wohnt dieser Transformation sicher ein erhebliches synthetisches Potential inne. Eine sehr pfiffige Anwendung der Umlagerung führt vom gut zugänglichen Lacton **97** in einer *trans*-anularen ladungsinduzierten Spielart stereoselektiv zum *cis*-disubstituierten Piperidin **98**, das leicht zu einem breit einsetzbaren Alkaloidbaustein kettenverlangert werden kann[53]. Ein Studium des umlagerungsfähigen Enol-Intermediates **99** trägt bei zum leichten Verständnis des sterischen Ausgangs.

1. NaH 2. H⊕ 3. (N-Methyl-2-chlorpyridinium J⊖) → 97; LDA/THF, Me_3SiCl; -70 °C → 98; 99

Finden wir die negative Ladung besonders am Sauerstoff bzw. an leicht deprotonierbaren Zentren, so ist naturgemäß das Stickstoffatom der ideale Platz zur Deponierung positiver Ladung. Kein Wunder, daß sich die Azonium-*Cope*-Umlagerung **100**→**101** zu einem Universalschlussel der Alkaloidsynthese gemausert hat. Die wichtigste intellektuelle Aufgabe besteht bei diesem außerst mobilen Gleichgewicht, das sich schon bei tiefer Temperatur rasch einstellt und für den Fall R = R' eine entartete

Reaktion repräsentiert, in der geschickten Wahl der Reste mit dem Ziel, dem Gleichgewicht eine Richtung zu geben und damit ein irreversibles Leck zu öffnen. Eine deutliche Gleichgewichtsbeeinflussung beobachtet man bei Donorstabilisierung (z. B. durch Indol, s. **102**→**103**[54]) einer Iminiumstruktur.

Wie **105** zeigt, verläuft ein das unsymmetrische Gleichgewicht ausblendender nucleophiler Abfang mit hoher Stereoselektivität. In neuerer Zeit hat hier das perfekt positive Ladungen stabilisierende Siliziumatom[55] eine wichtige Rolle übernommen (**106**→**107**→**108**→**110**)[56]. Die irreversible Sackgasse kann hierbei entweder via Olefinbildung durch ein Nucleophil (s. **109**) oder durch ein Enol (X = OH) via *Mannich*-Cyclisierung angesteuert werden. Dieser *Mannich*-Abfang wurde von *L. E. Overman* ersonnen und in meisterhafter Weise zur stereoselektiven Totalsynthese sehr komplexer Naturstoffe eingesetzt (s. **111**→**112**[57]) und **113**→**114**[58]).

In der mechanistisch interessanten Azonium-*Cope*-Umlagerung **115**→**116**[59]) →**117** nimmt das Iminiumsalz spontan die höchst attraktive Chance wahr, rasch das stabile vinyloge Urethan **117** zu erreichen.

Wie zu erwarten, sind auch die 3,3-sigmatropen Reaktionen in die verschiedenen Tandemprozesse eingeschleust worden, und speziell ineinandergreifende thermische Prozesse sind hier natürlich besonders naheliegend. Die aus **118** über *Cope*-Umlagerung gebildete Allylstruktur **119** wird über einen irreversiblen *Claisen*-Schritt dem Gleichgewicht entzogen (**120**)[60].

Ganz ähnlich erzeugt eine *Cope*-Reaktion aus dem Enolether **121b** das Zwischenprodukt für die unmittelbar auf dem Fuße folgende *Claisen*-Umlagerung. Das so gebildete 83:17-Stereoisomerengemisch **123b** eignet sich gut für Hydroazulensynthesen, und über diesen Cyclisierungsprozeß kann dann auch im nachhinein **123b** (s. Formel) als das Hauptprodukt der Umlagerung diagnostiziert werden. Die große Bedeutung der Substituenten am Allyl-System für den sterischen Ausgang erkennt man an der Tatsache, daß der unsubstituierte Vorläufer **121a** diese beiden Stereoisomeren nur im uninteressanten 1:1-Verhältnis hervorbringt[61, 62]).

Auch die ebenfalls thermisch verlaufende En-Reaktion, die allerdings auch in ihrer *Lewis*-Säure-katalysierten sowie in ihrer metallorganischen Variante für Totalsynthesen genutzt wurde[63, 64]), läßt sich auf eine 3,3-sigmatrope Umlagerung draufsatteln (**125**→**126**), und an diesem Beispiel läßt sich eindrucksvoll die lenkende Wirkung einer

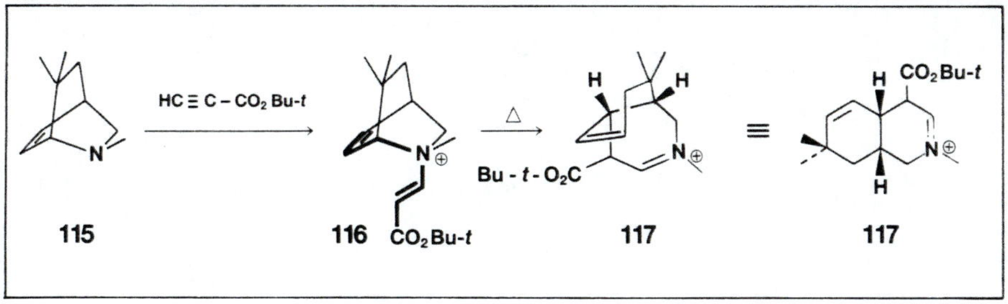

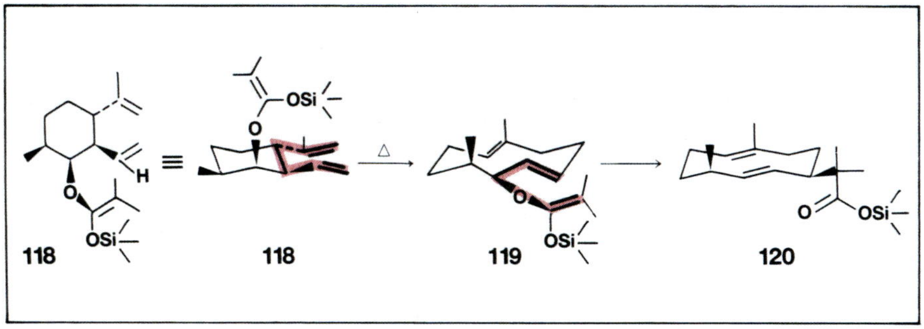

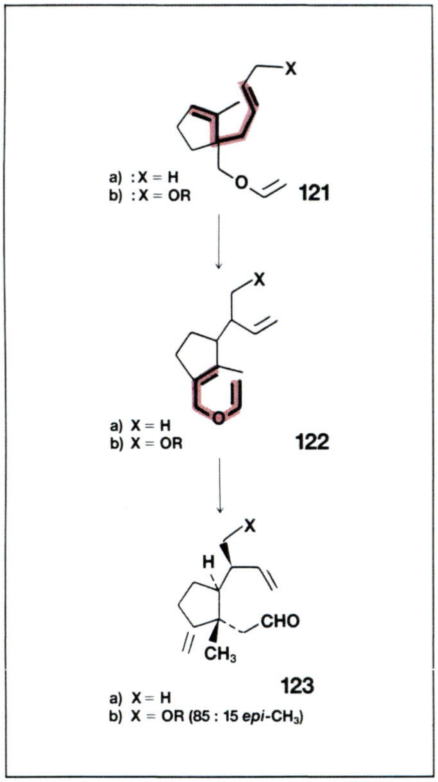

Trimethylsilylgruppe demonstrieren, mit deren Hilfe man ganz gezielt in einer ganz bestimmten Molekulregion künstlichen Raumbedarf schaffen kann[65]. Da durch Protodesilylierung jederzeit wieder zu einer ganz normalen C-H-Bindung zurückgekehrt werden kann, entspricht die Trimethylsilylgruppe einem zwischenzeitlich dick aufgeblasenen Proton, aus dem zu einem geeigneten Zeitpunkt die Luft herausgelassen werden kann. Während das *cis*-Olefin **124** (R = H) die beiden Verbindungen **126** und **127** in praktisch gleicher Menge liefert, also die beiden Übergangszustände Ⓐ und Ⓑ gleich bereitwillig durchlauft, fuhrt eine *endo*-ständige Trimethylsilylgruppe in Ⓑ zu einer so hohen sterischen Belastung, daß dieser Weg völlig gemieden und das alleinige Produkt **126** nur uber die sterisch gunstigere Route Ⓐ gebildet wird.

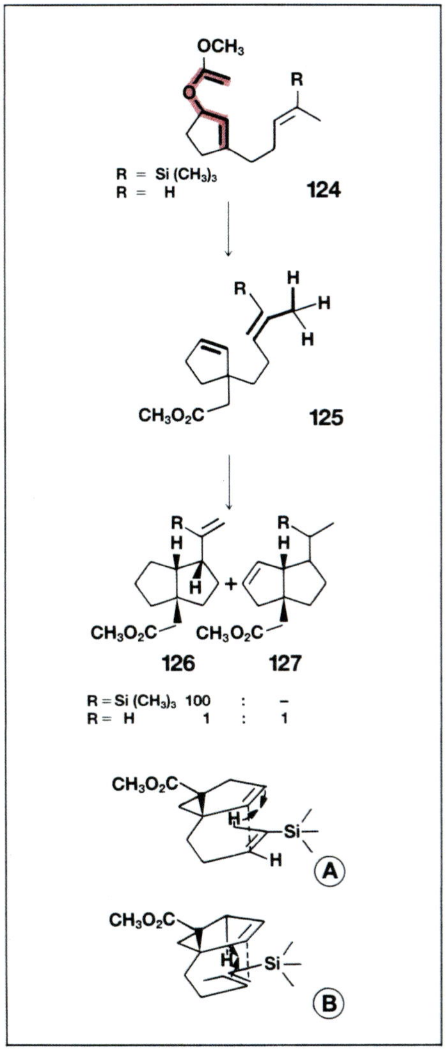

Diese wenigen Beispiele aus dem Bereich der 3,3-sigmatropen Prozesse mogen belegen, daß hier das Zusammenspiel von Heteroatom-Einbau, Ladungsinduktion und Tandem-Kombination ein imponierendes und konfigurativ manipulierbares Arsenal zur Verfügung stellt, über dessen Moglichkeiten und Grenzen derzeit keineswegs das letzte Wort gesprochen ist. Von den anderen prinzipiell moglichen sigmatropen Prozessen hat fur die stereoselektive Synthese vor allem die 2,3-sigmatrope Umlagerung der Allylsulfoxide Bedeutung[66] (**128**→**129**). Die gute Stereoselektivitat ist aus der Tatsache ablesbar, daß das *R/R*-Diastereoisomere **128** zu 95 % das Produkt eines *exo*-axialen Angriffs hervorbringt (**129**), das nur von 5 % des aquatorialen Carbinols begleitet wird[67]. Besonders bequemen Zugang zu den umlagerungsfähigen Systemen bescheren uns die synthetisch sehr flexiblen Vinylsulfide. Sie konnen nach Oxidation und basenkatalysierter Isomerisierung direkt zur Umlagerung gebracht werden[68] (**130**→**131**).

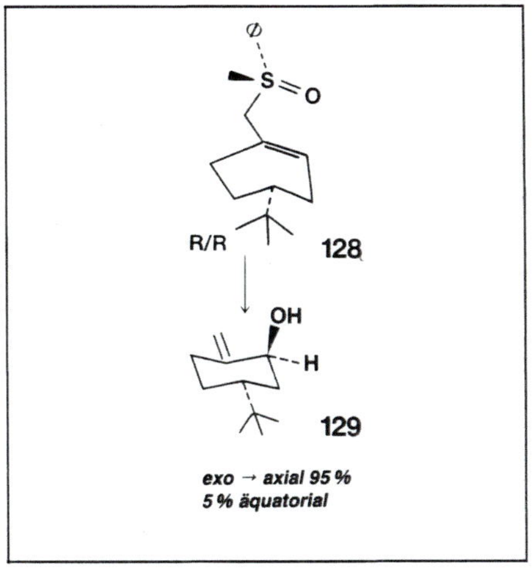

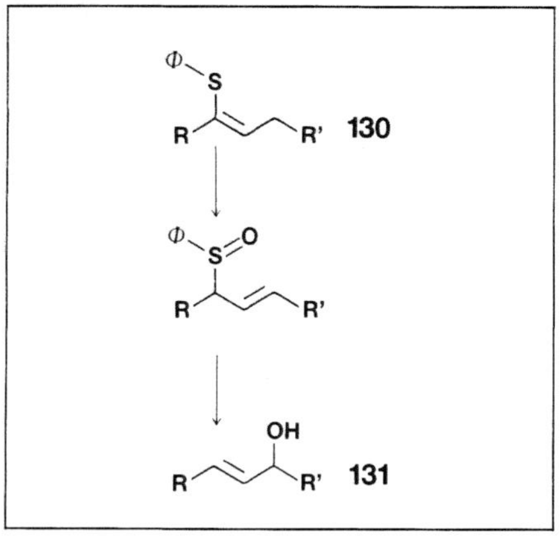

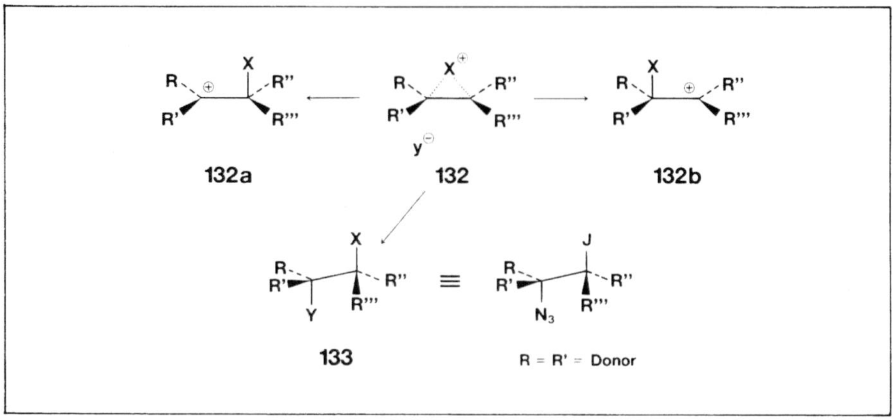

Allgemeine Olefinreaktionen

Alle bisher betrachteten Cyclisierungs- und Umlagerungsreaktionen sind in der Gruppe der konzertierten Orbitalsymmetrie kontrollierten Prozesse anzusiedeln, die aufgrund hoher und klar definierter Anforderungen an den Übergangszustand optimale Voraussetzungen für hohe Stereoselektivität mitbringen. Angesichts des wohl dokumentierten *trans*-Additionsverlaufs bei ionischen, elektrophilen Angriffen auf Doppelbindungen kann man indessen auch hier guter Dinge sein, und betrachtet man **132** als das wichtige Intermediat dieses Prozesses, so fällt es nicht schwer, die Forderungen für aussichtsreiche intermolekulare Transformationen hoher Stereoselektivitat zu formulieren. Ein moglichst weiches, gut deformierbares und daher das verbrückte Ion gut stützendes Elektrophil ($X^{\oplus}$) sollte möglichst effizient den Zustand **132** aufrechterhalten, um somit das Ausbrechen in die lokalisierten und die Konfigurationserinnerung uber Rotationsprozesse ausloschenden Kationen **132a** und **132b** zu blockieren. Gleichzeitig muß eine rasche und entschlossene Intervention des Nucleophils $Y^{\ominus}$ sichergestellt sein. Es nimmt daher nicht wunder, daß eine Kombination wie Iodazid[69] zu besonders schonen Resultaten fuhrte, wobei die Tatsache, daß diese beiden Substituenten mit hoher synthetischer Flexibilität ausgestattet sind, dankbar als zusatzliches Geschenk entgegengenommen wird. Die Kombination eines so nutzlichen Elektrophils mit einem geschickt intramolekular plazierten Nucleophil laßt auf hohe Regio- und Stereoselektivitat hoffen, und in der Tat nehmen die Halo-Lactonisierung und ihre Amid- bzw. Urethanvariante einen wichtigen Platz im Werkzeugkasten des praparativen Chemikers ein, zumal das in den vergangenen Jahrzehnten zusammengetragene Erfahrungsmaterial recht zuverlässige Produktvoraussagen erlaubt[70].

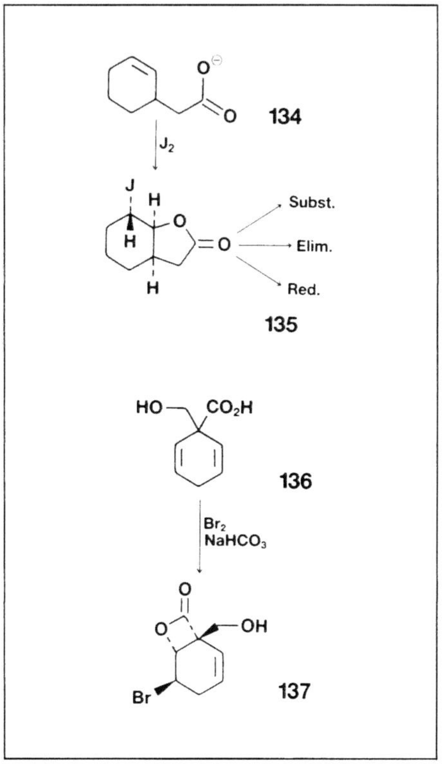

Das aus **134** in guter Ausbeute gewinnbare Iodlacton **135** belegt den *trans*-Angriff der beiden Reaktionspartner, und durch das Iodatom sichert man sich nicht nur die Option für verschiedene nucleophile Substitutionen, sondern auch fur die Eliminierung (DBU; DBN) sowie die reduktive Entfernung [$(Bu)_3SnH$]. Wie das Beispiel **136→137** lehrt, sind unter kinetisch kontrollierten Bedingungen auch recht gespannte Systeme erreichbar[71].

In Anbetracht der entscheidenden Bedeutung des Nucleophils ist es keineswegs verwunderlich, wenn eine betrachtliche Abhangigkeit vom Gegenkation der Carboxylatgruppe registriert wird. So gewinnt man beispielsweise aus Thalliumsalzen unter neutralen Bedingungen ebenfalls überwiegend die Produkte der kinetischen Kontrolle

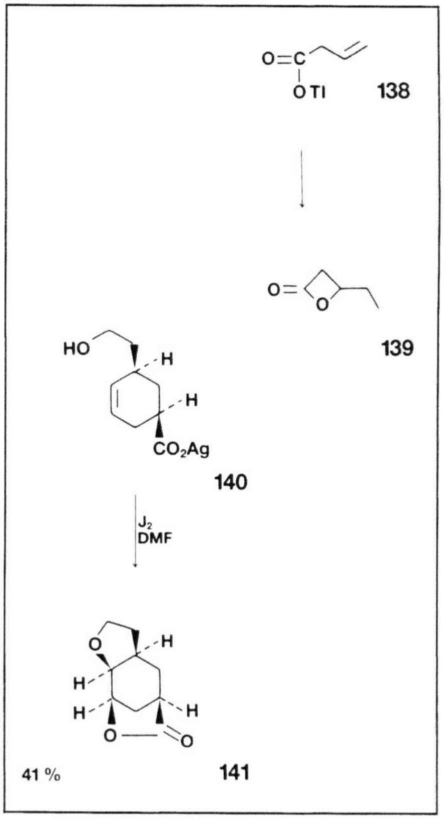

(**138**→**139**), während thermodynamisch kontrolliert natürlich γ-Lactone isoliert werden[72]. Arbeitet man mit Silbersalzen von Hydroxycarbonsäuren (s. **140**) in DMF, so wird direkte Weiterreaktion zu den entsprechenden cyclischen Ethern (s. **141**) ausgelöst, wobei interessante polycyclische Substanzen auf einfache Weise gebildet werden[73].

Zahlreiche Anwendungen bei Naturstoffsynthesen zeugen vom synthetischen Potential[74], und die hohe Stereoselektivität ließ sich erwartungsgemäß auch zu effizientem Chiralitätstransfer nutzen (s. **142**→**143**)[75].

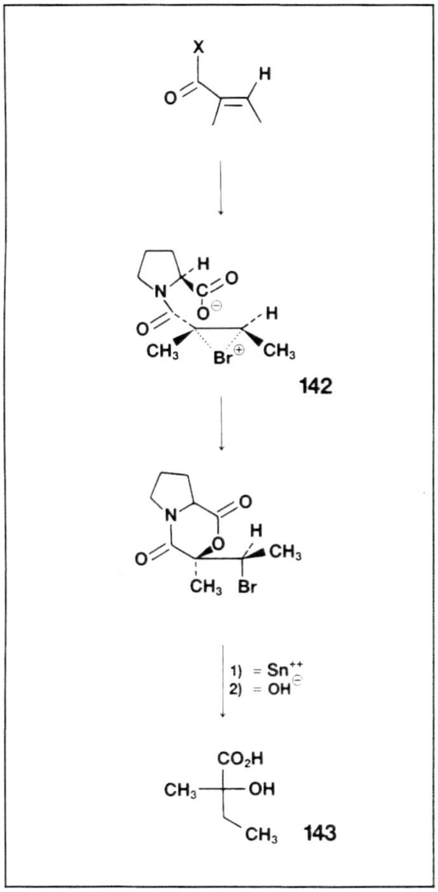

Nachdem Amid- und Urethan-Gruppen bereits wiederholte Male[76, 77] der intramolekularen Nachbargruppenbeteiligung an Kationen überführt worden waren, mußte mit ihrem Eingriff im Zuge einer Halogenaddition wohl in ähnlicher Weise wie bei einer Carboxylatgruppe gerechnet werden. Dieser Gedanke ist wahrscheinlich in mehreren Laboratorien unabhängig voneinander gleichzeitig verfolgt worden, denn in einer Serie dicht aufeinander folgender Publikationen wird über eben diesen Amidabfang des Halonium-Intermediates berichtet[78] (**144**→**145**). Bei offenkettigen Verbindungen waren im Prinzip sowohl 5-Ring-Bildung (**146**→**148**) als auch 6-Ring-Abfang (**147**→**149**) möglich. In einer sehr sorgfältigen Studie zeigten *K. A. Parker* und *R. O'Fee*[79] jedoch, daß die Bildung der Oxazolidone vom Typ **148** grundsätzlich favorisiert ist, es sei denn, das zum 6-Ring **149** führende Kation ist durch hohe Donorwirkung des Substituenten R besonders stabilisiert. Auch die Konfiguration der Doppelbindung nimmt in diesen Fällen Einfluß auf die Regioselektivität. Ist der Abstand für diesen Cyclisierungstyp zu groß, so kann im Falle der Tosylamide das Stickstoffatom den Part des Nucleophils übernehmen, und man erhält dann definiert konfigurierte Pyrrolidine (s. **151**)[80]. Bei so hoher Stereo- und

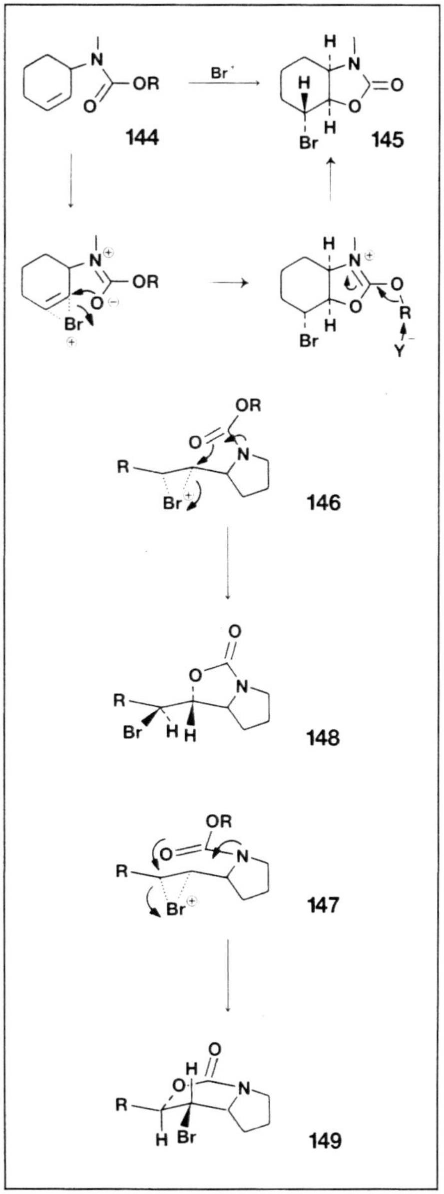

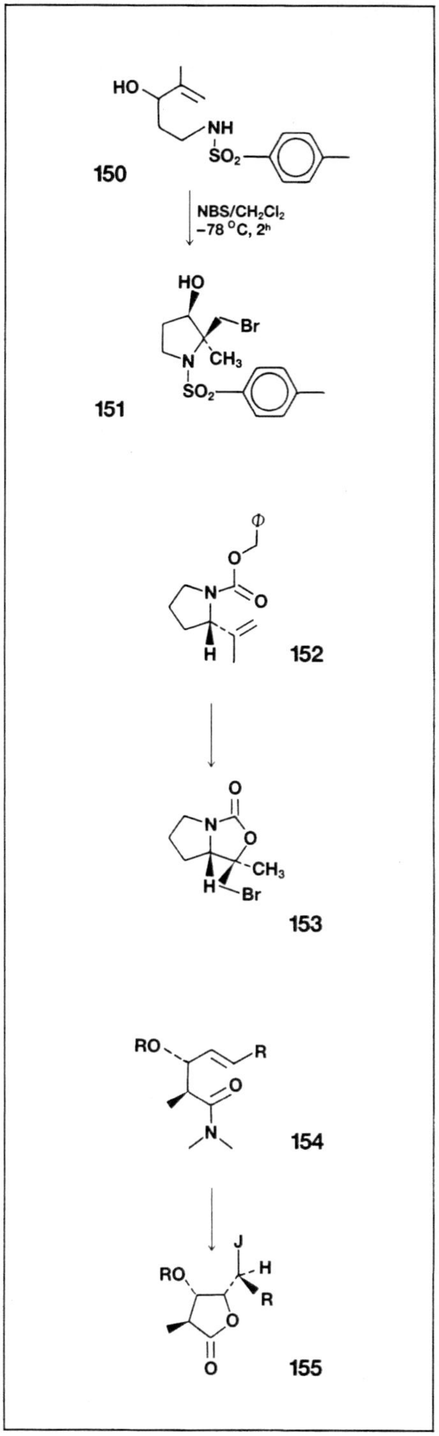

Regioselektivität bestehen gute Aussichten für Chiralitätstransfer, und in der Tat wurde sowohl 1,2- (**152**→**153**[81]) als auch 1,3-Induktion (**154**→**155**[82]) experimentell verifiziert.

Alle hier vorgestellten cyclischen Primärprodukte lassen sich leicht zu Halohydrinen verseifen, die als definiert konfigurierte Epoxidvorstufen anzusehen sind. Es bietet sich somit diese Reaktion zur stereoselektiven Etablierung von Epoxiden in der Reihe der Aminoolefine an und repräsentiert damit ein Gegenstück zum hocheffizienten *Sharpless*-Verfahren bei den Hydroxyolefinen (s. u.). Eine Anwendung dieser Sequenz wurde kürzlich von uns bei Spiropiperidinen erarbeitet, um die Chiralitätszentren des Histrionicotoxins aufzubauen (s. **156**→**157**[83]).

Ein Bilderbuchbeispiel für extrem nützlichen intramolekularen $sp^2 \rightarrow sp^3$-Transfer haben wir schließlich in den ionischen Olefincyclisierungen vor uns, und *W. S. Johnson* hat der Squalen-Epoxid-Cyclisierung nachempfundene Cyclisierungsreaktionen erarbeitet, die bezüglich des anzulaufenden Steroidziels besser vorprogrammiert sind als das Squalenepoxid selbst[84].

Der tertiäre Allylalkohol **158** belegt diese These in vielfältiger Weise. Abgesehen davon, daß die anguläre Methylgruppe des C/D-Ringgerüstes bereits die richtige Position innehat und somit auch die Polarisierung der entsprechenden Doppelbindung in die für die Cyclisierung notwendige Richtung gelenkt wird – was beim Squalen nicht der Fall ist –, ist diese Molekel darüber hinaus mit einem besonders guten „Starter“ ausgestattet, und ganz speziell der „Terminator“ (– Dreifachbindung! –) ist dem Squalen-Terminator weit überlegen. Diese beiden Elemente (s. fette Zeichnung in **158**) spielen nun aber die alles entscheidende Rolle bei der präparativen Anwendung derartiger Cyclisierungsreaktionen (s. **160**). Der Starter Ⓢ soll unter möglichst milden Bedingungen das Kation generieren, das dann den Elektronenfluß auslöst, während dem Terminator Ⓣ die Aufgabe zugedacht ist, das an der terminalen Mehrfachbindung auftretende Kation auf möglichst chemoselektive wie auch regioselektive Weise ruhigzustellen. Einige gute Starter und Terminatoren sind in **161** – **168** zusammengestellt. Die Struktur des Terminators kann für die Schlußphase demgemäß von einiger Bedeutung sein, so liefert **169a** das Cyclohexen **170**, **169b** dagegen das Hydrindansystem **171**[85].

Auf dem Gebiet der Starter erwiesen sich neben den oben erwähnten noch das Iminiumsalz (s. **172**)[86] bzw. das Acyliminiumsalz (s. **177**) als äußerst reaktiver und flexi-

158 → (CF_3COOH) → **159** (71 %)

156 → (NBS) → → ($H_3O^{\oplus}$) → → ($B^{\ominus}$) → **157**

160

161 **162** **163** **164** **165** **166** **167** **168**

169a R = H
169b R = CH_3

169 → ($TiCl_4$) → **170** (90 %); → ($SnCl_4$) → **171** (94 %)

bler Einstieg in die stereoselektive Heterocyclensynthese, und *N. Speckamp* hat letztere Gruppierung über eine selektive Imidreduktion gut zugänglich gemacht und in großer Breite genutzt[87].

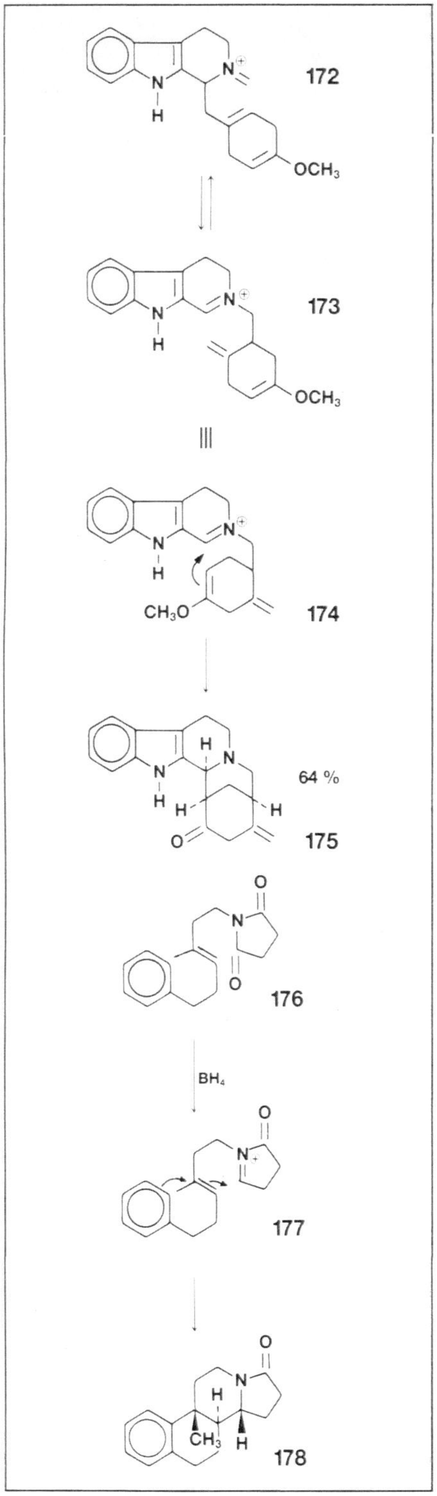

Diesen durch kationischen Start ausgelösten Prozessen hat sich in den vergangenen Jahren ein speziell auf Arbeiten von *G. Stork*[88] basierender neuer Zweig radikalischer Cyclisierungen hinzugesellt. Nachdem das Tributylzinnhydrid in den letzten Jahren bei der radikalischen Reduktion von Bromiden und Iodiden sowie Thioestern und Xanthogenaten eine so glänzende Karriere gemacht hat[89], gelang nunmehr auch der intramolekulare Abfang des dabei gebildeten Radikals durch eine in günstigem Abstand wartende Doppelbindung (**179**→**180**). Das für die Generierung des Startradikals ausgewählte Brom-Acetal läßt sich aus einem Enolether bequem bereiten, und die vielseitige Verwertbarkeit des sterisch einheitlichen Reaktionsproduktes **180** liegt auf der Hand.

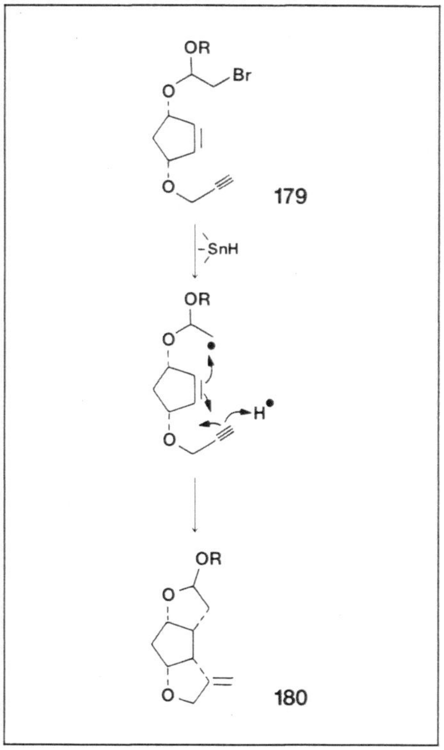

Wie die zitierten Beispiele zeigen, ist für alle diese Cyclisierungsprozesse der richtige Starter eine ganz entscheidende Grundvoraussetzung, und schon Mutter Natur hat hier beim Squalen der Epoxidgruppierung eine ganz besondere Rolle zugedacht. Da Epoxide ganz allgemein wichtige definiert darstellbare Intermediate für die stereoselektive Totalsynthese sind und darüber hinaus auch allgemein anwendbare Protokolle zur Regioselektivität der Epoxidöffnung existieren, wird der nächste Abschnitt dieser Gruppierung gewidmet sein.

Epoxide

Die stereoselektive und enantioselektive Generierung von Epoxiden ist eine Schlüsselreaktion[90] bei der Synthese multifunktionalisierter Verbindungen, und sicher haben wir hier in der von *K. B. Sharpless* entwickelten Methodik eine Jahrhundert-Reaktion vor uns[91] (s. **182**, **184** und **186**).

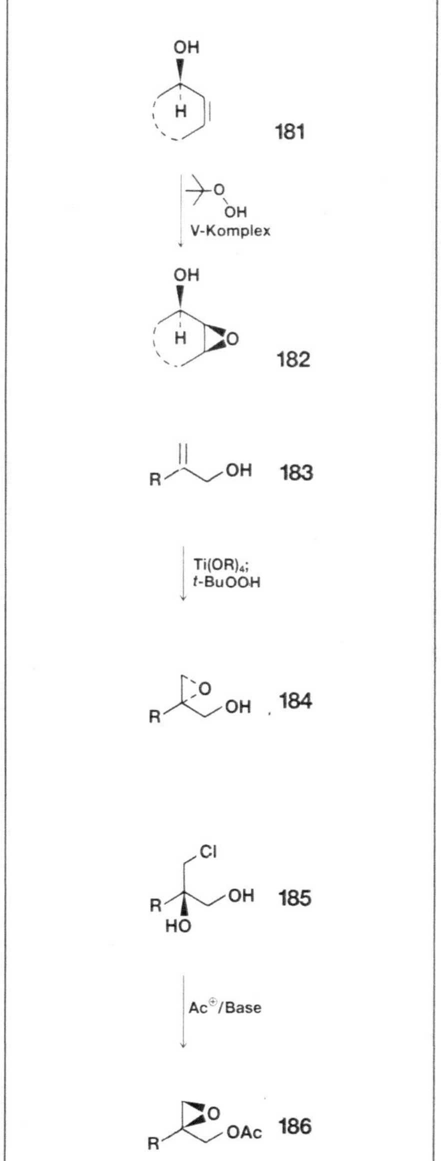

Die erzielten Selektivitäten sind höchst beeindruckend, aber für den Praktiker noch sehr viel bedeutender ist die offensichtlich sehr hohe Anwendungsbreite, und die ausgezeichnete Übertragbarkeit dieses Prozesses – eine Eigenschaft, die gerade bei enantioselektiven Prozessen bisweilen zu wünschen übrigläßt. Die verschiedenen Moglichkeiten sind in mehreren Artikeln zusammengefaßt[92, 93, 94], und es wurde das Geschehen auch mit gutem Erfolg auf Vinylsilane ubertragen[95]. Aber neben dem *tert*-Butylhydroperoxid und den Persäuren haben noch verschiedene andere Peroxid-Verbindungen bei der Epoxid-Synthese Verwendung gefunden[96, 97], wobei bisweilen bemerkenswerte Selektivitaten registriert wurden.

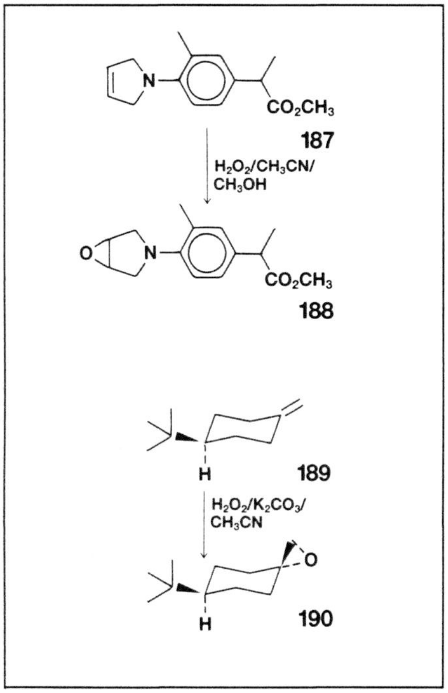

Während das Dihydropyrrol **187** von Persauren selektiv in das N-Oxid uberfuhrt wird, und auch ein Überschuß dieses Reagenzes kein Epoxid hervorbringt, kann mit Wasserstoffsuperoxid und Acetonitril glatt das angestrebte Epoxid **188** erreicht werden[98]. Auch unterschiedliche Stereoselektivitat zeigt dieses Reagenz, wobei aus **189** als Hauptprodukt das aus dem aquatorialen Angriff hervorgehende α-Epoxid gewonnen wird, wahrend Persauren, uberwiegend axial angreifend, zum entsprechenden β-Epoxid führen[99].

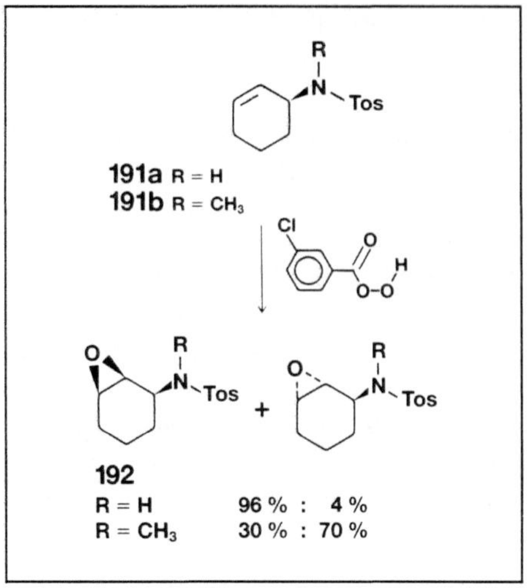

Derartige Lenkungen konnen auch durch Manipulation des Eduktes ausgelost werden, wobei dann aus **191a** (R = H → aktives Volumen) vorwiegend das Epoxid **192a**, aus **191b** (R = CH_3 → inertes Volumen) vorwiegend das *trans*-Epoxid **192b** erhalten wird[100].

Neben diesen rein oxidativen Methoden ist aber auch die Ylid-Technik ein zuverlassiger Lieferant von Epoxiden, wobei ebenfalls hohe und wiederum durch das Reagenz manipulierbare Stereoselektivitat mitgeteilt wurde[101, 102]. Während Sulfoniummethylid das Keton **194** axial angreift und zu **195** führt, gewinnt man mit dem weicheren Oxo-Sulfoniummethylid unter aquatorialem Angriff das α-Epoxid **193**. Die intramolekularisierte Ylid-Technik eroffnet einen interessanten stereoselektiven Weg zur sogenannten Epoxyanellierung (s. **196**→**197** und **198**→**199**)[103], der allgemein mit α-Hydroxythioethern beschritten werden kann[104, 105]. In diesen Fallen findet als entscheidender Schritt eine Substitutionsreaktion statt, wie es auch bei allen Modifikationen der *Darzens*-Reaktion zu beobachten ist[106, 107], aber vom stereochemischen Standpunkt ist in dieser Serie naturlich das von *P. Bartlett* erarbeitete Verfahren zur acyclischen Stereoselektion besonders bemerkenswert[108] (**200**→**201**), und diesem

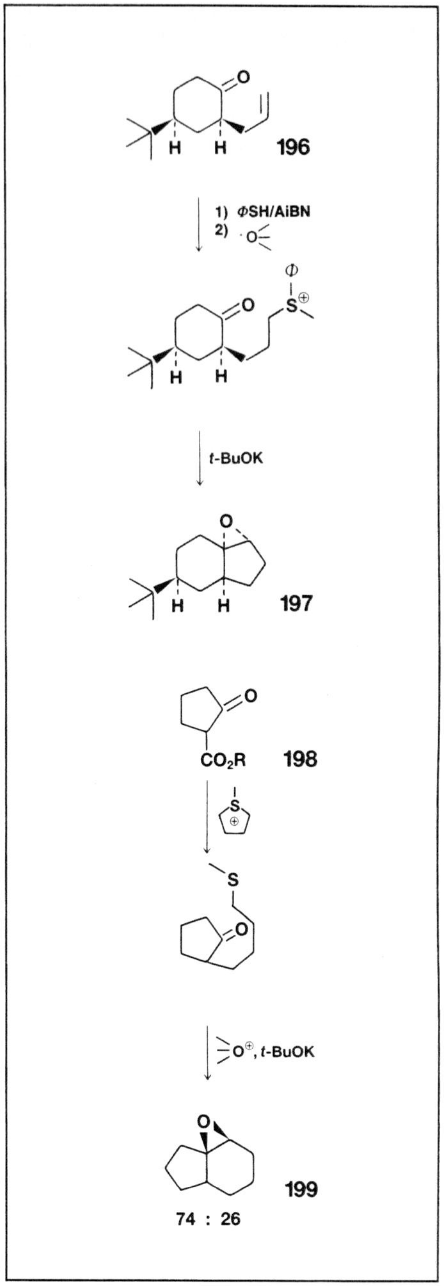

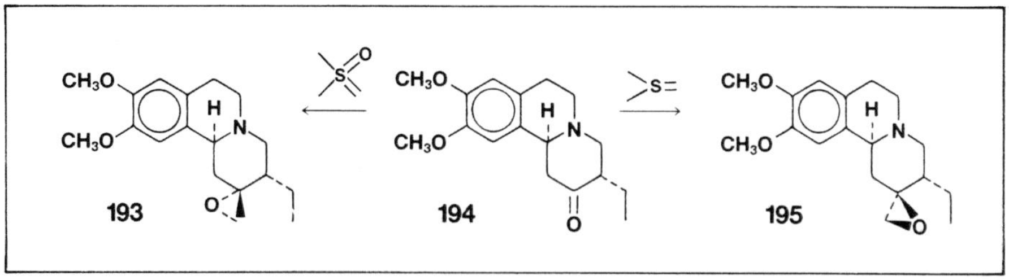

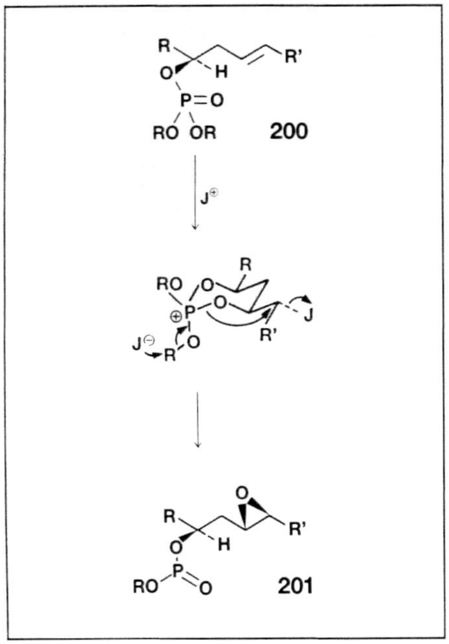

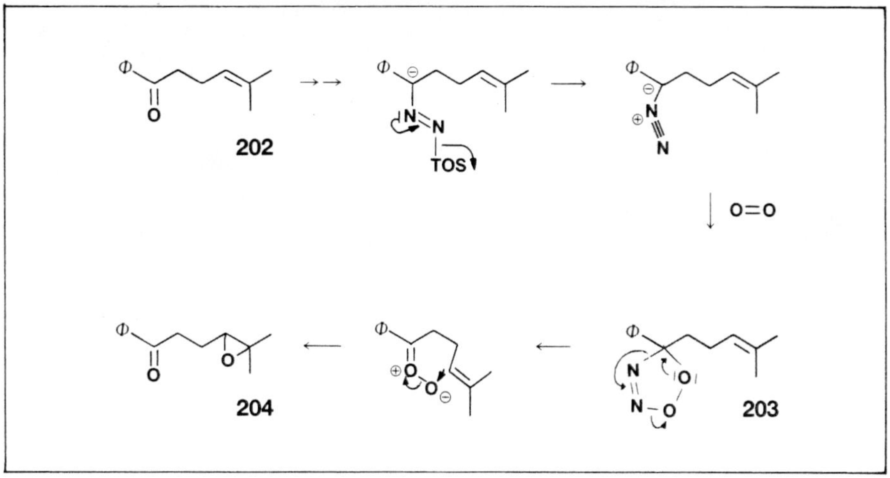

Autor verdanken wir überdies einen äußerst informativen Review-Artikel, der den allgemeinen Stand dieser Kunst ausführlich beschreibt[109].

Auf einen ebenfalls sehr interessanten Nachbargruppeneffekt zurückführbar ist der kürzlich beschriebene Sauerstoff-Transfer 203→204[110]. Das Singulett-Sauerstoff-Addukt 203 liefert unter Ausstoßung von N_2O das Ausgangsketon zurück, während Stickstoffabspaltung ein Carbonyloxid erzeugt, das dann ähnlich wie eine Persäure oxidiert.

Derartige Transferreaktionen werden besonders dann Aufmerksamkeit erregen, wenn sie sich als chemoselektiv und stereoselektiv erweisen. Ein sehr schönes Beispiel beschert hier einmal mehr die Steroidchemie. Das systematische Studium der selektiven Epoxidierung des Dienons **205**, bei dem die wichtigsten Techniken miteinander verglichen wurden, führte zu dem Resultat, daß die beste Selektivität zugunsten des α-Epoxids **206** (11:1) mit dem System Fe(III)-Phthalocyanin-Iodosylbenzol bei einer Gesamtausbeute von 80 % erzielbar ist. In dieser Publikation sind alle wichtigen Beiträge zur Problematik der Epoxidierung unter Sauerstofftransfer zitiert[111].

Sehr wichtige reduktive Techniken, die auf definiert konfigurierten Doppelbindungen basieren, sind vor allem die enorm leistungsfähige und im ersten Kapitel bereits erwähnte Hydroborierung[112] sowie die Hydrierung[113-116], deren Stereoselektivität sowohl durch das Substrat[117] wie auch durch den Katalysator[118] manipuliert werden kann. Speziell das Feld der homogenen Katalyse bescherte kürzlich ausgezeichnete Diastereoselektivitäten[119, 120].

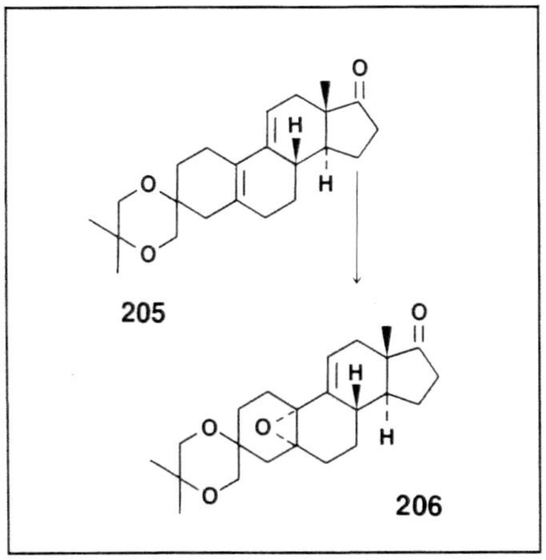

Literaturverzeichnis

1) CIGANEK, E.: Org. React. (NY) 32, 1 (1984)

2) a) FALLIS, A. G.: Can. J. Chem. **62**, 183 (1983); b) LIN, Yi-T., HOUK, K. N.: Tetrahedron Lett. **1985**, 2269; c) WU, TseCh., HOUK, K. N.: Tetrahedron Lett. **1985**, 2293; d) ANTCZAK, K. A., KINGSTON, J. F., FALLIS, A. G.: Can. J. Chem. **63**, 993 (1985); e) NICOLAOU, K. C., LI, W. S.: J. Chem. Soc., Chem. Commun. **1985**, 421; f) HAYAKAWA, K., YAMAGUCHI, Y., KANEMATSU, K.: Tetrahedron Lett. **1985**, 2689; g) TALLEY, J. J.: J. Org. Chem. **50**, 1695 (1985); h) KLEIN, L. L.: J. Org. Chem. **50**, 1770 (1985); i) NEMOTO, H., HASHIMOTO, M., KUROBE, H., FUKUMOTO, K.: J. Chem. Soc., Perkin Trans. I **1985**, 927; j) TROST, B. M., LAUTENS, M., HONG HUANG, M., CARMICHAEL, C. S.: J. Am. Chem. Soc. **106**, 7641 (1984); k) TAPOLCZAY, D. J., THOMAS, E. J., WHITEHEAD, J. W. F.: J. Chem. Soc., Chem. Commun. **1985**, 143; l) CRAVEN, A., TAPOLCZAY, THOMAS, E. J., WHITEHEAD, J. W. F.: J. Chem. Soc., Chem. Commun. **1985**, 145; m) WEINREB, S. M.: Acc. Chem. Res. **18**, 16 (1985); n) TABER, D. F.: Intramolecular Diels-Alder and Alder Ene Reactions, Springer, Berlin 1984

3) a) MUKAIYAMA, T., TAKEBAYASHI, T.: Chem. Lett. **1980**, 1031; b) BAILEY, M. S., BRISDON, B. J., BROWN, D. W., STARK, K. M.: Tetrahedron Lett. **1983**, 3037

4) HAUFE, R.: Dissertation, Universität Hannover 1985

5) STERNBACH, D. D., ROSSANA, D. M., ONAN, K. D.: J. Org. Chem. **49**, 3427 (1984)

6) BROWN, P. A., JENKINS, P. R., FAWCETT, J., RUSSEL, D. R.: J. Chem. Soc., Chem. Commun. **1984**, 253

7) SAKAN, K., SMITH, D. A.: Tetrahedron Lett. **1984**, 2081

8) a) OPPOLZER, W., BATTIG, K., PETRZILKA, M.: Helv. Chim. Acta **61**, 1945 (1978); b) VOLLHARDT, K. P. C.: Angew. Chem. **96**, 525 (1984); Angew. Chem. Int. Ed. Engl. **23**, 539 (1984)

9) a) QUINKERT, G., SCHWARTZ, U., STARK, H., WEBER, W. D., ADAM, F., BAIER, H., FRANK, G., DÜRNER, G.: Liebigs Ann. Chem. **1982**, 1999; b) QUINKERT, G., STARK, H.: Angew. Chem. **95**, 651 (1983); Angew. Chem. Int. Ed. Engl. **22**, 637 (1983)

10) KECK, G. E.: Tetrahedron Lett. **1978**, 4767

11) MARTIN, S. F., BENAGE, B.: Tetrahedron Lett. **1984**, 4863

12) COMINS, D. L., ABDULLAH, A. H., MANTLO, N. B.: Tetrahedron Lett. **1984**, 4867

13) IHARA, M., KIRIHARA, T., KAWAGUCHI, A., FUKUMOTO, K., KAMETANI, T.: Tetrahedron Lett. **1984**, 4541

14) REMISZEWSKI, S. W., WHITTLE, R.

R., WEINREB, S. M.: J. Org. Chem. **49**, 3243 (1984)

15) a) HIMBERT, G., HENN, L.: Angew. Chem. **94**, 631 (1982); Angew. Chem. Int. Ed. Engl. **21**, 620 (1982); b) HIMBERT, G., DIEHL, K., MAAS, G.: J. Chem. Soc., Chem. Commun. **1984**, 900

16) HAUFE, R.: Dissertation, Universitat Hannover 1985

17) BAILEY, S. J., THOMAS, E. J., VATHER, S. M., WALLIS, J.: J. Chem. Soc., Perkin Trans. 1, **1983**, 851

18) BOEKMAN jr., R. K., DEMKO, D. M.: J. Org. Chem. **47**, 1789 (1982)

19) a) JUNG, M. E., HALWEG, K. M.: Tetrahedron Lett. **1981**, 3929; b) BAL, S. A., HELQUIST, P.: Tetrahedron Lett. **1981**, 3933

20) a) HELMCHEN, G., SCHMIERER, R.: Angew. Chem. **93**, 208 (1981); Angew. Chem. Int. Ed. Engl. **20**, 206 (1981); b) SCHMIERER, R., GROTEMEIER, G., HELMCHEN, G., SELIM, A.: Angew. Chem. **93**, 209 (1981); Angew. Chem. Int. Ed. Engl. **20**, 204 (1981); c) POLL, T., METTER, J. O., HELMCHEN, G.: Angew. Chem. **97**, 117 (1985); Angew. Chem. Int. Ed. Engl. **24**, 116 (1985)

21) WURZIGER, H.: Kontakte (Darmstadt) **1984** (2), 3

22) WELZEL, P.: Nachr. Chem. Tech. Lab. **31**, 979 (1983)

23) a) OPPOLZER, W.: Angew. Chem. **96**, 840 (1984); Angew. Chem. Int. Ed. Engl. **23**, 876 (1984); b) OPPOLZER, W., CHAPUISU, C., BERNARDINELLI, G.: Helv. Chim. Acta **67**, 1397 (1984)

24) BEDNARSKI, M., DANISHEFSKY, S.: J. Am. Chem. Soc. **105**, 6968 (1983)

25) a) SAUER, J., SUSTMANN, R.: Angew. Chem. **92**, 773 (1980); Angew. Chem. Int. Ed. Engl. **19**, 779 (1980); b) KWART, H., KING, K.: Chem. Rev. **68**, 415 (1968); c) LASNE, M. C., RIPOLL, J. L.: Synthesis **1985**, 121; d) ICHIHARA, A.: Synthesis **1987**, 207

26) SCHOMBURG, D., THIELMANN, M., WINTERFELDT, E.: Tetrahedron Lett. **27**, 5833 (1986)

27) a) PAQUETTE, L. A.: Top. Curr. Chem. **79**, 41 (1979); s. a. b) TSUGE, O., KANEMASA, S., SAKOH, H., WADA, E.: Bull. Chem. Soc. Jpn. **57**, 3339 (1984)

28) a) TROST, B. M., McDOUGAL, P. G., HALLER, K. J.: J. Am. Chem. Soc. **106**, 383 (1984); b) HUBER, S., STAMOULI, P., NEIER, R.: J. Chem. Soc., Chem. Commun. **1985**, 533; c) TSUGE, O., KANEMASA, S., SAKOH, H., WADA, E.: Bull. Chem. Soc. Jpn. **57**, 3234 (1984)

29) KOZIKOWSKI, A. P., HIRAGA, K., SPRINGER, J. P., WANG, B. C., ZHANG-BAO: J. Am. Chem. Soc. **106**, 1845 (1984)

30) a) HUISGEN, R.: Angew. Chem. **75**, 604 (1963); Angew. Chem. Int. Ed. Engl. **2**, 565 (1963); b) HUISGEN, R.: Angew. Chem. **75**, 742 (1963); Angew. Chem. Int. Ed. Engl. **2**, 633 (1963); c) HUISGEN, R.: J. Org. Chem. **41**, 403 (1967); d) OPPOLZER, W.: Angew. Chem. **89**, 10 (1977); Angew. Chem. Int. Ed. Engl. **16**, 10 (1977); e) PADWA, A.: „1,3 Dipolar Cycloaddition Chemistry" Vol. I; Vol. II, J. Wiley and Sons, New York 1984; f) PADWA, A.: Angew. Chem. **88**, 131 (1976); Angew. Chem. Int. Ed. Engl. **15**, 123 (1976); g) TSUGE, O., UENO, L.: Heterocycles **20**, 2133 (1983); h) FERRIER, R. J., FURNEAUX, R. H., PRASIT, P., TYLER, P. C., BROWN, K. L., GAINSFORD, G. J., DIEHL, J. W.: J. Chem. Soc., Perkin Trans. 1, **1983**, 1621; i) FERRIER, R. J., PRASIT, P.: J. Chem. Soc., Perkin Trans 1, **1983**, 1645; k) GARST, M. E., McBRIDE, B. J., DOUGLAS, J. G.: Tetrahedron Lett. **1983**, 1675

31) a) HORNE, D., GAUDINO, J., THOMPSON, W. J.: Tetrahedron Lett. **1984**, 3529; b) TOY, A., THOMPSON, W. J.: Tetrahedron Lett. **1984**, 3533

32) a) MULZER, J.: Nachr. Chem. Tech. Lab. **32**, 882 und 961 (1984); b) KOZIKOWSKI, A. P.: Acc. Chem. Res. **17**, 410 (1984)

33) CONFALONE, P. N., KO, S. S.: Tetrahedron Lett. **1984**, 947

34) a) SCHARF, H. D.: Fortschr. Chem. Forsch. **11**, 216 (1969); b) SKATTEBØL, L., STENSTRØM, Y.: Acta Chem. Scand B **39**, 291 (1985)

35) a) GHOSEZ, L., O'DONNEL, M. J.: „Pericyclic Reactions", Vol. II, Academic Press, Organic Chemistry Series of Monographs Vol. **35** (II), 79 (1977); b) GHOSEZ, L., in: „Stereoselective Synthesis of Natural Products", Workshop Conferences Hoechst, Vol. 7 (Hrsg. W. Bartmann, E. Winterfeldt), Excerpta Medica **1979**, S. 93

36) GRAF, R.: Angew. Chem. **80**, 179 (1968); Angew. Chem. Int. Ed. Engl. **7**, 172 (1968)

37) THIELMANN, M., WINTERFELDT, E.: Heterocycles **22**, 1161 (1984)

38) VITORELLI, P., HANSEN, H. J., SCHMID, H.: Helv. Chim. Acta **58**, 1293 (1975)

39) DOLLINGER, M., HENNING, W., KIRMSE, W.: Chem. Ber. **115**, 2309 (1982). Weitere Literatur s. dort.

40) a) ZIEGLER, F. E.: Acc. Chem. Res. **1977**, 227; b) BENNETT, G. B.: Synthesis 1977, 589

41) a) LUTZ, R. P.: Chem. Rev. **84**, 205 (1984); b) PAQUETTE, L. A., COLAPRET, J. A., ANDREWS, P. R.: J. Org. Chem. **50**, 201 (1985); c) FITZNER, J. N., SHEA, R. S., FANKHAUSER, J. E., HOPKINS, P. B.: J. Org. Chem. **50**, 417 (1985); d) KIKAMI, K., KAWAMOTO, K., NAKAI, T.: Chem. Lett. **1985**, 115; e) ZIEGLER, E., KLEIN, S. I., PATI, U. K., WANG, T. F.: J. Am. Chem. Soc. **107**, 2730 (1985)

42) CAVE, R. J., LYTHGOE, B., METCALFE, D. A., WATERHOUSE, I.: J. Chem. Soc., Perkin Trans. 1, **1977**, 1218. Weitere Literatur s. dort.

43) ZIEGLER, F. E., THOTTAHILL, J. K.: Tetrahedron Lett. **1982**, 3531

44) MIKAMI, K., MAEDA, T., KISHI, N., NAKAI, T.: Tetrahedron Lett. **1984**, 5151

45) WINTERFELDT, E.: Top. Curr. Chem. **16**, 75 (1970)

46) CUMMINS, C. H., COATES, R. M.: J. Org. Chem. **48**, 2070 (1983)

47) BLECHERT, S.: Tetrahedron Lett. **1984**, 1547

48) EVANS, D. A., BAILLARGEON, D. J., NELSON, J. V.: J. Am. Chem. Soc. **100**, 2242 (1978)

49) PONARAS, A. A.: J. Org. Chem. **48**, 3866 (1983)

50) WILSON, S. R., PRICE, M. F.: J. Org. Chem. **49**, 722 (1984)

51) DENMARK, S. E., HARMATA, M. A.: Tetrahedron Lett. **1984**, 1543

52) IRELAND, R. E., WILCOX, C. S., THAISRIVONGS, S., VANIER, N. R.: Can. J. Chem. **57**, 1743 (1979)

53) FUNK, R. L., MUNGER jr., J. D.: J. Org. Chem. **49**, 4319 (1984)

54) RISCHKE, H., WILCOCK, J. D., WINTERFELDT, E.: Chem. Ber. **106**, 3106 (1973)

55) OVERMAN, L. E., BELL, K. L.: J. Am. Chem. Soc. **103**, 1851 (1981). Weitere Literatur s. dort.

56) OVERMAN, L. E., MALONE, T. C., MEIER, G. P.: J. Am. Chem. Soc. **105**, 6993 (1983)

57) a) OVERMAN, L. E., JACOBSEN, E. J., DOEDENS, R. J.: J. Org. Chem. **48**, 3393 (1983); b) OVERMAN, L. E., KAKIMOTO, M., OKAZAKI, M. E., MEIER, G. P.: J. Am. Chem. Soc. **105**, 6622 (1983); c) OVERMAN, L. E., MENDELSON, L. T., JACOBSEN, E. A.: J. Am. Chem. Soc. **105**, 6629 (1983)

58) OVERMAN, L. E., BELL, K. L., ITO, F.: J. Am. Chem. Soc. **106**, 4192 (1984)

59) CHAO, S., KUNNG, F. A., GU, J. M., AMMON, H. L., MARIANO, P. S.: J. Org. Chem. **49**, 2708 (1984)

60) RAUCHER, S., BURKS, J. E., HWANG, K. J., SVEDBERG, D. P.: J. Am. Chem. Soc. **103**, 1853 (1981)

61) ZIEGLER, F. E., PIWINSKI, J. J.: J. Am. Chem. Soc. **104**, 7181 (1982)

62) ZIEGLER, F. E., LIM, H.: J. Org. Chem. **49**, 3278 (1984)

63) DUNICA, J. V., LANSBURY jr., P. T., MILLER, T., SNIDER, B. S.: J. Am. Chem. Soc. **104**, 1930 (1982)

64) a) OPPOLZER, W., BATIG, K.: Tetrahedron Lett. **1982**, 4669; b) OPPOLZER, W., STRAUSS, H. F., SIMMONS, D. P.: Tetrahedron Lett. **1982**, 4673; c) SNIDER, B. B.: Acc. Chem. Res. **13**, 426 (1980); d) TSCHAEN, D. M., TUROS, E., WEINREB, S. M.: J. Org. Chem. **49**, 5058 (1984)

65) ZIEGLER, F. E., MIKAMI, K: Tetrahedron Lett. **1984**, 127

66) a) BICKART, P., CARSON, F. W., JACOBUS, J., MILLER, G., MISLOW, K.: J. Am. Chem. Soc. **90**, 4869 (1968); b) EVANS, D. A., ANDREWS, G. C.: Acc. Chem. Res. **7**, 147 (1974); c) HOFFMANN, R. W.: Angew. Chem. **91**, 625 (1979); Angew. Chem. Int. Ed. Engl. **18**, 563 (1979); d) COREY, E. J., HOOVER, D. J.: Tetrahedron Lett. **1984**, 3463; e) COREY, E. J., OH, H., BARTON, A. E.: Tetrahedron Lett. **1984**, 3467. Weitere Literatur s. dort.

67) a) HOFFMANN, R. W., GOLDMANN, S., GERLACH, R., MAAK, N.: Chem. Ber. **113**, 845 (1980); b) HOFFMANN, R. W., GERLACH, R., GOLDMANN, S.: Chem. Ber. **113**, 856 (1980); c) HOFF-

MANN, R. W.: Angew. Chem. **91**, 625 (1979). Angew. Chem. Int. Ed. Engl. **18**, 563 (1979)

68) TROST, B. M., LAVOIE, A. C.: J. Am. Chem. Soc. **105**, 5075 (1983)

69) HASSNER, A.: Acc. Chem. Res. **4**, 9 (1971)

70) a) DOWLE, M. D., DAVIES, D. J.: Chem. Soc. Rev. **1979**, 171; b) HOUSE, H. O.: „Modern Synthetic Reactions", Menlo Park. Cal. **1972**, 441

71) GANEM, B., HOLBERT, C. W., WEISS, L. B., ISHIZUMI, K.: J. Am. Chem. Soc. **100**, 6483 (1978)

72) CAMBIE, R. C., HAYWARD, R. C., RUTLEDGE, P. S.: J. Chem. Soc., Perkin Trans. 1, **1974**, 1864

73) KATO, M., KAGEYAMA, M., YOSHIKOSHI, A.: J. Chem. Soc., Perkin Trans. 1, **1977**, 1305

74) a) MULZER, J.: Nachr. Chem. Tech. Lab. **32**, 226 (1984); b) PETRAGNANI, N., FERRAZ, H. M.: Synthesis **1985**, 27

75) TERASHIMA, S., HAYASHI, M., KOGA, K.: Tetrahedron Lett. **1980**, 2733

76) PAULS, H. W., FRASER-REID, B.: J. Am. Chem. Soc. **102**, 3956 (1980)

77) BARTLETT, P. A., TANZELLA, D., BARSTOW, J. F.: Tetrahedron Lett. **1982**, 619

78) a) OVERMAN, L. E., McREADY, R. J.: Tetrahedron Lett. **1982**, 4887; b) KNAPP, S., PATEL, D. V.: Tetrahedron Lett. **1982**, 3539; c) MUHLSTADT, E., OLK, B., WIDERA, R.: Tetrahedron Lett. **1983**, 3979; d) CARDILLO, G., ORENA, M., SANDRI, S., TOMASINI, C.: Tetrahedron **41**, 163 (1985); e) KNAPP, S., PATEL, D. V.: J. Am. Chem. Soc. **105**, 1983 (6985); f) KNAPP, S., PATEL, D. V.: J. Org. Chem. **49**, 5072 (1984); g) KNAPP, S., RODRIQUES, K. E., LEVORSE, A. T., ORNAF, R. M.: Tetrahedron Lett. **1985**, 1803

79) PARKER, K. A., O'Fee, R.: J. Am. Chem. Soc. **105**, 654 (1983)

80) TAMARU, Y., KAWAMURA, S., TANAKE, K., YOSHIDA, Z.: Tetrahedron Lett. **1984**, 1063

81) OVERMAN, L. E., McREADY, R. J.: Tetrahedron Lett. **1982**, 4887

82) a) TAMARU, Y., MIZUTANI, M., FURUKAWA, Y., KAWAMURA, S., YOHIDA, Z., YANAGI, K., MINOBE, M.: J. Am. Chem. Soc. **106**, 1079 (1984); b) WANG, Y. F., IZAWA, T., KOBAYASHI, S., OHNO, M.: J. Am. Chem. Soc. **104**, 6465 (1982)

83) MEDERSKI, W.: Dissertation, Universitat Hannover

84) JOHNSON, W. S.: Angew. Chem. **88**, 33 (1976), Angew. Chem. Int. Ed. Engl. **15**, 9 (1976)

85) SUTHERLAND, J. K., in: Lit. [35b)], S. 142

86) a) WILCOCK, J. D., WINTERFELDT, E.: Chem. Ber. **107**, 975 (1974); b) HART, D. J., YANG, T. K.: J. Org. Chem. **50**, 235 (1985)

87) a) SPECKAMP, W. N., in: Lit. [35b)], S. 50; b) HIEMSTRA, H., KLAVER, W. J., SPECKAMP, W. N.: J. Org. Chem. **49**, 1149 (1984)

88) a) STORK, G., KAHN, M.: J. Am. Chem. Soc. **107**, 500 (1985); b) STORK, G., in: „Selectivity – a Goal for Synthetic Efficiency" (Hrsg. W. Bartmann, B. Trost), Verlag Chemie, Weinheim 1984. Weitere Literatur s. dort; c) STORK, G., KAHN, M.: J. Am. Chem. Soc. **107**, 500 (1985); d) BURNETT, D. A., CHOI, J. K., HART, D. J., TSAI, Y. M.: J. Am. Chem. Soc. **106**, 8201 (1984); e) HART, D. J., TSAI, Y. M.: J. Am. Chem. Soc. **106**, 8209 (1984); f) PADWA, A., NIMMESGERN, H., WONG, G. S. K.: Tetrahedron Lett. **1985**, 957; g) WILCOX, C. S., THOMASCO, L. M.: J. Org. Chem. **50**, 546 (1985); h) CURRAN, D. P., RAKIEWICZ, D. M.: J. Am. Chem. Soc. **107**, 1448 (1985); i) BRAUN, M.: Nachr. Chem. Techn. Lab. **1985**, 298; j) STORK, G., MOOK Jr., R.: J. Amer. Chem. Soc. **109**, 2831 (1987); k) DULCERE, J. P., RODRIGUEZ, J., SANTELLI, M., ZAHRA, J. P.: Tet. Lett. **28**, 2009 (1987); ARDISSON, J., FEREZOU, J. P., JULIA, M., PANCRAZ, A.: Tet. Lett. **28**, 2001 (1987)

89) HARTWIG, W.: Tetrahedron **39**, 2609 (1983)

90) a) RAO, A. S., PAKNIKAR, S. K., KIRTANE, J. G.: Tetrahedron **39**, 2323 (1983); b) THEBTARANONTH, C., THEBTARANONTH, Y.: Acc. Chem. Res. **1986**, 84

91) a) HENBEST, H. B., WILSON, R. A. L.: J. Chem. Soc. **1958**, 1957; b) TANAKA, S., YAMAMOTO, H., NOZAKI, H., SHARPLESS, K. B., MICHAELSSON, R. C., CUTTING, J. D.: J. Am. Chem. Soc. **96**, 5254 (1974); c) LU, L. D., JOHNSON, R. A., FINN, M. G., SHARPLESS, K. B.: J. Org. Chem. **49**, 731 (1984); d) SHARPLESS, K. B., WOODWARD, S. S., FINN, M. G.: Pure Appl. Chem. **55**, 1823 (1984); e) ADAMS, C. E., WALKER, F. J., SHARPLESS, K. B.: J. Org. Chem. **50**, 420 (1985); f) KLUNDER, J. M., CARON, M., UCHIYAMA, M., SHARPLESS, K. B.: J. Org. Chem. **50**, 912 (1985)

92) SHARPLESS, K. B.: Aldrichimica Acta **12**, 63 (1979)

93) HOPPE, D.: Nachr. Chem. Tech. Lab. **30**, 281 (1982)

94) SHARPLESS, K. B., in Lit.[88b)]

95) NARULA, A. S.: Tetrahedron Lett. **1982**, 5579

96) GORZYNSKI SMITH, J.: Synthesis **1984** 629

97) REBEK jr., J.: Heterocycles **15**, 517 (1981)

98) CHAUDHURI, N. K., Ball, T. J.: J. Org. Chem. **47**, 5169 (1982)

99) Calson, R. G., BEHN, N. S.: J. Org. Chem. **32**, 1363 (1967)

100) BACKVALL, R. E., OSHIMA, K., PALERMO, R. E., SHARPLESS, K. B.: J. Org. Chem. **44**, 1953 (1979)

101) BLY, R. S., DuBOSE, C. M., KONIZER, G. B.: J. Org. Chem. **33**, 2188 (1968)

102) DAVIS, R., KLUGE, A. F., MADDOX, M. L., SPARACINO, M. L.: J. Org. Chem. **48**, 255 (1983)

103) a) GARST, M. E., McBRIDE, D. J., JOHNSON, A. T.: J. Org. Chem. **48**, 8 (1983); b) GARST, M. E., ARRHENIUS, P.: J. Org. Chem. **48**, 16 (1983)

104) KANO, S., YOKOMATSU, F., SHIBUYA, S.: J. Chem. Soc., Chem. Commun. **1978**, 785

105) PIRKLE, W. H., RINALDI, P. L.: J. Org. Chem. **43**, 3803 (1978)

106) PRI-BAR, I., PEARLMAN, P. S., STILLE, J. K.: J. Org. Chem. **48**, 4629 (1983)

107) PERGOLA, R. D., DiBATTISTA, P.: Synth. Commun. **14**, 121 (1984). Weitere Literatur s. dort.

108) BARTLETT, P. A., JERNSTEDT, K. K.: J. Am. Chem. Soc. **99**, 4829 (1977)

109) BARTLETT, P. A.: Tetrahedron **36**, 3 (1980)

110) MIYASHI, T., KAMATA, M., NISHIZAWA, Y., MUKAI, T.: J. Chem Soc., Chem. Commun. **1984**, 147

111) ROHDE, R., NEFF, G., SAUER, G., WIECHERT, R.: Tetrahedron Lett. **1985**, 2069

112) ZWEIFEL, G., BROWN, H. C.: Org. React. (NY) **13**, 1 (1963)

113) BROWN, H. C., BROWN, C. A.: Tetrahedron **8**, 149 (1966)

114) STROHMEIER, W.: Fortschr. Chem. Forsch. **25**, 72 (1972)

115) HARMON, R. E., GUPTA, S. K., BROWN, D. J.: Chem. Rev. **73**, 21 (1973)

116) KURSANOV, D. N., PARNES, Z. N., LOIM, N. M.: Synthesis **1974**, 633

117) RYLANDER, P. N.: „Catalytic Hydrogenation over Platinum Metals", Academic Press, New York 1967

118) HORN, G., FROHNING, C. D., CORNILS, B.: Chem.-Zg. **100**, 299 (1976)

119) EVANS, D. A., MORRISSEY, M. M.: J. Am. Chem. Soc. **106**, 3866 (1984)

120) EVANS, D. A., MORRISSEY, M. M.: Tetrahedron Lett. **1984**, 4637

Kapitel 3
Kleinringsysteme

Einleitung

Die vorangegangenen Kapitel waren geprägt durch die Beschreibung stereoselektiver Techniken zur Erreichung definiert konfigurierter cyclischer Verbindungen (Cycloadditionen) sowie auf cyclische Übergangszustände angewiesener Umlagerungsreaktionen (sigmatrope Prozesse). Kurzum – wie auch bei der Bereitung von Epoxiden obligatorisch – werden in jedem Falle definiert konfigurierte sp^2-hybridisierte Zentren als Operationsbasis zur Verfügung gehalten werden müssen.

Bei der Vielfalt der dort dargelegten und angedeuteten Möglichkeiten nimmt es nicht wunder, diese häufig hinterlistig mit Sollbruchstellen ausgestatteten cyclischen Systeme in einer späteren Phase der Synthese sich wieder entfalten zu sehen und dann festzustellen, daß sie nur als Baugerüst für sp^3-hybridisierte Zentren gedient hatten. Diese Strategie hat mit viel Phantasie und Einfallsreichtum zu eindrucksvollen Resultaten geführt, wobei Doppelbindungen (Ozonisierung), Diole (Periodsäurespaltung) sowie fragmentierungsfähige C-C-Einfachbindungen (*Grob*-Fragmentierung) (s. **5**→**6**) als eingebaute Achillesfersen die Renner der Saison waren. Das von *G. Quinkert* studierte, bei der Bestrahlung zerspringende Acetoxycyclohexadienon (s. **7**→**8**) repräsentiert ein variationsfähiges photochemisches Divertimento.

Aber auch Heteroatome können dem Molekül die Illusion starrer, kompakter Rigidität geben, bis über eine Etherspaltung (**9**→**10**) oder eine Lactonöffnung (**11**→**12**) die Verschnürung wieder gelöst wird.

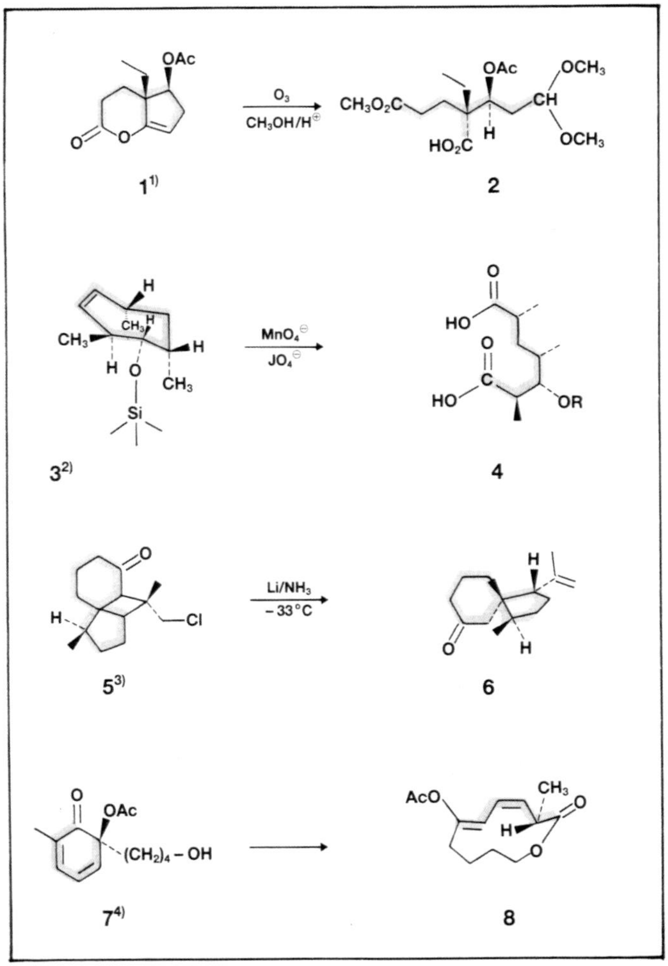

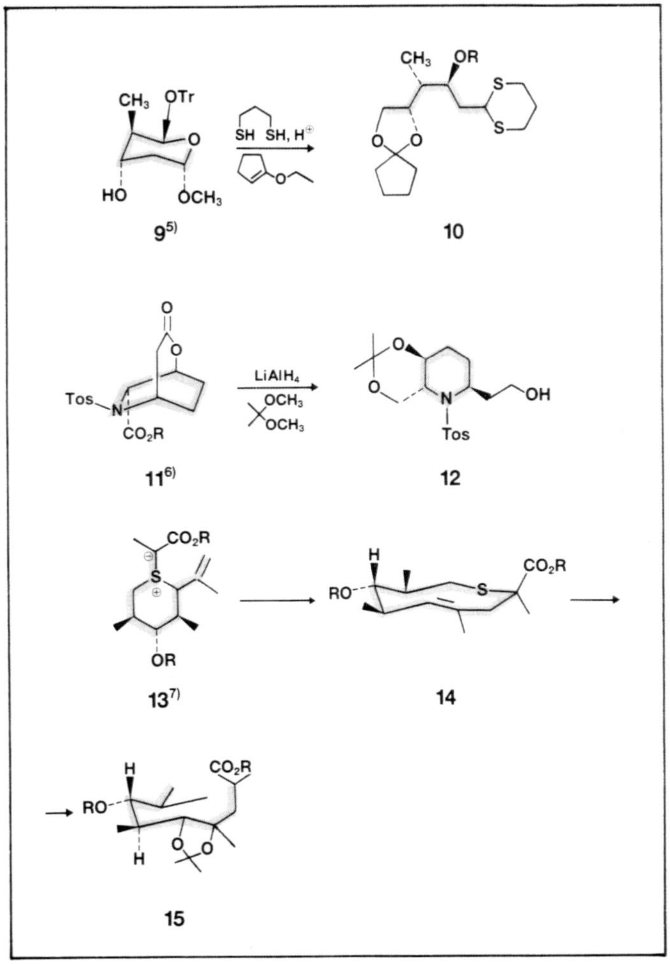

Besondere Wertschätzung genießt dabei das Schwefelatom, da es gemeinhin unter relativ milden Bedingungen entweder reduktiv (*Raney*-Nickel) oder oxidativ *(Pummerer)* wieder aus seiner Aufgabe entlassen werden kann, und als ein besonderes Kabinettstück muß hier wohl die von *R. B. Woodward* konzipierte und posthum publizierte Totalsynthese des Erythromycins[8] gelten. Geschickte Ausnutzung der Reaktivität von Schwefelyliden paart sich mit vielfältiger späterer Manipulierung dieses Elements bei den von *E. Vedejs* ersonnenen repitierbaren Ringaufblahungen[9] (s. **14**), und es ist von besonderem Reiz, daß zur Erreichung des Ausgangsmaterials die bereits besprochenen Cycloadditionen und sigmatropen Umlagerungen eintrachtig zusammenarbeiten. Neuerdings wird auch die Tendenz erkennbar, das Siliziumatom als leicht und selektiv wieder auftrennbare Heftnaht zu verwenden.

Kommt es zu Ringoffnungen, so sollten sicher Kleinringe eine besonders gute Adresse sein, denn die ihnen innewohnende Ringspannung eroffnet zusatzliche Kanale fur die Sprengung von C-C-Bindungen. Ein besonderer Gewinn fur die synthetische Chemie besteht in den neu hinzukommenden Moglichkeiten der nucleophilen wie auch der elektrophilen Ringöffnung, da dort mit hoher Stereoselektivitat ausgezeichnete und manipulierbare Regioselektivitat einhergeht. Als einfachstes Modell mit gut auf andere Kleinringsysteme übertragbaren Resultaten sei das Epoxid ausgewählt und detailliert analysiert, zumal viele synthetisch wichtige Reaktionen dieser funktionellen Gruppe kurzlich sehr übersichtlich zusammengefaßt worden sind[10].

Epoxide

Zunachst muß klar getrennt werden zwischen schier nucleophilem Angriff durch ein schlecht solvatisiertes weiches Anion, Simultanangriff von *Lewis*-Saure und Nucleophil im nichtnucleophilen Solvens und schließlich Primarangriff durch die *Lewis*-Saure in Gegenwart oder gegebenenfalls gar in Abwesenheit eines Nucleophils. Naturlich bekommt dieses alles durch Intramolekularisierung dann noch seinen besonderen Glanz.

Wird das Nucleophil alleine und ohne Assistenz des Gegenkations an die Front geschickt, so ist es fur eine erfolgreiche Operation kompromißlos auf die in **16** markierten Einflugschneisen Ⓐ bzw. Ⓑ festgelegt, denn die Ringoffnung wird in diesem Falle uber einen $S_{N_{II}}$-Prozeß reinsten Wassers absolviert; rückseitiger Angriff ist also conditio sine qua non. Bei der Entscheidung zwischen Ⓐ und Ⓑ ist bei vergleichbarer elektronischer Situation Vermeidung sterischer Hinderung das oberste Gebot. Das weniger oder weniger raumerfullend substituierte C-Atom wird eindeutig das bevorzugte Anflugsziel sein, wie die Beispiele **18**[11], **20**[12] und **22** belegen. Bei starren cyclischen Systemen wird darüber hinaus der

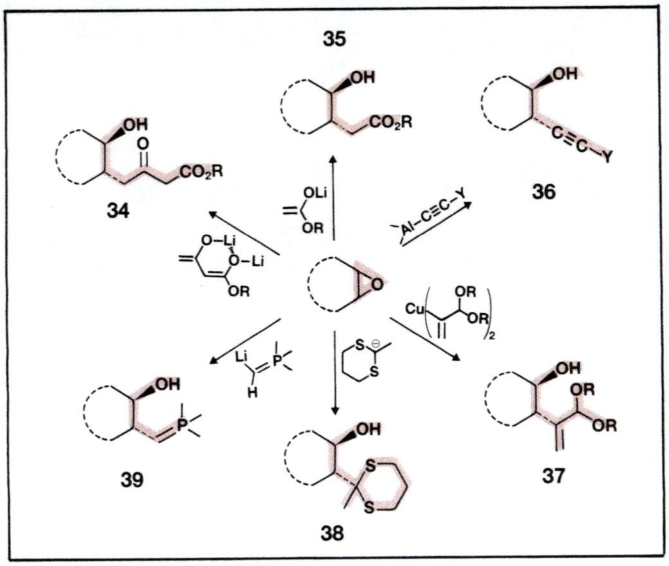

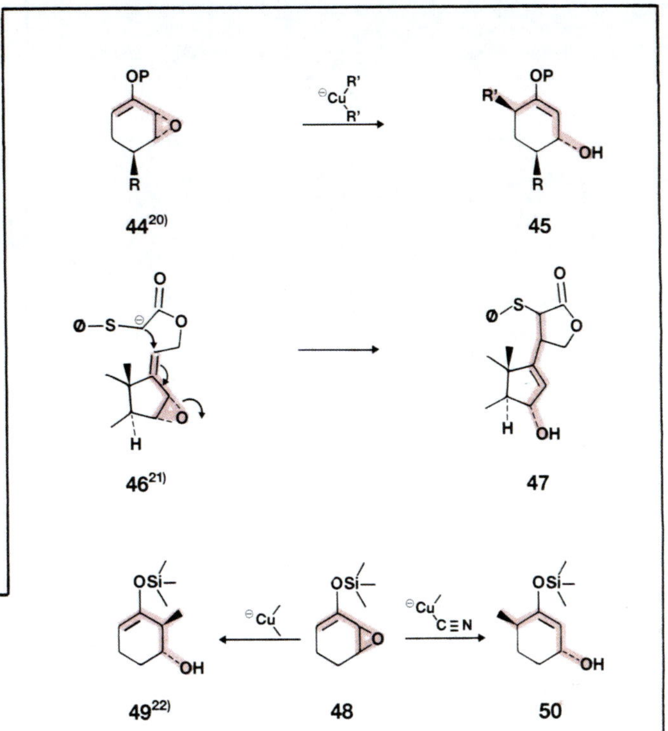

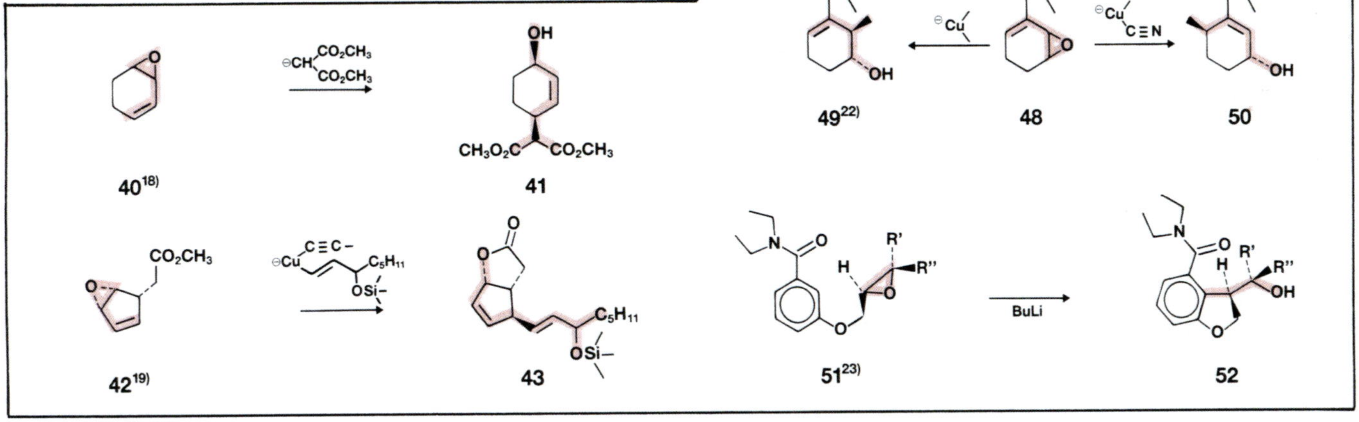

Zwang zur optimalen Orbitalüberlappung im Übergangszustand zur vielfach belegten anti-diaxialen Ringöffnung führen. Diese in der *Fürst-Plattner*-Regel formulierte Lenkungsmöglichkeit hat wichtige Auswirkungen auf die Regioselektivität, wie die Beispiele **24**, **26** und **28** zeigen. Das Reglement gilt also auch für reduktive Ringöffnungen, und bei Fällen scheinbaren Durchbrechens läßt sich leicht eine befriedigende Deutung finden, die diese wichtige Regel unangetastet läßt. So öffnen *Grignard*-Verbindungen das Epoxid **30** gemeinhin stereoselektiv unter Bildung der β-Alkylverbindung **31**. Bei Verwendung von Vinylmagnesiumbromid indessen wird auch ein erheblicher Anteil der α-Vinylverbindung **33** isoliert, und die in der Tat plausible Erklärung konnte sein, daß bei diesem etwas schlechteren Nucleophil eine *Lewis*-Säuren-katalysierte Öffnung zu **32** bereits mit der normalen Reaktion konkurriert und in der Folge zu nochmaliger Inversion an diesem Zentrum Anlaß gibt[16].

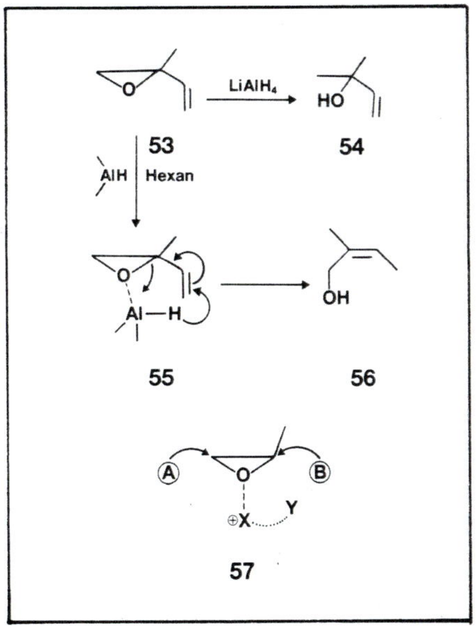

Derartige nucleophile Ringöffnungen spielen derzeit eine ganz ungewöhnlich wichtige Rolle bei der synthetischen Nutzung der in vielfältiger Weise gut zugänglichen definiert konfigurierten Epoxide. Das lineare Zuckermolekül wird auf diese Weise zum Sprungbrett für verzweigte Ketten, und gezielte Anbindung einer Kohlenstoffkette neben einer definiert konfigurierten und konstitutionell wie konfigurativ ausgezeichnet manipulierbaren Hydroxylgruppe cyclischer wie acyclischer Systeme schafft beachtliche synthetische Flexibilität[17]. Einige vielfältig nutzbare Kombinationen sind unter **34 – 39** aus der Fülle der Möglichkeiten herausgegriffen, und die Palette erweitert sich noch um die vinylogisierten Fälle, wie beispielsweise **40 – 50**. Es ist dabei sehr beruhigend, dann am Beispiel **48** feststellen zu können, daß man dieser Reaktion keineswegs ausgeliefert ist, sondern die Regioselektivität durch die Wahl des Nucleophils bestimmen kann. Regioselektive und substituentengelenkte Generierung dieses Nucleophils ist der Clou beim Beispiel **51**, sie wird gefolgt von der bevorzugten 5-Exotet-Cyclisierung, so daß auch die Epoxidöffnung streng regioselektiv ist. Hohe Chemoselektivität, gepaart mit ausgezeichneter *cis*-Stereoselektivität, zeigt eine nach Anfertigung des Manuskripts publizierte palladiumkatalysierte Bildung cyclischer Carbonate aus Allylepoxiden[23a)].

Bei einigen der hier zusammengestellten Reaktionen handelt es sich aber mit sehr großer Wahrscheinlichkeit bereits um den zweiten Typ, bei dem bereits die Assistenz der *Lewis*-Säure deutlich spürbar zu Buche schlägt (z. B. **36**). Welch wesentlichen Beitrag man von einem Aluminium-Atom erwarten kann, zeigt die Reduktion von Epoxiden mit Dialkylaluminiumhydrid. Während der nucleophile AT-Komplex vorschriftsmäßig die CH_2-Gruppe in **53** attackiert und **54** erzeugt, wird die *Lewis*-Säure Dialkylaluminiumhydrid erst nach Vorkomplexierung zu **55** aktiv, und die Lenkung des Hydridtransports erfolgt dann gemäß der Kationenstabilität[24)]. Diboran bzw. substituierte Borane (z. B. 9-Borabicyclo[3.3.1]nonan) zeigen erwartungsgemäß ganz analoges Verhalten[25)].

Mit diesem kooperativen Mechanismus, der irgendwo zwischen den beiden oben als **16** und **17** bezeichneten Grenzfällen anzusiedeln wäre, liegt die aus stereochemischer Sicht äußerst interessante Variante **57** vor uns, für die wiederum eine große Zahl von Beispielen existiert.

Für die Richtung der nucleophilen Ringsprengung werden in diesem Fall mehrere Faktoren verantwortlich zu machen sein. Die Qualität der *Lewis*-Säure $X^{\oplus}$ sowie die Polarität des Solvens bestimmen den Grad der Polarisierung der Epoxidbindungen, wobei für den Fall, daß diese Polarisierung sehr weit fortschreitet, die Ladung natürlich am höher substituierten C-Atom deponiert wird. Die Qualität des Nucleophils und die sterische Hinderung am potentiellen Angriffsort werden ebenfalls zu berücksichtigen sein. Insofern erkennt man eine sehr weitgehende Ähnlichkeit mit dem im vorigen Kapitel diskutierten elektrophilen Angriff auf C = C-Doppelbindungen.

Ein bereits während des ersten zarten elektrostatischen Flirts der *Lewis*-Säure rasch und entschlossen zuschlagendes Nucleophil wird hohe Vergleichbarkeit mit **16** aufweisen, ein träges, phlegmatisches Nucleophil dagegen, das erst nach Bindungsbruch des Epoxids in Bewegung kommt, wird mehr dem Grenzfall **17** zuneigen. Die Skala der Möglichkeiten ist aus den im Schema VII (S. 12) angegebenen Beispielen ablesbar.

Trotz *Lewis*-Säuren-Katalyse ist bei **58** und **66** das terminale C-Atom der bevorzugte Angriffsort. Bei **63** engagiert sich die *Lewis*-Säure unentschlossen sowohl am Epoxid (s. **64** = normales Produkt) als auch am Ketalsauerstoff (s. **65** = transanulare Epoxidöffnung), und es wird dadurch ein Indizienbeweis für den vorgeschalteten Onium-Komplex geliefert. Bei den unter **68** zitierten Beispielen schließlich wird, dem Modell **17** entsprechend, das höher substituierte C-Atom attackiert, und der so darstellbare Iod-Ether läßt sich anschließend mit DBU unter Iodwasserstoffsäure-Eliminierung in den entsprechenden Allylether umwandeln – ein Resultat, das übrigens auch direkt aus Epoxiden mit einer Kombination von *Lewis*-Säure und Protonenacceptor erzielt werden kann. Das Arsenal dieser Möglichkeiten zur regioselektiven Öffnung von Epoxiden erweitert sich ständig, und seit Abfassung des Manuskrips sind bereits wieder diverse Methoden[30e – 30j] zur Darstellung von β-funktionalisierten Carbinolen publiziert worden.

Die Assistenz der Säure und der Raumbedarf des Protonenacceptors führen zur Deprotonierung an der am besten zugänglichen Methylgruppe, und für die stereoselektive Synthese sind die Studien mit deuterierten Verbindungen von ganz besonderer Bedeutung. Sie lehren nämlich, daß ein zum Epoxid *cis*-ständiges Proton abgelöst wird und untermauern damit den kooperativen Reaktionstyp (s. **73** und **76**). Diesen Gedanken ganz konsequent verfolgend, hat *H. Yamamoto* dann die Kombination von Aluminiumalkyl und Dialkylamid für diese Aufgabe ausgewählt und damit beeindruckende Selektivitäten erreicht (s. **78**→**79**). Für den Fall, daß die C-O-Bindung eine besonders weitgehende Polarisierung erfährt, kann bei geeigneter Ringgröße auch ein transanularer Abgriff der Ladung die Oberhand gewinnen, und die Beispiele **80** und **83** demonstrieren die Abhängigkeit vom Gegenkation (*Lewis*-Säure!) sowie die Anwendungsbreite.

Derartige intramolekulare Reaktionen sind von besonderem Reiz bei polyfunktionalisierten Verbindungen mit eingebautem potentiellen Nucleophil (s. a. **46** und **51**), da durch die hohe sterische Zuverlässigkeit dieser Kleinringprozesse[36] eine ausgezeichnete Konfigurationsvorhersagbarkeit garantiert ist. Es kann in diesen Fällen (**85**–**94**), wie **88** zeigt, eine negative Ladung zielbewußt das Molekül durchwandern, um schließlich mit der besten Fluchtgruppe von der Bühne abzutreten. Im hier vorliegenden Fall wurde die negative Ladung, die anschließend einer Billardkugel gleich von Bande zu Bande flitzen kann, durch Deprotonierung implantiert; aber es wird an späterer Stelle auch Gelegenheit geben, das Schicksal von Anionen zu verfolgen, die dem Molekül durch nucleophile 1,2-Addition (z. B. *Darzens*) bzw. 1,4-Addition angedient werden, und die dann nach Absolvierung verschiedener nucleophiler oder deprotonierender bzw. umprotonierender Einzelschritte schließlich entweder durch Ausstoßung einer Fluchtgruppe oder Erreichung einer hoch resonanzstabilisierten Position zur Ruhe kommen. Die konsequente Planung und synthetische Anwendung derartiger Billardsequenzen beschert, da das Werkstück verschiedene Bearbeitungsphasen fließbandartig durchläuft, beachtliche präparative Vereinfachungen, da Aufarbeitungs- und Reinigungsschritte entfallen.

Grund genug, diesen Punkt an späterer Stelle (s. *Michael*-Additionen, Kapitel 4) noch einmal aufzugreifen. Bei den hier zu behandelnden Epoxiden ist es schon alleine die Kombination von Reaktivität und Multifunktionalität, die zu interessanten Reaktionsfolgen wie z. B. **90**→**91** und **92**→**93** Anlaß geben kann. Eine weitere sehr elegante intramolekularisierte Sequenz zur Überführung von Epoxiden in cyclische Ether wurde kürzlich von *K. C. Nicolaou* mitgeteilt[40a].

Bei **90** folgt der nucleophilen Ringöffnung eine kinetisch zum *E/Z*-Gemisch führende Sequenz von Eliminierungs-Isomerisierungs- und Substitutionsschritten auf dem Fuße. Das im Schema IX (S. 15) angegebene *E*-konfigurierte Produkt **91** wird dann schließlich durch Kristallisation gewonnen. Eine ähnliche Reaktionskaskade löst die Cyanid-Substitution am Epichlorhydrin aus, und als ihr Schlußlicht bietet sich die Ringöffnung des Cycloadduktes aus **96** und der Furan-Form von **95** dar. Bei derartigen intramolekularisierten Prozessen folgt aus dem Zwang zur Einhaltung der Einflugschneise eine äußerst interessante Abhängigkeit der Regioselektivität vom Abstand der Reaktionszentren. So vermag das Anion in **97** offensichtlich sehr viel bequemer die zum Vierring führende Flugbahn zu erreichen, als zur 5-Ring-Bildung aufzusetzen (s. **98**). Eine bevorzugte 4-Ring- bzw. 3-Ring-Bildung ist die Konsequenz[41]. Auf dieser Basis erklärt sich auch die Umlagerung **99**→**100**, bei der sehr wahrscheinlich die Silylgruppe als verkapptes Anion dem bei der Epoxidöffnung entstehenden Kation auflauert[42].

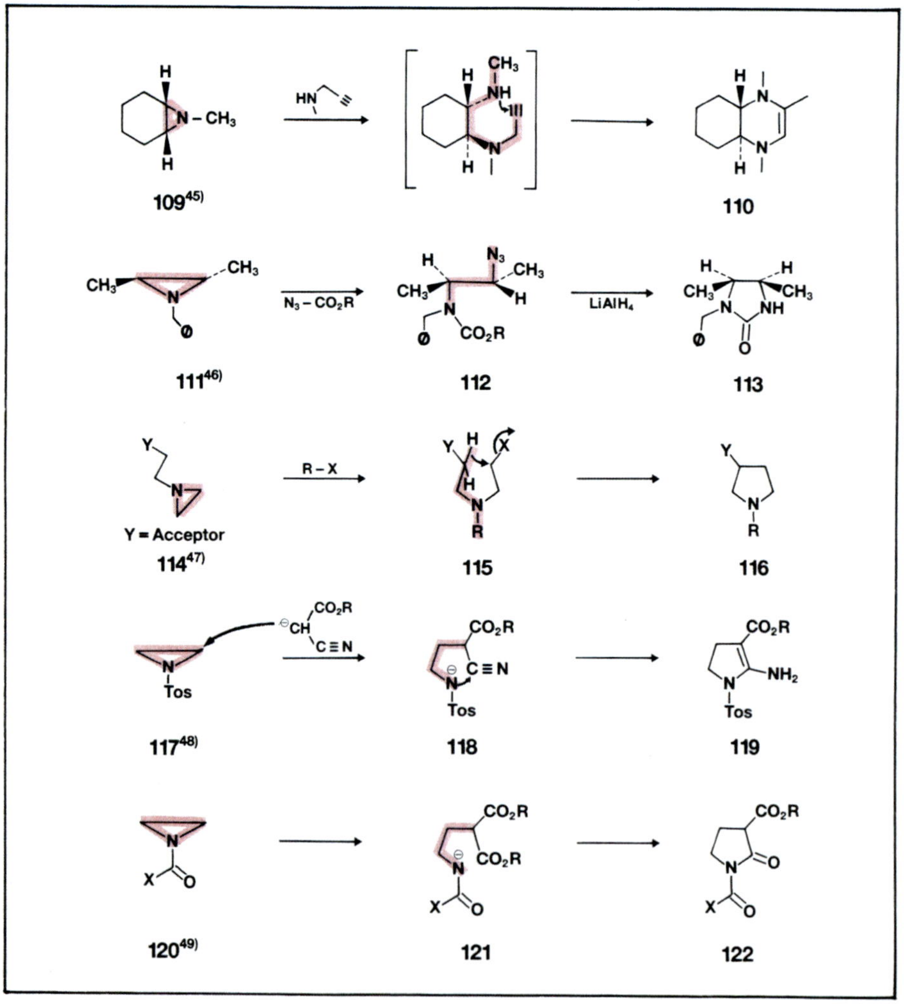

Bleibt als letztes die Frage nach elektrophilem Angriff in Abwesenheit eines Nucleophils. Unter diesen Bedingungen (s. **103**) wird die Kleinringbindung erwartungsgemäß so aufgerissen, daß die positive Ladung am Zentrum höchster Ladungsstabilisierung deponiert wird (R″ = Donor), und dort öffnen sich dann die üblichen Stabilisierungskanäle: *Wagner-Meerwein*-Umlagerung bzw. Hydrid-shift und Protonverlust. Die zu Carbonylverbindungen führende Hydridverschiebung ist vielfältig präparativ genutzt worden unter Verwendung von *Lewis*-Säuren verschiedenster Qualität[10], wobei für die stereoselektive Synthese die Beobachtung bedeutungsvoll ist, daß der sterische Verlauf sehr stark durch die *Lewis*-Säure geprägt sein kann. So wies kürzlich *W. Sucrow*[43] in einer vergleichenden Studie nach, daß aus dem Steroidepoxid **106** nur mit dem etwas exotischen Galliumtribromid ein präparativ gut nutzbares 80:20-Verhältnis der beiden Aldehyde **107** und **108** bereitet werden kann, während die Allerwelts-*Lewis*-Säure BF_3 ein uninteressantes 1:1-Verhältnis generiert.

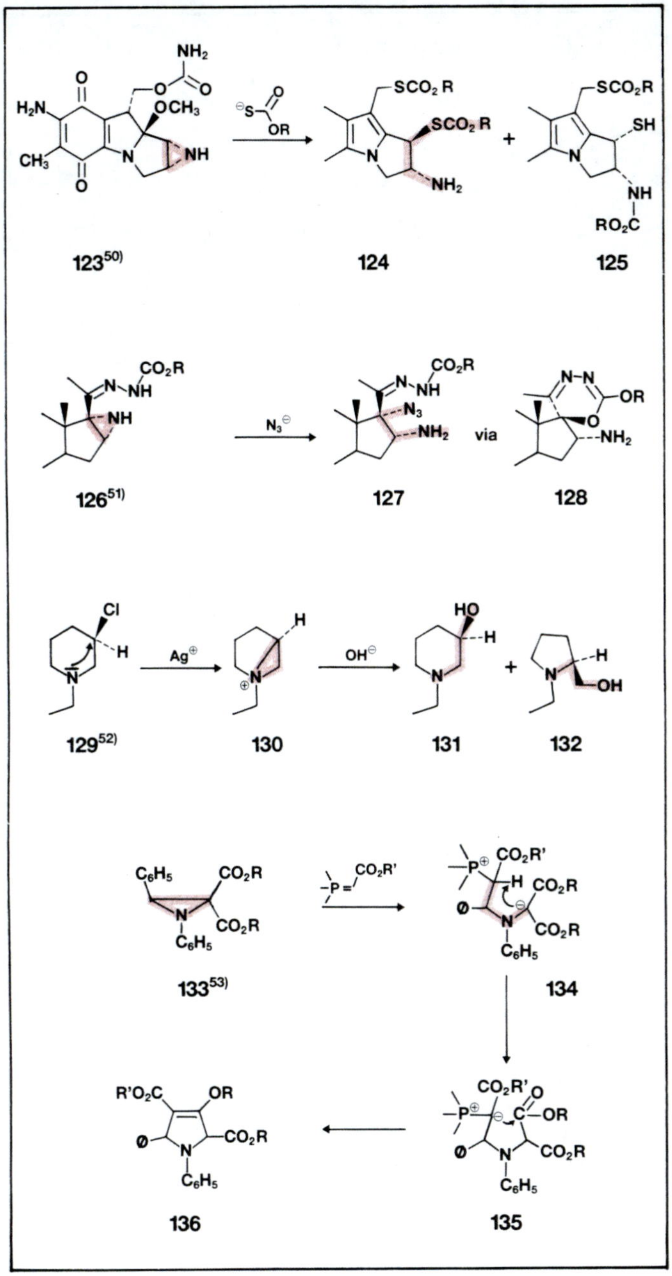

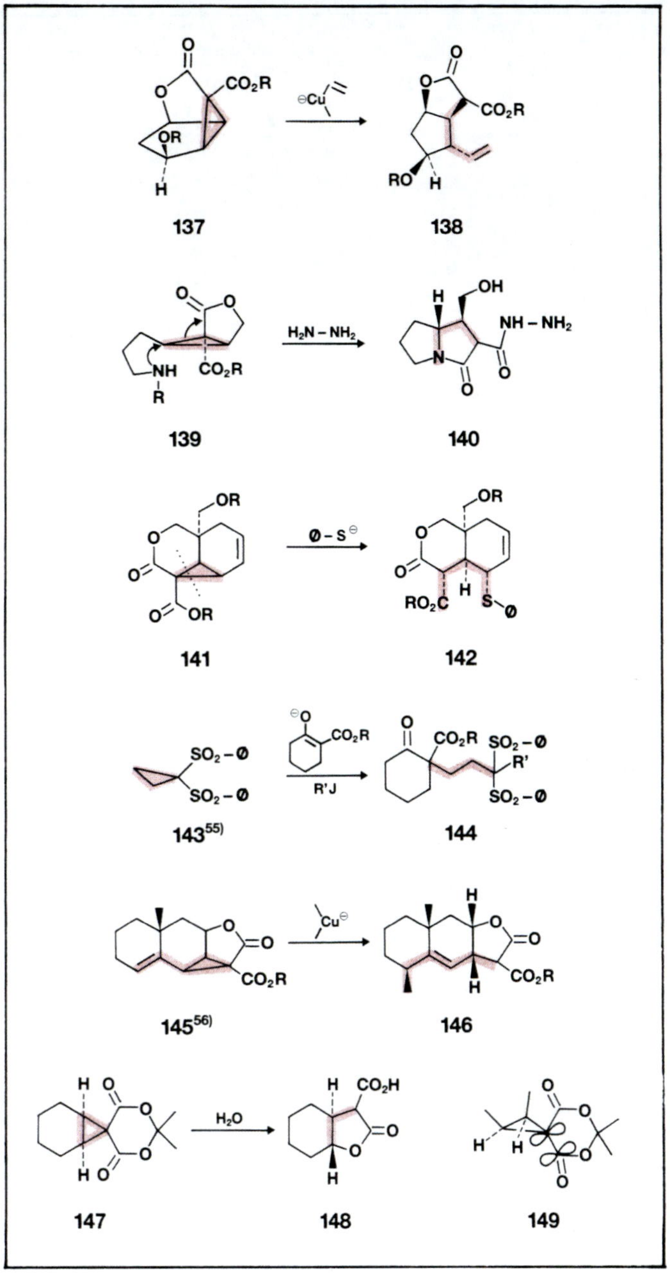

Alle hier für dieses spezielle Ringsystem mitgeteilten Resultate und Verhaltensmuster lassen sich nun mutatis mutandis auf alle anderen Kleinringverbindungen übertragen, so daß wir es hier bei Stichproben und ausgewählten Einzelbeispielen belassen können.

Aziridine

Bei gleicher Stereoselektivität (s. **110** und **113**) erwartet man schlechtere Fluchtgruppeneigenschaften für den Aziridinstickstoff[44], es sei denn, er ist durch Quarternisierung (**114**), N-Tosylierung (**117**) oder N-Acylierung (**120**) aktiviert. Im Falle **111** findet diese Acylaktivierung in situ statt, und es überrascht nicht, daß ähnliche Resultate auch mit Chlorameisensäureester erzielt werden. Die ausgezeichnete Stereoselektivität dieser Ringöffnungen deutet auf S_{N2}-artige Prozesse. Wie jedoch das Beispiel des Mitomycins (**123**) lehrt, kann bei sehr ausgeprägter Fluchtgruppenqualität (benzylisch!) auch die S_{N1}-Region erreicht werden, wie die begleitende Bildung des *cis*-Produktes **125** andeutet. Daß bei dieser Konfiguration zusätzlich Transacylierung eintritt, ist sicher ein für den Öffnungsprozeß bedeutungsloses Nachspiel. Treten indessen ausschließlich *cis*-Produkte auf (s. **127**), so ist man gut beraten, Doppelinversion heraufbeschwörende nucleophile Intervention von Nachbargruppen zu verdächtigen. Im zitierten Fall kann die entsprechende Erklärung schnell gefunden werden (s. **128**). Neben erheblichem Nutzen hält diese Aziridinchemie allerdings auch einige teuflische Fallen bereit. So kann beispielsweise ein β-Fluchtgruppen-substituiertes Amin wie **129** unter einer Vielzahl von Bedingungen relativ leicht ein Aziridiniumsalz (s. **130**) bilden, dessen anschließende Ringöffnung dann zwar hoch stereoselektiv (**131**), aber leider nicht mehr regioselektiv erfolgt (**132**). Bei diesem Verbindungstyp ist also höchste Wachsamkeit angeraten, und es sei nur am Rande vermerkt, daß man auch bei entsprechenden Schwefelverbindungen mit ähnlichen Teufeleien rechnen muß.

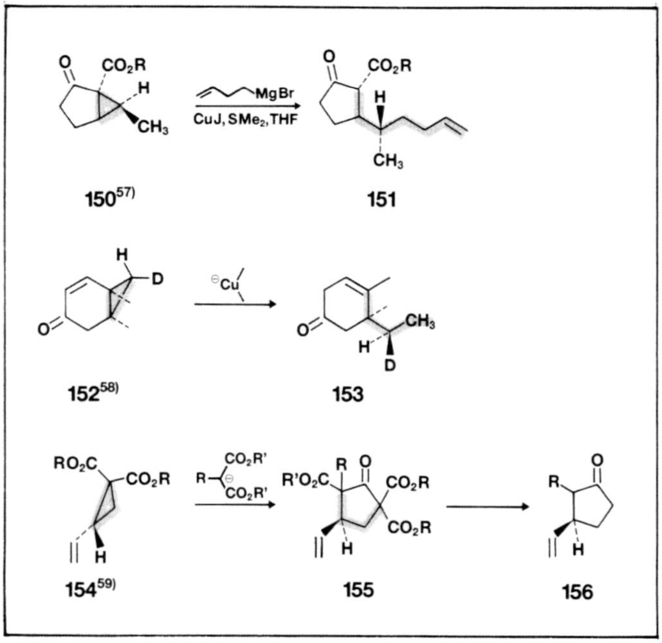

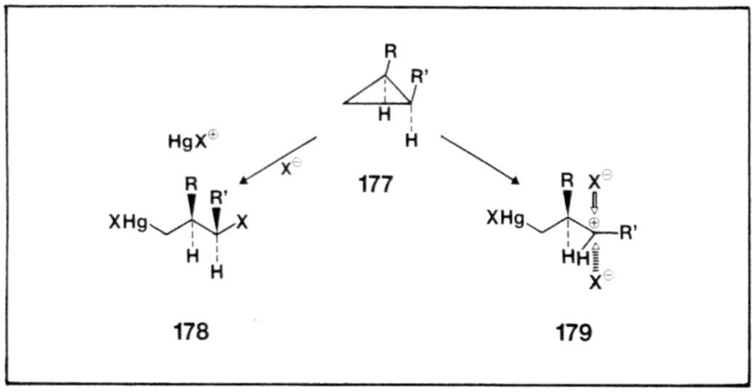

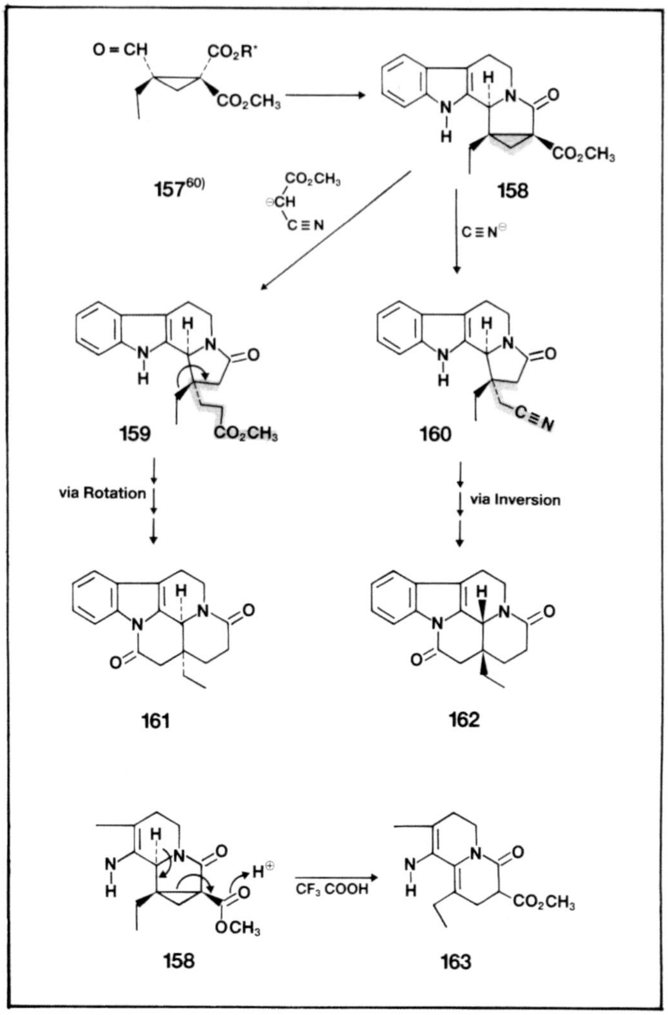

Bei den bisher besprochenen Reaktionen war es stets das Stickstoffatom, dem die negative Ladung dargeboten wurde. Nachdem aber bereits über dessen Fluchtgruppeneigenschaften gemäkelt worden ist, scheint es nur vernünftig, feststellen zu können, daß ihm ein hoch acceptorsubstituiertes Kohlenstoffatom durchaus den Rang ablaufen kann (s. **133**). Durch die beiden Estergruppen ist hier das α-C-Atom eine so effiziente Elektronenfalle geworden, daß der Stickstoff nur noch die Statistenrolle eines unbeteiligten Dreiringzentrums spielt. Hinreichender Grund, nach diesem nucleophilen Ringöffnungstyp auch bei entsprechenden Cyclopropanen zu fragen. Natürlich gibt es ihn.

Cyclopropane

Die vereinigte Acceptorwirkung von zwei Carbonylgruppen polarisiert eine Dreiringbindung in der Tat hinreichend, um nucleophile Ringöffnung auszulösen. Eine beeindruckende Serie von synthetisch äußerst nützlichen Beispielen hat *S. Danishefski* in einem Übersichtsartikel[54a] aufgereiht. Hier seien nur einige die Vielfalt und Flexiblität hoffentlich besonders gut demonstrierende Transformationen vorgestellt (**137**–**147**). Bei allen Verbindungen ist die Zielrichtung der jeweiligen Bemühungen aus den Strukturen klar ablesbar, und das letzte Beispiel (**147**) lehrt zusätzlich, wie wichtig eine effiziente Überlappung des Dreiringorbitals mit der jeweiligen Acceptorgruppe für die Ringsprengung ist, denn die in diesem Meldrumsäurederivat nicht mehr rotationsfähigen und starr in Position gehaltenen Carbonylgruppen (s. **149**) bewirken eine eindrucksvolle Beschleunigung dieser Reaktion. Darüber hinaus liefert die Bildung des *trans*-Lactons **148** einmal mehr einen schönen Beweis für die Konfigurationsinversion beim nucleophilen Angriff – ein Ausgang, der wohl für alle streng nucleophilen Öffnungen als verbindlich angesehen werden kann und sowohl für den unsubstituierten (**152**) wie auch den substituierten (**150**) Fall der Cupratöffnung überzeugend belegt wurde.

In einer alle stereochemischen Aspekte detailliert ausleuchtenden Studie präparierte *G. Quinkert* definiert konfigurierte enantiomerenreine Cyclopropane (s. **154**), deren nucleophile Ringöffnung, stereochemisch unter Inversion verlaufend und chemisch eine *Diekmann*-Cyclisierung nach sich ziehend, zu dem in großer Breite anwendbaren Synthesebaustein **156** mit verschiedenen Gruppen R führte. Die Konstitution und die vorstellbaren Transformationen signalisieren hohe synthetische Flexibilität, und auf diesem Wege wurden die Cyclopropane in den Club der chiralen Synthesebausteine eingeführt.

Ebenfalls enantiomerenrein gewann man **157**, und nach Umsetzung mit Tryptamin führte **158** nach Cyanidöffnung und Konfigurationsinversion (thermodynamische Stabilität des *cis*-Hydrindansystems!) zur Eburnamonin-Konfiguration **162**, während Cyanessigesteröffnung nach Decarboxylierung zu **159** via Rotation (**159**→**161**) in die antipodale Vincaminreihe führt[61]. Die beiden komplementären Ringöffnungen liefern also wahlweise beide absoluten Konfigurationen. Erwartungsgemäß ändert sich die Regioselektivität total, wenn der Dreiring mit einer *Lewis*-Säure aufgerissen wird (s. **158**→**163**)[62]. Die Ringbrücke stürzt ein,

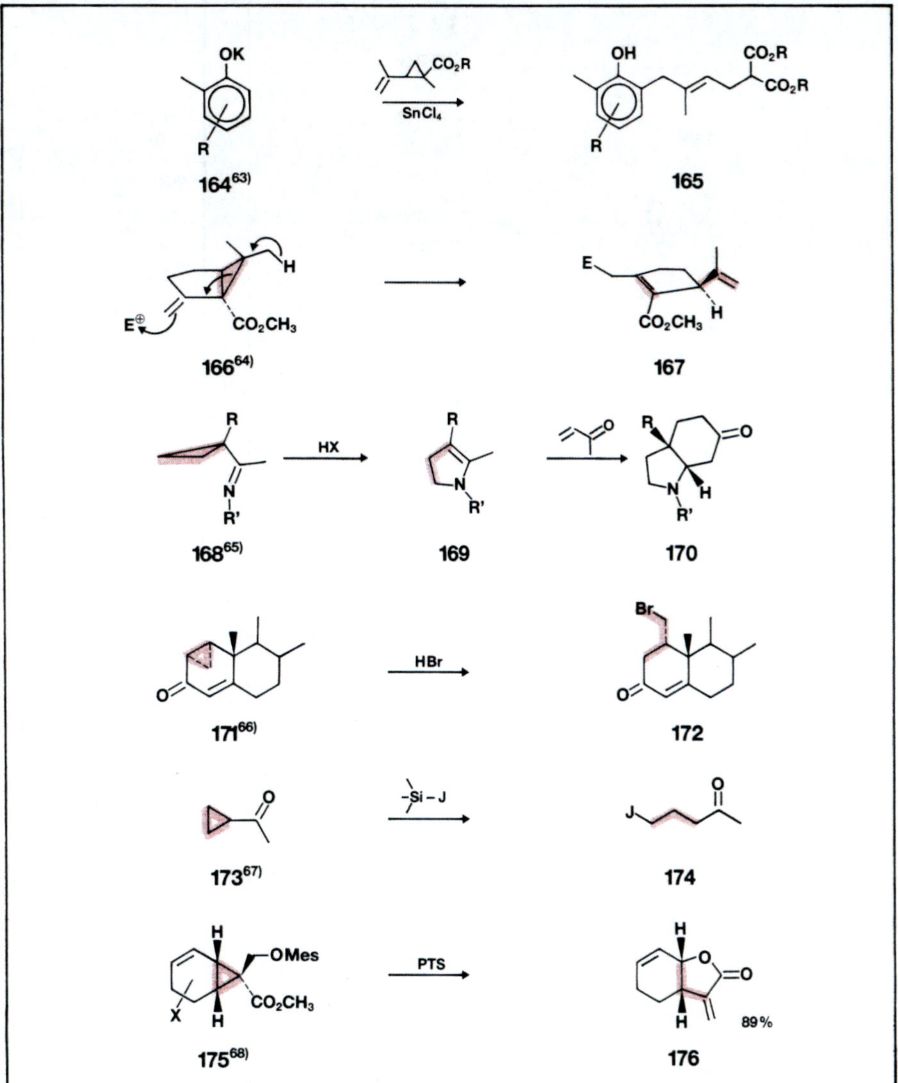

das Kation wird am höher substituierten Zentrum durch Protonverlust unter Bildung des Enamids **163** ruhiggestellt.

Natürlich gibt es neben dieser lupenreinen Kationenbildung noch alle gleitenden Übergänge der kooperativen Aktivität von Nucleophil und *Lewis*-Säure, und es wird die *Lewis*-Säuren-Hilfe immer dann besonders willkommen sein, wenn das Nucleophil recht lahm ist und die Aktivierungsaufgabe einer einzigen Acceptorgruppe überlassen bleibt (s. **164**–**175**). Die Lactonbildung aus **175** ist hier besonders lehrreich und sollte mit **147**→**148** verglichen werden. Daß wir uns hier jetzt völlig auf der Schiene der Kationen befinden, belegen die Regioselektivität der Ringöffnung (Allylkationen) und der zum *cis*-Lacton führende intramolekulare Abgriff dieser Ladung. Das Nucleophil kommt erst in der Schlußphase zum Zuge und ist an der Bildung des Kations unbeteiligt. Diese Tendenz wird auch klar erkennbar bei einer vergleichenden Studie russischer Autoren, die Quecksilbersalze als *Lewis*-Säuren verwendeten (s. **177**) und dabei feststellten, daß durch verschiedenartig substituierte Aromaten (R) hochgetriebene Kationenstabilität einmal zu steigender Reaktionsgeschwindigkeitskonstante, aber, damit einhergehend, auch zu Verlust der Stereoselektivität Anlaß gibt (s. **179**)[69]. Donorsubstituierte Cyclopropane bringen die zur Ringöffnung benötigten Elektronen selbst mit, und erwartungsgemäß lösen hier

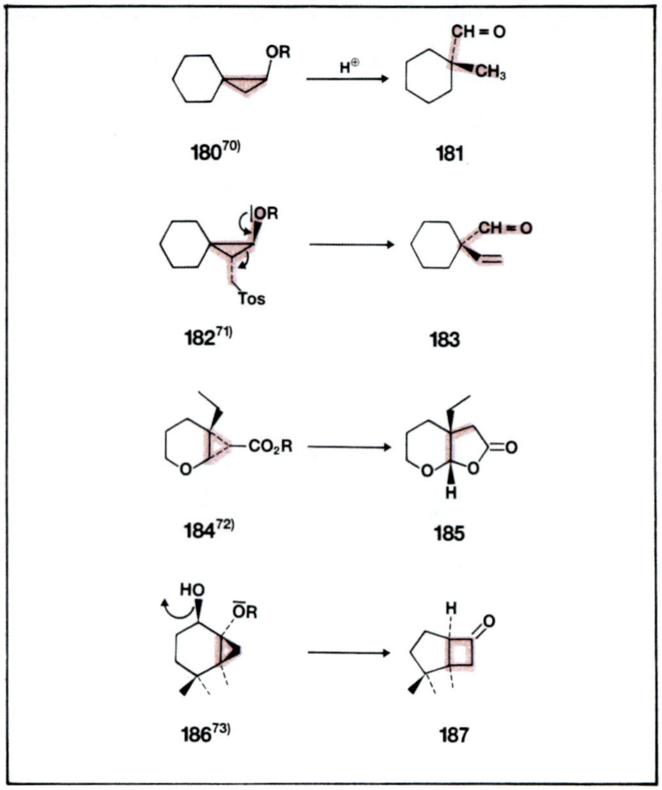

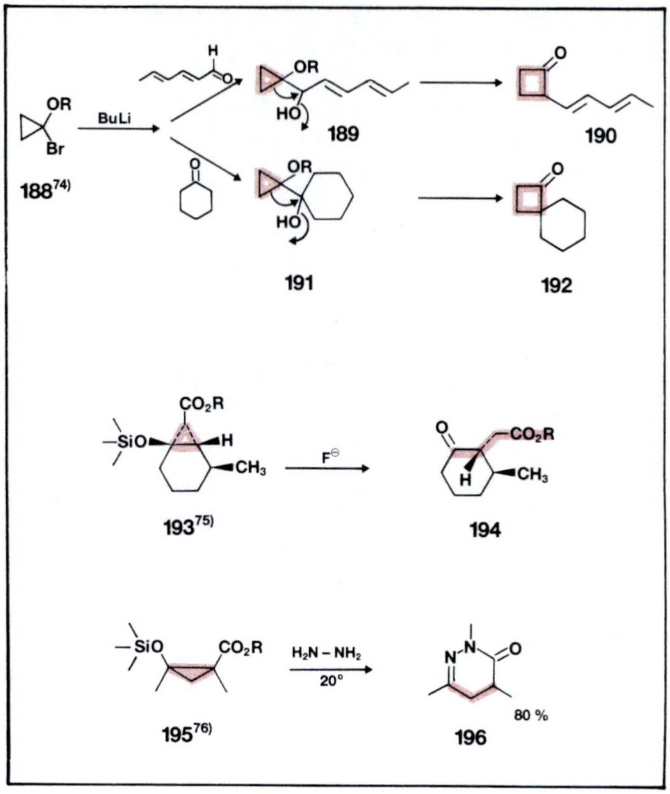

– wie bei **177** – Protonen bzw. *Lewis*-Säuren das Geschehen aus. Bereitwillig füllt dann z. B. ein am Cyclopropanring wartendes Sauerstoffatom das entstehende Elektronendefizit auf (s. **180** bis **186**). Die hohe Reaktivität einer solchen Anordnung wird verständlich, erinnert man sich der gegenüber Benzylhalogeniden noch erheblich gesteigerten Solvolysebereitschaft von α-Halogenethern.

Durch Halogen-Metall-Austausch am α-Halogenether **188** ist dieses Bauelement mit den unterschiedlichsten Carbonylverbindungen verknüpfbar, um dann in hoher Variationsbreite Cyclobutanone zu liefern (s. **190**, **192**), über deren vielfältige Einsatzmöglichkeiten weiter unten noch zu reden sein wird. Als besonders kooperationswillige Ethergruppen erkannte Reißig Trimethylsilylderivate (s. **193** und **195**), und die Auslotung ihrer Möglichkeiten bescherte reiche Ernte. Der Vollständigkeit halber sei noch hinzugefügt, daß donorsubstituierte Cyclopropane in kupferkatalysierten Prozessen auch der radikalischen Ringöffnung unterworfen werden können[82]. Interessante Resultate zur thermischen Öffnung von Divinylcyclopropanen wurden kürzlich von *E. Piers*[82a, 82b] beigesteuert.

Cyclobutane

Auch die Cyclobutanderivate[54d, 83a, 83b] trachten danach, Ringspannung abzuschütteln und nutzen zahlreiche Wege, um dieses Ziel zu erreichen[84]). Die Beispiele im Schema XX sollen Vielfalt und Selektivität dieser Transformationen offenlegen. So dokumentieren **197** und **199** die Wanderungspräferenz der jeweils zum aziden Proton *trans*-ständigen Bindung, und der Aldehyd **201** flüchtet sich vor einer Oxidation protonenkatalysiert durch Fragmentierung und Recyclisierung in den Enolether **202**. Um eine rein thermische elektrocyclische Reaktion handelt es sich bei der Bildung des Butadiens **205** und diese Ringöffnung wurden verschiedenenorts zur Generierung spezieller 4π-Systeme herangezogen. Eine besondere Fundgrube sind Cyclobutanone und Cyclobutanole (**207**, **209**), Grund genug, bei diesen Strukturen ein wenig zu verweilen.

Cyclobutanone gelten heute als sehr gut zugängliche Strukturelemente, die sowohl über die Umlagerung von Spiroepoxiden[85] als auch über diverse 2π,2π-Cycloadditionen[86] erreicht werden können, bei denen jeweils ein Olefin auf ein Keten bzw. Ketenäquivalent losgelassen wird. (Ketene, Inamine, Ketenacetale, Keteniminderivate!) Die korrespondierenden Alkohole werden dann durch Reduktion oder metallorganische Reagenzien gewonnen. Aufgrund der leichten Angreifbarkeit durch Nucleophile sowie ihrer Umlagerungsfähigkeit sind die Reaktionen der Cyclobutanone sehr vielfältig, und da wir *W. I. Brady*[87] eine ausführliche Darlegung der Möglichkeiten verdanken, soll hier die Diskussion auf einige synthetisch wichtige Aspekte beschränkt bleiben, wobei natürlich die bemerkenswerte Stereoselektivität der Transformationen im Vordergrund steht. Als Studienobjekt bieten vor allem die Chlorketen-Addukte vom Typ **211** interessante Einblicke. Neben der einfachen und naheliegenden reduktiven Überführung in Cyclobutanone laden sie vor allem zu vielseitigen und nützlichen Umlagerungsprozessen ein.

Getreu seiner Doppelrolle als Deprotonierungsagens wie auch als Nucleophil überführt z. B. Lithiummethanolat die *exo*-Chlorverbindung **211** in einer S_N'-Reaktion in **212**, während **213** mit der dazu nicht fähigen *endo*-Chlorsubstitution[88] das *Favorskii*-Produkt **214** ansteuert. Die hohe Bindungsmobilität dieser Systeme wird am ebenfalls durch Substitution erreichbaren Hydroxyketon **216** sichtbar, das unter basischen Bedingungen zwischen drei verschiedenen Konstitutionen auswählen kann und dazu sowohl die Vierring- (**217**) als auch die Fünfring-Bindung (**218**) in Marsch setzt. Alle diese Möglichkeiten faßten *D. Bellus* und Mitarbeiter in einer einfachen und höchst eleganten Synthese[91] definiert konfigurierter Cyclopropancarbonsäuren[92] vom Typ **222** zusammen.

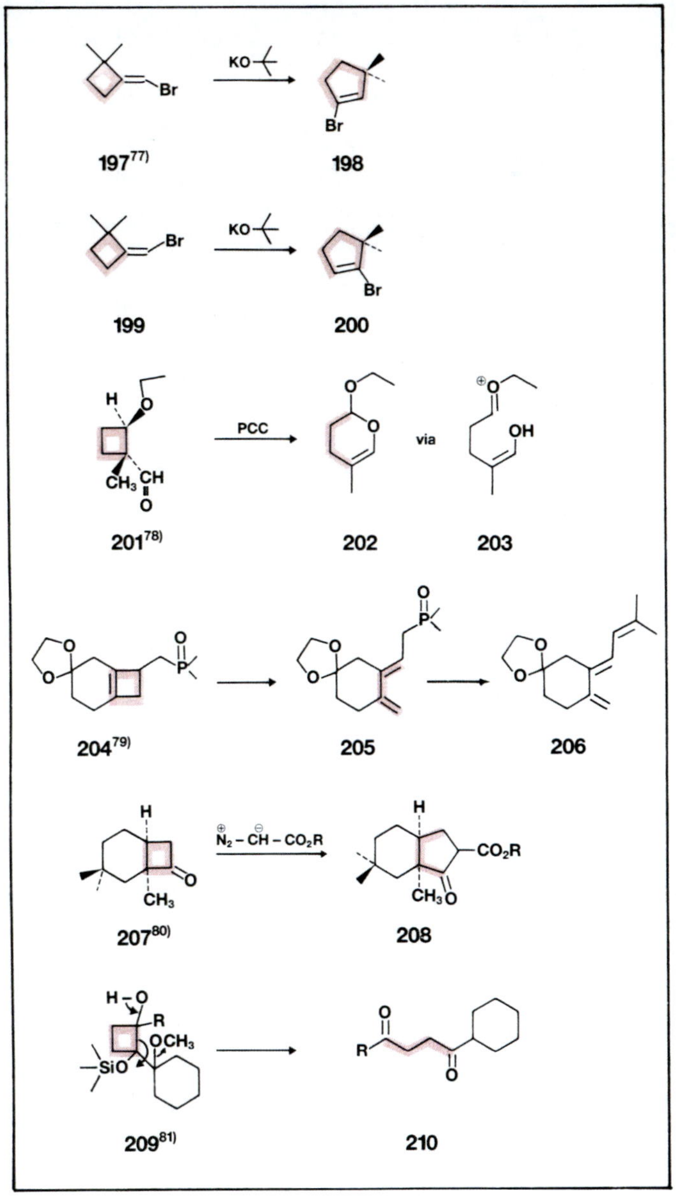

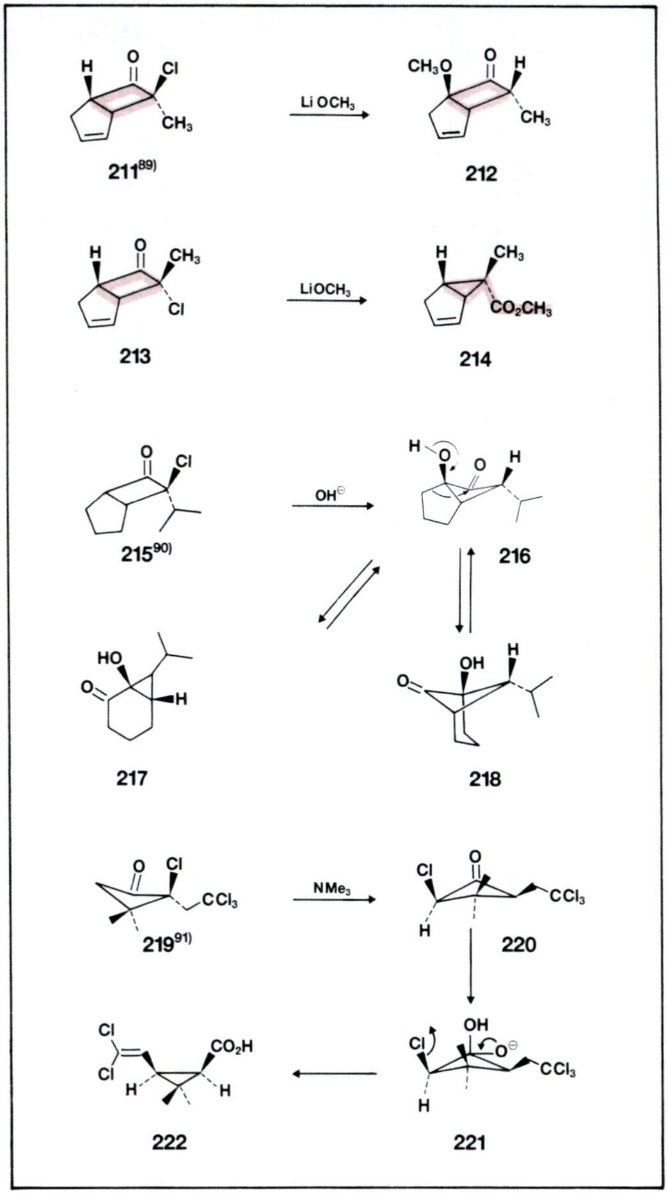

Die Regioselektivität der nucleophilen Ringöffnung ist entscheidend geprägt durch die Möglichkeiten, die negative Ladung gewinnbringend zu deponieren. So steht bei den Beispielen **223** bis **227** einer Carbonylattacke nichts im Wege, denn die Ladung kann direkt einer Elektronenfalle zugeleitet werden[93]. Den Edukten **229** und **231** ist dieser Weg zwar versperrt, aber gute Nucleophile erzwingen die Ringöffnung über Angriff am β-Kohlenstoffatom unter Enolatbildung (s. **231**). Zusätzlich wurde häufig auch die photochemische, über Oxacarben und Keten verlaufende Ringöffnungsvariante des Cyclobutanons mit großem Erfolg eingesetzt[98a].

Wie bei den Cyclopropanen bereits demonstriert, können auch direkt am Vierring sitzende Donorsubstituenten den Ring aufdrücken. Es gilt auch hier nur, das Schicksal der negativen Ladung in geeigneter Weise zu beeinflussen. Im Falle der Cyclobutanole vom Typ **233** wird sie via Allylanionen der bei der Ringsprengung entstehenden Aldehydgruppe wieder zugeleitet, wobei respekta-

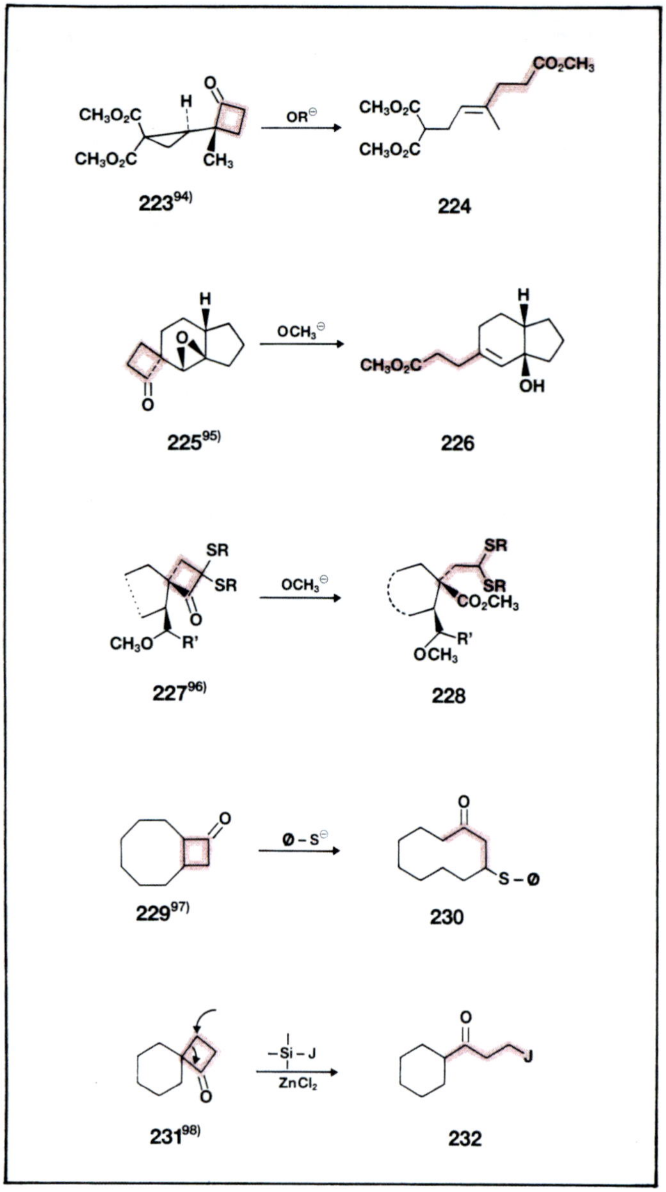

CH_3O_2C H O CH_3O_2C CH_3 —$OR^{\ominus}$→ CH_3O_2C CH_3O_2C CO_2CH_3

223[94) 224

H O —$OCH_3^{\ominus}$→ CH_3O_2C H OH O

225[95) 226

SR SR O CH_3O R' —$OCH_3^{\ominus}$→ SR SR CO_2CH_3 R' OCH_3

227[96) 228

O —Ø – $S^{\ominus}$→ O S – Ø

229[97) 230

O —$-\overset{|}{\underset{|}{Si}}-J$, $ZnCl_2$→ O J

231[98) 232

O H → HO H H

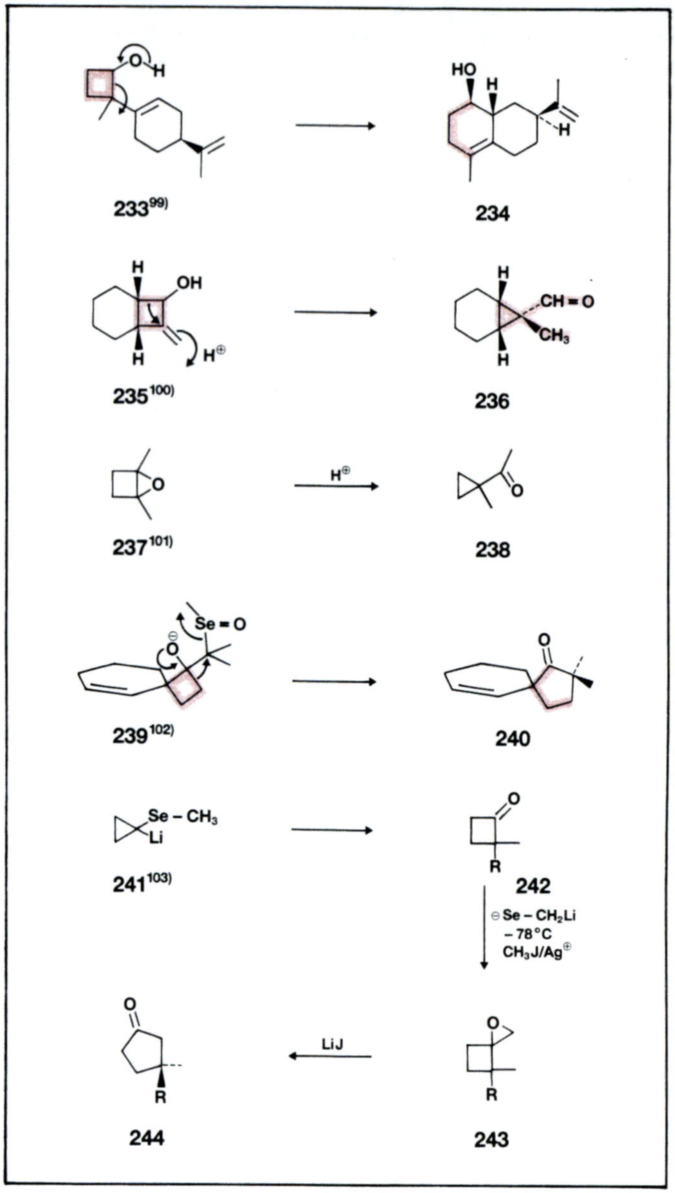

233[99) 234

H OH H $H^{\oplus}$ → H CH=O CH_3 H

235[100) 236

O —$H^{\oplus}$→ O

237[101) 238

Se = O O → O

239[102) 240

Se – CH_3 Li → O R

241[103) 242

$\ominus$Se – CH_2Li – 78 °C $CH_3J/Ag^{\oplus}$

O R ←LiJ— O R

244 243

OSi OSi —CH_3O OCH_3 (Cyclohexan), $TiCl_4$, CH_2Cl_2→ SiO O CH_3 O 90 %

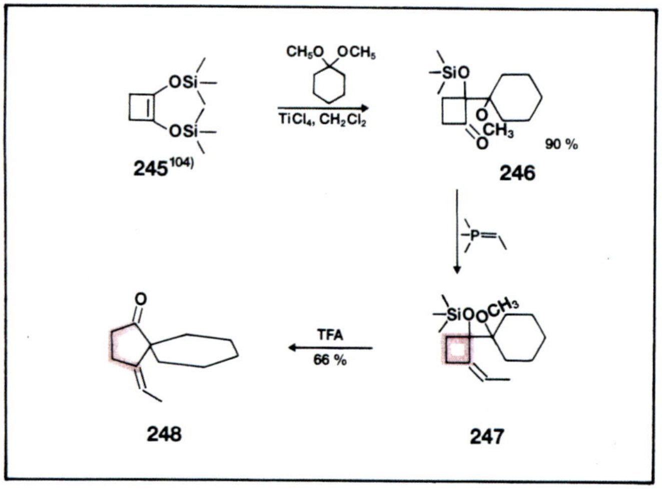

245[104) 246

↓ $-\overset{|}{P}=$

O ←TFA, 66 %— SiO O CH_3

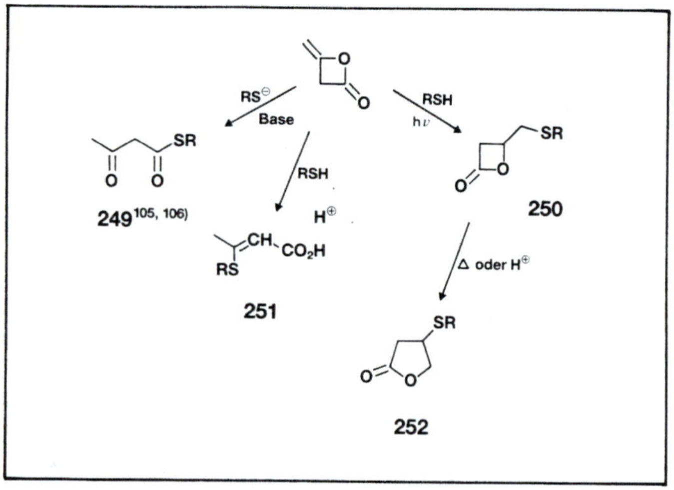

248 247

O O O —$RS^{\ominus}$, Base→ O O SR

249[105, 106)

—RSH, $H^{\oplus}$→ RS CH CO_2H

251

—RSH, hν→ O O SR

250

—Δ oder $H^{\oplus}$→ SR O O

252

ble Diastereoselektivität (10:1) registriert wird. *Wagner-Meerwein*-Stabilisierungen sowie Fluchtgruppenausstoßung bieten interessante Möglichkeiten, und in einer wahren Orgie von Kleinringtransformationen fuhrt das Selenocyclopropan **241** uber das Cyclobutanon **242** und das Epoxid **243** zum geminal disubstituierten Cyclopentanon **244**. Uber eine sehr nutzliche Anwendung dieser Spiroepoxid-Umlagerung zur Gewinnung von Carbacyclin-Vorstufen berichtete jüngst *B. Riefling*[103a]. Einen ebenfalls sehr hohen Drang zur Ringaufweitung verspurt das aus dem wohlfeilen Enolether **245** leicht darstellbare Cyclobutanon **246**, es kann sowohl die Carbonylgruppe aus **246** direkt in Richtung auf ein Spiro-Cyclopentandion in Marsch gesetzt werden, als auch nach stereoselektiver *Wittig*-Olefinierung zu **247**, wobei dann Konfigurationsretention am sp^2-Zentrum beobachtet wird. Die am Vierringsystem etablierte Doppelbindungskonfiguration erscheint also unverändert in der Spiroverbindung **248** und erweist sich dort naturlich als thermodynamisch instabil (Z-Konfiguration), so daß sie leicht durch eine radikalische Isomerisierung (C_6H_5SH, AIBN; 63%) in die stabilere *E*-Konfiguration uberfuhrt werden kann. Die Moglichkeit, im kinetisch kontrollierten Prozeß die thermodynamisch instabile Konfiguration zu gewinnen, sowie die hohe Anwendungsbreite machen derartige Cyclobutanolderivate zu sehr flexiblen Synthesebausteinen, zumal die entstehenden Ketone auch in Lactame und Lactone umwandelbar sind.

β-Lactone, β-Lactame

Schon lange erfreut sich das Diketen als sehr reaktives und vielseitig anwendbares Aquivalent der Acetessigsaure großer Beliebtheit, und die Ringoffnungsreaktionen sind Legion[105]. Tatsächlich hangt es erwartungsgemäß sehr stark von den Reaktionsbedingungen ab, welche Regioselektivitat beim Angriff auf dieses in vielfältiger Weise umsetzbare Molekul zum Zuge kommt. Deutlich sichtbar wird das breite Spektrum der Moglichkeiten bei der Thiol-Addition. So offnet dieser Reaktionspartner im alkalischen Medium in normaler und wohldokumentierter Manier unter Carbonylattacke zum β-Keto-Derivat **249**, wahrend im sauren Medium das Thienolderivat **251** entsteht. Das unter Radikalbedingungen in einer Olefinaddition generierte β-Lacton **250** erweist sich indessen als thermisch instabil und flüchtet sich in das sehr viel weniger gespannte γ-Lacton **252**. Diese Umlagerung ist offensichtlich ein attraktiver und viel genutzter Fluchtweg der β-Lactone[107], der sich überdies durch eindrucksvolle Stereoselektivität auszeichnet. So erzeugt das über *Birch*-Reduktion und Brom-Lactonisierung darstellbare γ-Lacton **253** beim Erwärmen spontan das bicyclische δ-Lacton **254**, dem aufgrund seiner starren Anordnung und seiner vielfältigen Funktionalisierbarkeit ein beachtliches synthetisches Potential innewohnt. Auch bei der *Lewis*-Saure-katalysierten unter *Wagner-Meerwein*-Umlagerung (**255**→**256**) bzw. Hydrid-shift (**257**→**258**) verlaufenden Umorientierung definiert konfigurierter β-Lactone, die in vielfältiger Weise herbeischaffbar sind[111], gibt es streng einzuhaltende Marschbefehle. Wird uber Aldol-Addition eine neue, um die Carbonylgruppe des β-Lactons konkurrierende OH-Gruppe eingeführt, so nimmt der gespannte Ring begierig die Chance zur stereoselektiven Bildung eines γ-Lactons wahr (s. **261**), wobei in Anwesenheit eines polaren Solvens Retro-Aldol-Abbau (s. **260**) eintreten kann.

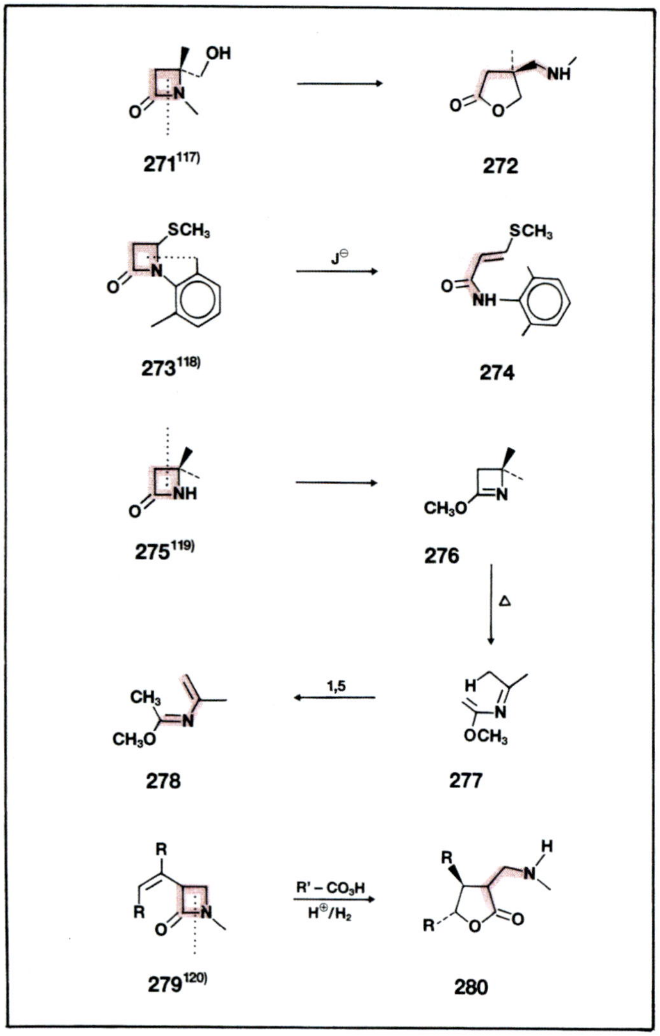

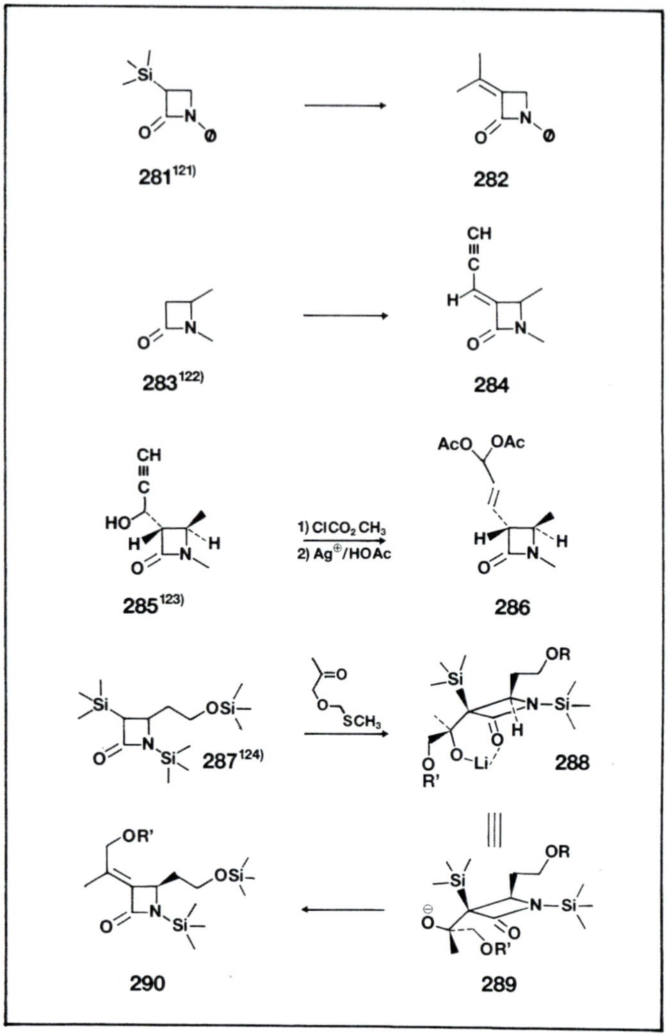

Kommt es zu nucleophilem Angriff, so offenbart sich die Janusköpfigkeit dieser Gruppierung. Um nur keine Ringoffnungsmoglichkeit zu versaumen, werden sich Carbonylgruppe wie auch das β-Kohlenstoffatom dem Reagenz zuwenden (s. **262**), und in Abhängigkeit vom Nucleophil erscheinen dann die korrespondierenden Produkte. Während das *Grignard*-Reagenz selbst bei ungewöhnlichem Reaktionsverlauf aus einem β-Lacton das gleiche Reaktionsprodukt wie aus jedem anderen Lacton hervorbringt (s. **263**), attackiert ein Cuprat das β-Kohlenstoffatom, und dieses Geschehen greift auch auf den vinylogen Fall über (**266**; **268**; **270**), wobei das letzte Beispiel Befolgung des *Pearson*-Reglements signalisiert.

Durch ihre Rolle als Antibiotika wie Penicillin, Cephalosporin, Clavulansaure u. a. zunächst nur in feinen Wirkstoffzirkeln angesiedelt, sind inzwischen die β-Lactame in dem Maße, in dem sie in immer großerer Menge und Vielfalt bei ausgezeichneter Stereoselektivität zugänglich geworden sind[116], ebenfalls im Begriff, ein ordinarer Synthesebaustein zu werden, bei dem einmal mehr die Bereitwilligkeit zur Ringoffnung synthetische Flexibilitat beschert (s. **271**–**278**). Wie bei den β-Lactonen bereiten natürlich auch hier die Erzeugung und der stereoselektive Abfang des Enolations keinerlei Schwierigkeiten, und Alkylierung wie auch Aldoladdition bieten eine willkommene Variationsbreite (s. **281 – 290**). So beherbergt das in unserem Labor durch Aldoladdition und Propargyl-Umlagerung in großen Mengen bereitete β-Lactam **286** zwei auf unterschiedliche Weise kaschierte α,β-ungesättigte Carbonylgruppen, deren Freilegung mit hoher Selektivität erfolgen kann. Besondere Aufmerksamkeit erheischt der Aldol-*Peterson*-Tandem-Prozeß (**282; 284**), für den kürzlich hohe Stereoselktivität bei geeignet substitutiertem Reaktionspartner registriert wurde. Die in **288** und **289** portraitierte Erklärung dieses Resultates steht in gutem Einklang sowohl mit den sterischen Erfordernissen der involvierten Prozesse als auch mit dem aus der β-Lacton-Chemie geborgenen Erfahrungsschatz.

Es bereitet sicher keine besondere Überraschung festzustellen, daß die einfachen β-Lactame auch nach allen Regeln der Kunst zur Gewinnung der verschiedensten Antibiotika-Typen ausgeschlachtet wurden. Ein weites Feld mit reicher Ernte, auf das jedoch aus Platzgründen detailliert nicht eingegangen werden kann. Erwähnung einiger neuerer Beiträge mag genügen[125)], diese und die dort zitierte Literatur erschließen jedenfalls eine ergiebige Fundgrube.

Literaturverzeichnis

1) TEVES, R.: Dissertation, Universität Hannover 1985
2) MASAMUNE, S., YAMAMOTO, H., KAMATA, S., FUKUZAWA, A.: J. Am. Chem. Soc. **97**, 3513 (1975)
3) OPPOLZER, W., ZUTTERMAN, F., BATTIG, K.: Helv. Chim. Acta **66**, 522 (1983)
4) QUINKERT, G., FISCHER, G., BILLHARDT, U. M., GLENNEBERG, J., HERTZ, U., DURNER, G., PAULUS, E. F., BATS, J. W.: Angew. Chem. **96**, 430 (1984); Angew. Chem. Int. Ed. Engl. **23**, 440 (1984)
5) COREY, E. J., WEIGEL, L. O., CHAMBERLIN, A. R., LIPSHUTZ, B.: J. Am. Chem. Soc. **102**, 1439 (1980)
6) a) HOLMES, A. B., THOMPSON, J., BAXTER, A. J. G., DIXON, J.: J. Chem. Soc., Chem. Commun. **1985**, 37
b) NAKATA, T., NAGAO, S., TAKAO, S., TANAKA, T., OISHI, T.: Tetrahedron Lett. **1985**, 73
c) NAKATA, T., NAGAO, S., OISHI, T.: Tetrahedron Lett. **1985**, 75
7) VEDEJS, E.: Acc. Chem. Res. **1984**, 358
8) WOODWARD, R. B., LOGUSCH, E., NAMBIAR, K. P., SAKAN, K., WARD, D. E., AU-YEUNG, B. W., BALARAM, P., BROWNE, L. J., CARD, P. J., CHEN, C. H., CHENEVERT, R. B., FLIRI, A., FROBEL, K., GAIS, H. J., GARRATT, D. G., HAYAKAWA, K., HEGGIE, W., HESSON, D. P., HOPPE, D., HOPPE, J., HYATT, J. A., IKEDA, D., JACOBI, P. A., KIM, K. S., KOBUKE, Y., KOJIMA, K., KROWICKI, K., LEE, V. J., LEUTERT, T., MALCHENKO, S., MARTENS, J., MATTHEWS, R. S., ONG, B. S., PRESS, J. B., RAJUNBABU, T. V., ROSSEAU, G., SAUTER, H. M., SUZUKI, M., TATSUTA, K., TOLBERT, L. M., TRUESDALE, E. A., UCHIDA, I., UEDA, Y., UYEHARA, T., VASELLA, A. T., VLADUCHICK, W. C., WADE, P. A., WILLIAMS, R. M., WONG, H. N. C.: J. Am. Chem. Soc. **103**, 3215 (1981)
9) VEDEJS, E., KRAFT, G. A.: Tetrahedron **38**, 2857 (1982)
10) GORZYNSKI SMITH, J.: Synthesis **1984**, 629
11) STREKOWSKI, L., BATTISTE, M. A.: Tetrahedron Lett. **1981**, 279
12) a) SUZUKI, T., SAIMOTO, H., TOMIOKA, H., OSHIMA, K., NOZAKI, H.: Tetrahedron Lett. **1982**, 3597
b) MURRAY, T. F., VARMA, V., NORTON, J. R.: J. Chem. Soc., Chem. Commun. **1976**, 907
c) DANISHEFSKI, S., KITAHARA, T., TSAI, M., DYNAK, J.: J. Org. Chem. **41**, 1669 (1976)
d) FRIED, J., MEHRA, M., LIN, C., KAO, W., DALOEN, P.: Ann. N. Y. Akad. Sci. **180**, 38 (1971)
e) FRIED, J., SIH, J. C.: Tetrahedron Lett. **1973**, 3899
13) a) LIPSHUTZ, B. H., WILHELM, R. S., KOZLOWSKI, J. A., PARKER, D.: J. Org. Chem. **49**, 3928 (1984)
b) LIPSHUTZ, B. H., KOZLOWSKI, J. A.: J. Org. Chem. **49**, 1147 (1984)
14) a) FURST, A., PLATTNER, P. A.: Helv. Chim. Acta **32**, 275 (1949)
b) TORII, S., UNEYAMA, K., ISIHARA, M.: J. Org. Chem. **39**, 3645 (1974)
c) KOREEDA, M., KOIZUMI, N.: Tetrahedron Lett. **1978**, 1641
d) SEEBACH, D.: Angew. Chem. **89**, 270 (1977); Angew. Chem. Int. Ed. Engl. **16**, 264 (1977)
15) RICKBORN, B., QUARTUCCI, J.: J. Org. Chem. **29**, 3185 (1964)
16) BROCKWAY, C., KOCIENSKI, P., PANT, CH.: J. Chem. Soc., Perk. Trans. I **1984**, 875
17) MULZER, J.: Nachr. Chem., Techn. Lab. **53**, 310 (1984)
18) TROST, B. M., MOLANDER, G. A.: J. Am. Chem. Soc. **103**, 5969 (1981)
19) a) CHAPLEO, C. B., FINCH, M. A. W., LEE, T. V., ROBERTS, S. M., NEWTON, R. F.: J. Chem. Soc., Perk. Trans. I **1980**, 2084
b) CHAPLEO, C. B., ROBERTS, S. M., NEWTON, R. F.: J. Chem. Soc., Perk. Trans. I **1980**, 2088
20) MARINO, J. P., ABE, H.: J. Org. Chem. **46**, 5379 (1981)
21) WICHA, J., KABAT, M. M.: J. Chem. Soc., Chem. Commun. **1983**, 985
22) SCHLECHT, M. F.: J. Chem. Soc., Chem. Commun. **1982**, 1331
23) SHANKARAN, S. K., SNIEKUS, V.: J. Org. Chem. **49**, 5022 (1984)
a) TROST, B. M., ANGLE, S. R.: J. Am. Chem. Soc. **107**, 6123 (1985)
24) a) LENOX, R. S., KATZENELLENBOGEN, J. A.: J. Am. Chem. Soc. **95**, 957 (1973)
b) MAGID, R. M.: Tetrahedron **36**, 1901 (1980)
25) ZAIDLEWICZ, M., UZAREWICZ, A., SARNOWSKI, R.: Synthesis **1979**, 62
26) KLEIN, H. A.: Chem. Ber. **112**, 3037 (1979)
27) GASSMAN, P. G., GREMBAN, R. S.: Tetrahedron Lett. **1984**, 3259
28) WEINHARDT, K. K.: Tetrahedron Lett. **1984**, 1761
29) EIS, M. J., WROBEL, J. E., GANEM, B.: J. Am. Chem. Soc. **106**, 3693 (1984)
30) a) SAKURAI, H., SASAKI, K., HOSOMI, A.: Tetrahedron Lett. **1980**, 2329
b) DETTY, M. R., SEIDLER, M. D.: J. Org. Chem. **46**, 1283 (1981)
c) MURATA, S., SUZUKI, M., NOYORI, R. J.: J. Am. Chem. Soc. **101**, 2738 (1979)
d) KRAUS, G. A., FRAZIER, K.: J. Org. Chem. **45**, 2597 (1980)
e) CHONG, J. M., SHARPLESS, K. B.: J. Org. Chem. **50**, 1560 (1985)
f) CARON, M., SHARPLESS, K. B.: J. Org. Chem. **50**, 1557 (1985)
g) GASSMAN, P. G., HABERMAN, L. M.: Tetrahedron Lett. **26**. 4971 (1985)
h) MARUOKA, K., SANO, H., YAMAMOTO, H.: Chem. Lett. **1985**, 599
i) CARRE, M. C., HOUMOUNOU, J. P., CAUBERE, P.: Tetrahedron Lett. **26**, 3107 (1985)
j) ROUSH, W. R., ADAM, M. A.: J. Org. Chem. **50**, 3752 (1985), weitere Lit. s. dort.
31) a) COPE, A. C., HEEREN, J. K.: J. Am. Chem. Soc. **87**, 3125 (1965)
b) NOZAKI, H., MORI, T., NOYORI, R.: Tetrahedron **22**, 1207 (1966)
c) CRANDALL, J. K., CRAWLEY, L. C.: Org. Synth. **53**, 17 (1973)
d) KISSEL, C. L., RICKBORN, B.: J. Org. Chem. **37**, 2060 (1972)
32) THUMMEL, R. P., RICKBORN, B.: J. Am. Chem. Soc. **92**, 2064 (1970)
33) a) YASUDA, A., TANAKA, S., OSHIMA, K., YAMAMOTO, H., NOZAKI, H.: J. Am. Chem. Soc. **96**, 6513 (1974)
b) YAMAMOTO, H., NOZAKI, H.: Angew. Chem. **90**, 180 (1978); Angew. Chem. Int. Ed. Engl. **17**, 169 (1978)
34) SHENG, M. N.: Synthesis **1972**, 194
35) PAQUETTE, L. A., NITZ, T. J., ROSS, R. J., SPRINGER, J. P.: J. Am. Chem. Soc. **106**, 1446 (1984)
36) DE MEIJERE, A.: Angew. Chem. **91**, 867 (1979); Angew. Chem. Int. Ed. Engl. **18**, 809 (1979)
37) Aldrichimica Acta **1983**, 67
38) MULLER, K. H., KAISER, C., PILLAT,

M., ZIPPERER, B., FROOM, M., FRITZ, H., HUNKLER, D., PRINZBACH, H.: Chem. Ber. **116,** 2492 (1983)
39) ORR, D. E.: Synthesis **1984**, 618
40) JOHNSON, F., HEESCHEN, J. P.: J. Org. Chem. **29,** 3252 (1964)
a) DOLLE, R. E., NICOLAOU, K. C.: J. Am. Chem. Soc. **107**, 1691 (1985)
41) a) STORK, G., CAMA, L. D., COULSON, R. D.: J. Am. Chem. Soc. **96,** 5268 (1974)
b) STORK, G., COHEN, J. F.: J. Am. Chem. Soc. **96,** 5270 (1974)
c) LALLEMAND, J. Y., ONANGA, M.: Tetrahedron Lett. **1974,** 585
d) DECESARE, J. M., CORBEL, B., DURST, T., BLOUNT, J. F.: Can. J. Chem. **59,** 1414 (1981)
42) CUTTING, I., PARSONS, P. J.: J. Chem. Soc., Chem. Commun. **1983,** 1435
43) SUCROW, W., VAN NOOY, M.: Liebigs Ann. Chem. **1982,** 1897
44) a) CRIST, D. R., LEONARD, N. J.: Angew. Chem. **81,** 953 (1969); Angew. Chem. Int. Ed. Engl. **8,** 962 (1969)
b) NAIR, V., HYUPKIM, KI: Heterocycles **7,** 353(1977)
c) HASSNER, A.: Heterocycles **14,** 1517 (1980)
d) OTOMASU, H., HIGASHIYAMA, K., KAMETANI, T.: Heterocycles **19,** 353 (1982)
45) SZMUSZKOVICZ, J., MUSSER, J. H., LAURIAN, L. G.: Tetrahedron Lett. **1978,** 701
46) HATA, Y., WATANABE, M.: Tetrahedron **30,** 3569 (1974)
47) DOLFINI, J. E., DOLFINI, D. M.: Tetrahedron Lett. **1965,** 2053
48) LEHMANN, J., WAMHOFF, H.: Synthesis **1973,** 546
49) a) STAMM, H., SCHNEIDER, L.: Chem. Ber. **108,** 500 (1975). Weitere Lit. s. dort
b) STAMM, H., WODERER, A., WIESERT, W.: Chem. Ber. **114,** 32 (1981)
c) STAMM, H., ASSITHIANAKIS, P., WIESERT, W., SPETH, D.: Chem. Ber. **117,** 3348 (1984). Weitere Lit. s. dort
50) BEAN, M., KOHN, H.: J. Org. Chem. **48,** 5033 (1983)
51) KAMERNITZKY, A. V., TURUTA, A. M., FADEEVA, T. M., CALCINES, D.: Synthesis **1979,** 592
52) HAMMER, C. F., HELLER, S. R.: J. Chem. Soc., Chem. Commun. **1966,** 919
53) TEXIER, F., CARRIE, R.: Tetrahedron Lett. **1971,** 4163
54) a) DANISHEFSKY, S.: Acc. Chem. Res. **1979,** 66
b) PAQUETTE, L. A.: Chem. Rev. **1986,** 733
c) TROST, B. M.: Topics Curr. Chem. **133,** 5 (1986)
d) KRIEF, A.: Topics Curr. Chem. **135,** 1 (1986)
54) DANISHEFSKY, S.: Acc. Chem. Res. **1979,** 66
55) TROST, B. M., PEARSON, W. H.: J. Am. Chem. Soc. **105,** 1052 (1983)
56) SCHULTZ, A. G., GODFREY, J. D., ARNOLD, E. V., CLARDY, J.: J. Am. Chem. Soc. **101,** 1276 (1979)
a) BURGESS, K.: Tetrahedron Lett. **1985,** 3049
57) TABER, D. F., KREWSON, K. R., RAMAN, K., RHEINGOLD, A. L.: Tetrahedron Lett. **1984,** 5283
57) CASEY, C. P., CESA, M. C.: J. Am. Chem. Soc. **101,** 4236 (1979)
59) QUINKERT, G., STARK, H.: Angew. Chem. **95,** 651 (1983); Angew. Chem Int. Ed. Engl. **22,** 637 (1983)
60) THIELMANN, T.: Dissertation, Universitat Hannover 1985
61) BOLSING, E., KLATTE, F., ROSENTRETER, U., WINTERFELDT, E.: Chem. Ber. **112,** 1902 (1979)
62) HAMMER, H., ROSNER, M., ROSENTRETER, U., WINTERFELDT, E.: Chem. Ber. **112,** 1889 (1979)
63) SARTORI, G., BIGI, F., CASIRAGHI, G., CASNATI, G.: Tetrahedron **39,** 1761 (1983)
64) ROBERTS, R. A., SCHULL, V., PAQUETTE, L. A.: J. Org. Chem. **48,** 2076 (1983)
65) STEVENS, R. V.: Acc. Chem. Res. **1977,** 193
66) HANSON, J. R., KNIGHTS, S. G.: J. Chem. Soc., Perk. Trans. I **1981,** 24
67) DIETER, R. K., POUNDS, S.: J. Org. Chem. **47,** 3174 (1982)
68) HUDRLIK, P. F., TAKACS, J. M., CHOU, D. T. W., RUDNICK, L. R.: J. Org. Chem. **44,** 786 (1979)
69) BANDAEV, S. G., SYCHKOVA, L. D., HANSCHMANN, A., SHABAROV, YU. S.: Zh. Org. Khim. **18,** 296 (1982); Chem. Abstr. **97,** 144955r (1982)
70) WENKERT, E., MULLER, R. A., REARDON, E. J., SATHE, S. S., SCHARF, D. J., TOSI, G.: J. Am. Chem. Soc. **92,** 7428 (1970)
71) a) WENKERT, E., BUCKWALTER, B. L., SATHE, S. S.: Synth. Commun. **3,** 261 (1973)
b) WENKERT, E.: Acc. Chem. Res. **1980,** 27
c) DE PUY, C. H.: Acc. Chem. Res. **1968,** 33
72) WENKERT, E., HUDLICKY, T., SHOWALTER, H. D. H.: J. Am. Chem. Soc. **100,** 4893 (1978)
73) CECCHERELLI, P., PELLICCIARI, R., GOLOB, N. F., SMITH, R. A. J., WENKERT, E.: Gazz. Chim. Ital. **103,** 599 (1973)
74) GADWOOD, R. C.: Tetrahedron Lett. **1984,** 5851
a) DANHEISER, R. L., SAVOCA, A. C.: J. Org. Chem. **50,** 2401 (1985)
75) a) KUNKEL, E., REICHELT, J., REISSIG, H. U.: Liebigs Ann. Chem. **1984,** 802
b) REICHELT, J., REISSIG, H. U.: Liebigs Ann. Chem. **1984,** 820
c) REICHELT, J., REISSIG, H. U.: Liebigs Ann. Chem. **1984,** 828
d) GRIMM, E. L., REISSIG, H. U.: J. Org. Chem. **50,** 242 (1985)
e) MARINO, J. P., DE LA PRADILLA, R. F., LABORDE, E.: J. Org. Chem. **49,** 5280 (1984)
f) MARINO, J. P., LABORDE, E.: J. Am. Chem. Soc. **107,** 734 (1985)
76) REICHELT, J., REISSIG, H. U.: Synthesis **1984,** 786
a) GRAZIANO, M. L., IESCE, M.: Synthesis **1985,** 762
77) ERICKSON, K. L.: J. Org. Chem. **38,** 1463 (1973)
78) MENICAGLI, R., MALANGA, C., LARDICCI, L., PECUNIOSO, A.: J. Chem. Res. **1983,** 124
79) NEMOTO, H., SUZUKI, K., TSUBUKI, M., MINEMURA, K., FUKUMOTO, K., KAMETANI, T., FURUYAMA, H.: Tetrahedron **39,** 1123 (1983)
80) LIU, H. J., OGINO, T.: Tetrahedron Lett. **1973,** 4937
81) KUWAJIMA, J., AZEGAMI, I.: Tetrahedron Lett. **1979,** 2369
82) SALAUN, J.: Chem. Rev. **83,** 619 (1983)
a) PIERS, E., JUNG, G. L.: Can. J. Chem. **63,** 996 (1985)
b) PIERS, E., MOSS, N.: Tetrahedron Lett. **1985,** 2735
83) a) MORIARTY, R. M.: Top. Stereochem. **8,** 271 (1974);
b) WONG, H. N., LAU, K. L., TAM, F. F.: Topics Curr. Chem. **133,** 85 (1986)
84) a) SEEBACH, D., in: Methoden Org. Chem. (Houben-Weyl) Bd. 4/4, 430 (1971)
b) CONIA, J. M., ROBSON, M. J.: Angew. Chem. **87,** 505 (1975); Angew. Chem. Int. Ed. Engl. **14,** 473 (1975)
85) a) TROST, B. M., BOGDANOWICZ, M. J.: J. Am. Chem. Soc. **95,** 5321 (1973)
b) TROST, B. M., BOGDANOWICZ, M. J.: J. Am. Chem. Soc. **94,** 4777 (1972)
c) TROST, B. M., SCUDDER, P. H.: J. Am. Chem. Soc. **99,** 7601 (1977)
d) TROST, B. M.: Acc. Chem. Res. **1974,** 85
86) a) JACKSON, D. A., REY, M., DREIDING, A. S.: Helv. Chim. Acta **66,** 2330 (1983), weitere Literatur s. dort
b) GHOSEZ, L., O'DONNEL, M. J.: „Pericyclic Reactions“, Vol. II, Academic Press, Org. Chem. Series of Monographs, Vol. 35, II, 79 (1977)
c) GHOSEZ, L., in: „Stereoselective Synthesis of Natural Products“, Workshop Conferences Hoechst, Vol. 7 (W. Bartmann, E. Winterfeldt, Hrsg.), Excerpta Medica **1978,** 93
d) MOORE, H. W., GHEORGHIU, M. D.: Quart. Rev. **10,** 289 (1981)
87) BRADY, W. T.: Tetrahedron **37,** 2949 (1981)
88) REY, M., HUBER, U. A., DREIDING, A. S.: Tetrahedron Lett. **1968,** 3583
89) BRADY, W. T., SCHERUBEL, G. A.: J. Org. Chem. **39,** 3790 (1974)
90) BROOK, P. R., KITSON, D. E.: J. Chem. Soc., Chem. Commun. **1978,** 87
91) MARTIN, P., GREUTER, H., RIHS, G., WINKLER, T., BELLUS, D.: Helv. Chim. Acta **64,** 2571 (1981)
92) ARLT, D., JAUTELAT, M., LANTZSCH, R.: Angew. Chem. **93,** 719 (1981); Angew. Chem. Int. Ed. Engl. **20,** 703 (1981)
93) TROST, B. M.: Chem. Rev. **78,** 363 (1978)
a) LUH, T. Y., CHOW, H. F., LEUNG, W. L., TAM, S. W.: Tetrahedron **41,** 519 (1985), weitere Lit. s. dort.

94) TROST, B. M., FRAZEE, W J.: J. Am. Chem. Soc. **99**, 6124 (1977)

95) TROST, B. M., BOGDANOWICZ, M. J., FRAZEE, W. J., SALZMANN, T. N.: J. Am. Chem. Soc. **100**, 5512 (1978)

96) a) TROST, B. M., KEELEY, D. E.: J. Org. Chem. **40**, 2013 (1975)
b) TROST, B. M., BRANDI, A.: J. Am. Chem. Soc. **106**, 5041 (1984)

97) GHOSEZ, L., MONGAIGNE, R., ROUSSEL, A., LIERDE, H. V., MOLLIET, P.: Tetrahedron **27**, 615 (1971)

98) MILLER, R. D., McKEAN, D. R.: Tetrahedron Lett. **1979**, 1003
a) DAVIES, H. G., ROBERTS, S. M., WAKEFIELD, B. J., WINDERS, J. A.: J. Chem. Soc., Chem. Commun. **1985**, 1166, weitere Lit. s. dort.

99) a) DANHEISER, R. L., MARTIZEN-DAVILA, C., SARD, H.: Tetrahedron **37**, 3943 (1981)
b) BHUPATHY, M., COHEN, T.: J. Am. Chem. Soc. **105**, 6978 (1983)
c) COHEN, T., BHUPATHY, M., MATZ, J. R.: J. Am. Chem. Soc. **165**, 521 (1983)

100) BARNIER, J. P., DENIS, J. M., SALAUN, J., CONIA, J. M.: Tetrahedron **30**, 1405 (1974)

101) a) RIPOLL, J. L., CONIA, J. M.: Tetrahedron Lett. **1965**, 979
b) RIPOLL, J. L., CONIA, J. M.: Bull. Soc. Chim. Fr. **1965**, 2755

102) a) GADWOOD, R. C.: J. Org. Chem. **48**, 2098 (1983)
b) SCHMIT, C., SAHRAOUI-TALEB, S., DIFFERDING, E., DEHASSE-DELOMBAERT C. G., GHOSEZ, L.: Tetrahedron Lett. **1984**, 5043

103) KRIEF, A.: Janssen Chim. Acta **2**, 3 (1984)
a) RIEFLING, B. F.: Tetrahedron Lett. **26**, 2063 (1985)

104) SHIMADA, J., HASHIMOTO, K., KIM, B. H., NAKAMURA, E., KUWAJIMA, J.: J. Am. Chem. Soc. **106**, 1759 (1984)
a) CLARK, G. R., THIENSATHIT, S.: Tetrahedron Lett. **26**, 2503 (1985)

105) BORRMAN, D., in: Methoden Org. Chem. (Houben-Weyl) Bd. 7/4, 226 (1968)

106) a) HERTENSTEIN, U.: Angew Chem **92**, 123 (1980), Angew. Chem. Int. Ed. Engl. **19**, 127 (1980)
b) DINGWALL, J. G., TUCK, B.: Angew. Chem. **95**, 504 (1983); Angew. Chem. Int. Ed. Engl. **22**, 498 (1983)

107) KROPFER, H., in: Methoden Org. Chem. (Houben-Weyl) Bd. 6/2, 515 (1963)

108) GANEM, B., HOLBERT, G. W., WEISS, L. B., ISHIZUMI, K.: J. Am. Chem. Soc. **100**, 6483 (1978)

109) MULZER, J., BUNTRUP, G.: Angew. Chem. **91**, 840 (1979); Angew. Chem. Int. Ed. Engl. **18**, 793 (1979)

110) MULZER, J., DELASALLE, P., CHUCHOLOWSKI, A., BLASCHEK, U., BUNTRUP, G., JIBRIL, I., HUTTNER, G.: Tetrahedron **40**, 2211 (1984)

111) a) MULZER, J., POINTNER, A., CHUCHOLOWSKI, A., BUNTRUP, G.: J. Chem. Soc., Chem. Commun. **1979**, 52
b) MULZER, J., KERKMANN, T.: J. Am. Chem. Soc. **102**, 3620 (1980)
c) HOPPE, J., SCHOLLKOPF, U.: Liebigs Ann. Chem. **1979**, 219. Weitere Literatur s. dort

112) CANONNE, P., FOSCOLOS, G. B., BELANGER, D.: J. Org. Chem. **45**, 1828 (1980)

113) a) FUJISAWA, T., SATO, T., KAWARA, T., NODA, A., OBINATA, T.: Tetrahedron Lett. **21**, 2553 (1980)
b) SATO, T., KAWARA, T., NISHIZAWA, A., FUJISAWA, T.: Tetrahedron Lett. **21**, 3377 (1980)

114) KAWASHIMA, M., FUJISAWA, T.: Chem. Lett. **7**, 1851 (1984)

115) FUJISAWA, T., SATO, T., TAKEUCHI, M.: Chem. Lett. **5**, 71 (1982)

116) a) MUKERJEE, A. K.,SINGH, A. K.: Tetrahedron **34**, 1731 (1978)
b) SAMMES, P. G.: Chem. Rev. **76**, 113 (1976)

117) KANO, S., EBATA, T., SHIBUYA, S.: Chem. Pharm. Bull. Tokyo **27**, 2450 (1979)

118) ONGANIA, K. H.: Z. Naturforsch. **37b**, 115 (1982)

119) AUE, D. H., THOMAS, D.: J. Org. Chem. **40**, 1349 (1975)

120) a) KANO, S., EBATA, T., YUASA, Y., SHIBUYA, S.: Heterocycles **14**, 589 (1980)
b) KANO, S., EBATA, T, FUNAKI, K., SHIBUYA, S.: J. Org. Chem. **44**, 3946 (1979)

121) KANO, S., EBATA, T., FUNAKI, K., SHIBUYA, S.: Synthesis **1978**, 746

122) THIELMANN, M., WINTERFELDT, E.: Heterocycles **22**, 1161 (1984)

123) THIELMANN, M., WINTERFELDT, E.: unveroffentlicht

124) OKANO, K., KYOTANI, Y., ISHIHAMA, H., KOVAYASHI, S., OHNO, M.: J. Am. Chem. Soc. **105**, 7186 (1983)

125) a) SHIH, D. H., FAYTER, J. A., CHRISTENSEN, B. G.: Tetrahedron Lett. **25**, 1639 (1984)
b) SCHAUMANN, E., FORSTER, W. R., ADIWIDJAJA, G.: Angew. Chem. **96**, 429 (1984); Angew. Chem. Int. Ed. Engl. **23**, 439 (1984)
c) BUYNAK, J. D., PAJOUHESH, H., LIVELY, D., RAMALKSHMI, Y.: J. Chem. Soc., Chem. Commun. **1984**, 948
d) SEBIT, S., FOUCAUD, A.: Tetrahedron **40**, 3223 (1984)
e) GRIECO, P. A., FLYNN, D. L., ZELLE, R. E.: J. Am. Chem. Soc. **106**, 6414 (1984)
f) CAINELLI, G., CONTENTO, M., GIACOMINI, D., PANUNZIO, M.: Tetrahedron Lett. **26**, 937 (1985)
g) CAINELLI, G., CONTENTO, M., DRUSIANI, A., PANUNZIO, M., PLESSI, L.: J. Chem. Soc., Chem. Commun. **1985**, 240
h) JUNG, M., MILLER, M. J.: Tetrahedron Lett. **26**, 977 (1985)
i) MORI, M., CHIBA, K., OKITA, M., KAYO, I., BAN, Y.: Tetrahedron **41**, 375 (1985)
j) DURKHEIMER, W., BLUMBACH, J., LATTRELL, R., SCHEUNERMANN, K. H.: Angew. Chem. **97**, 183 (1985); Angew. Chem. Int. Ed. Engl. **24**, 180 (1985)
k) HUA, D. H., VERMA, K.: Tetrahedron Lett. **26**, 547 (1985)
l) SHIH, D. H., FAYTER, J. A., CAMA, L. D., CHRISTENSEN, B. C.: Tetrahedron Lett. **26**, 583 (1985)
m) BARRETT, A. G. M., BETTS, M. J., FENWICK, A.: J. Org. Chem. **50**, 169 (1985)

Kapitel 4
Reaktionen an der Carbonylgruppe

Carbonylreduktion

Es überrascht nicht, die Carbonylgruppe bzw. deren Analoga und Vinyloga als beliebtes Sprungbrett zu definierten sp^3-Konfigurationen anzutreffen. Durch die verschiedensten Möglichkeiten der stereoselektiven Reduktion (s. u.), die bei Anwendung bestimmter Tricks, wie z. B. der Anlegung eines Chelatisierungskorsetts, sogar bis in die derzeit sehr begehrten Gefilde der acyclischen Stereoselektion (s. Kapitel IV) führen, zusammen mit den anschließend sich ergebenden Möglichkeiten der gezielt die Konfiguration invertierenden Sn-Substitution[1)], vereinen diese Gruppierungen konstitutionelle mit konfigurativer Flexibilität. Bedenkt man noch, daß durch die Azidifizierung der α-Positionen weitere konstitutionelle wie konfigurative Freiheitsgrade beschert werden, so ist hinreichend Motivation angehäuft, den Carbonylreduktionen[2)] hohe Aufmerksamkeit zu schenken.

Auf diesem Gebiet ist die gesamte Skala der modernen Möglichkeiten zur Transformation funktioneller Gruppen realisiert. Es reicht das Spektrum von der Anwendung verschiedenartigster chemischer Reduktionsmittel mit breit gefächerter Chemoselektivität und z. T. beeindruckender Stereoselektivität über synthetisch gewonnene Enzymanaloga bzw. allgemein dem Biobereich nachempfundene Reagentien sowie isolierten und gegebenenfalls fixierten Enzymen bis hin zu den mikrobiellen Reduktionen. Beginnt man mit den chemischen Prozessen, so wird es nützlich sein, zwischen *Lewis*-Säuren- und *Lewis*-Basen-Habitus des Hydrid-Donors zu unterscheiden. Bei Diboran[3)], Dialkylboranen[4)], Alkyl- wie Dialkylalanen[5)] und sogar verzweigten Trialkylalanen[6)] (TIBA) ist der Lewis-Säuren-Charakter offensichtlich und auch prägend für Reaktionsverlauf und Resultat. So sind die ausgezeichnete Stereoselektivität und Regioselektivität (keine 1,4-Addition!) der Beispiele 1 und 3 leicht mit einer entsprechenden Vorkomplexierung an Donorzentren erklärbar.

Die selektive Bildung des axialen Alkohols 6 und das Verharren der Reduktion beim Cyclohalbacetal 8 sowie die ebenfalls leicht auf der Aldehydstufe anzuhaltende Nitrilreduktion sind wohl allesamt am besten mit einer starken Aluminium-Heteroatom-Interaktion vereinbar. Daß mit *Lewis*-Säuren-Aktivität auch ausgeprägte Chemoselektivität einhergeht, die sich in bevorzugter Attacke auf Zentren hoher Elek-

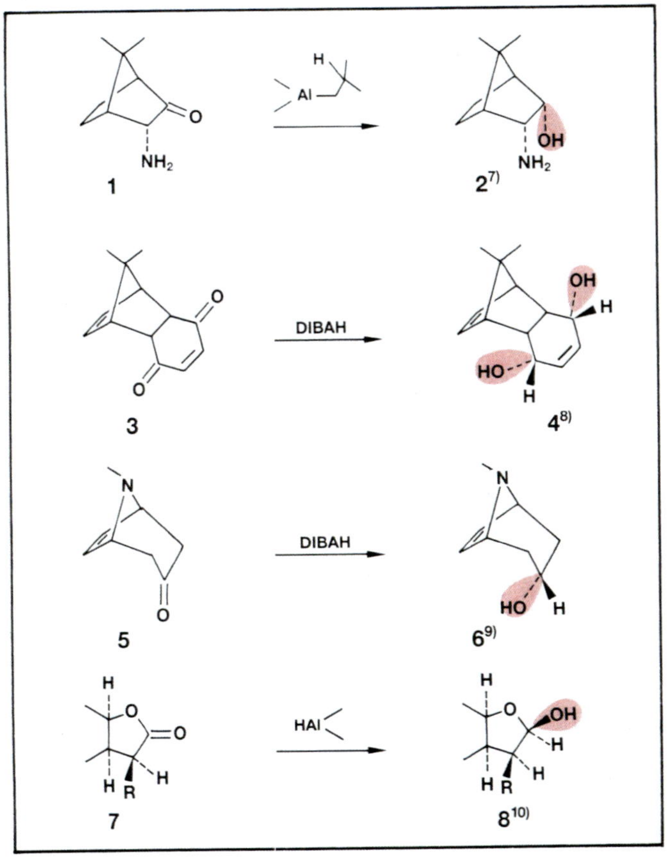

Schema I

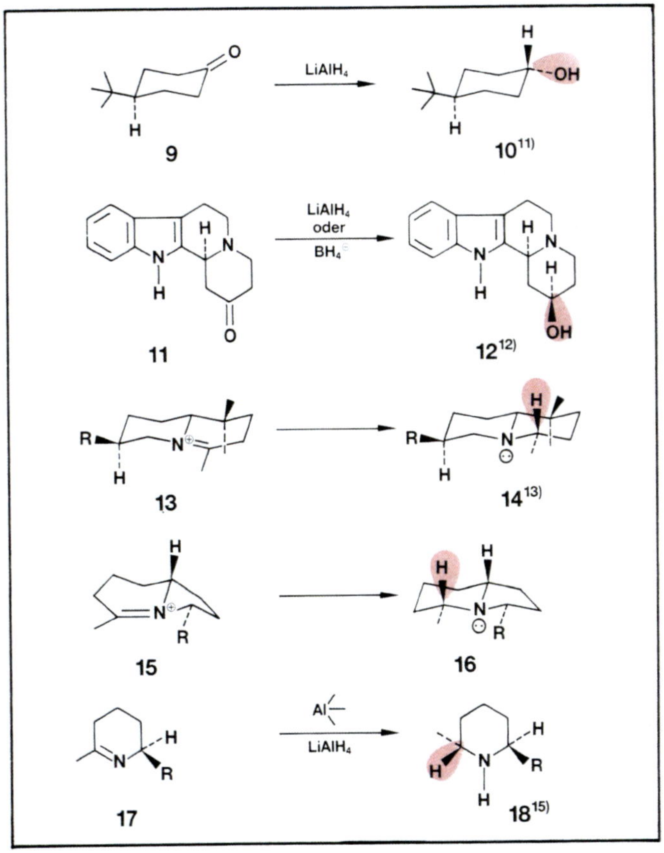

Schema II

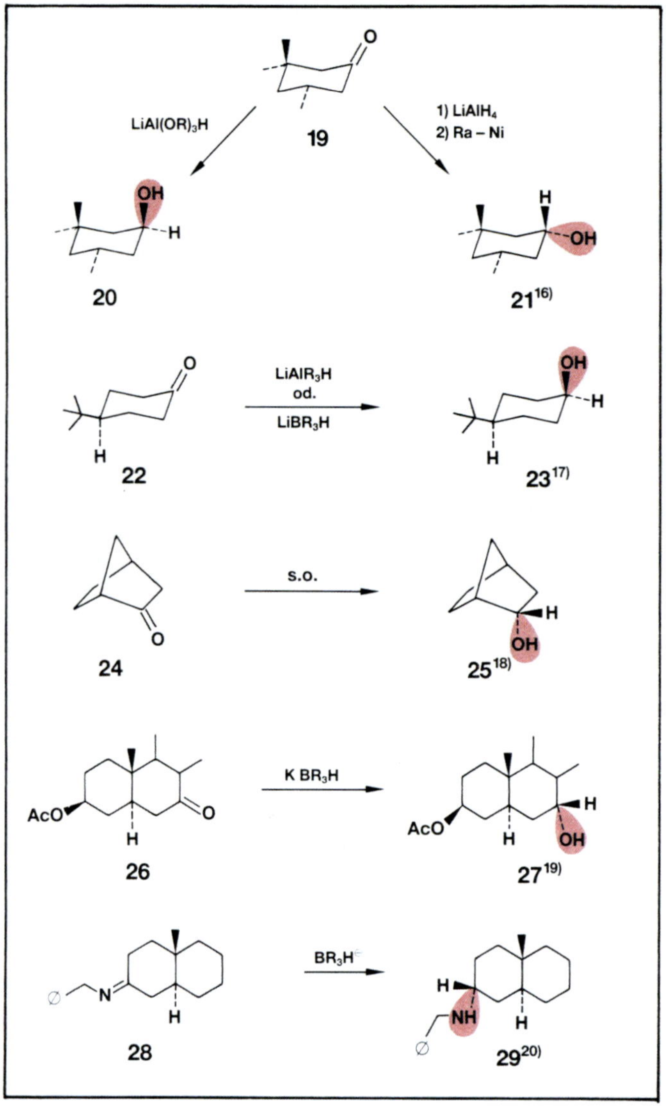

Schema III

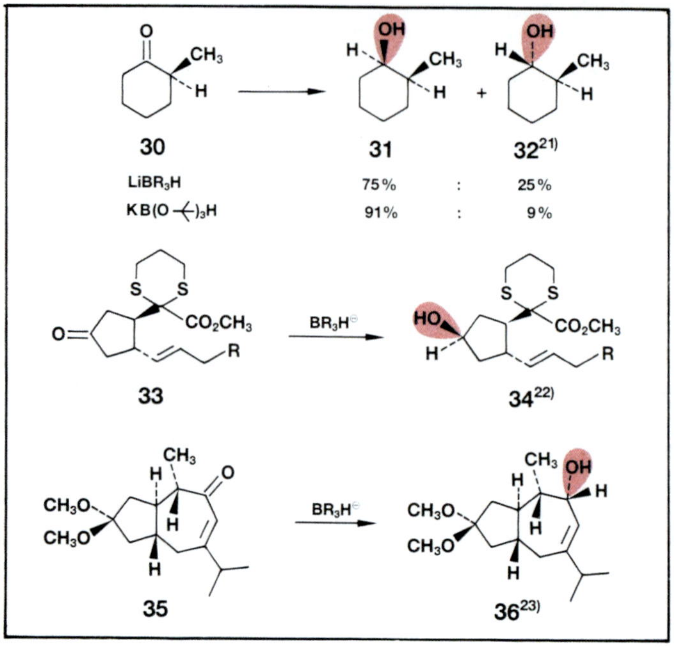

Schema IV

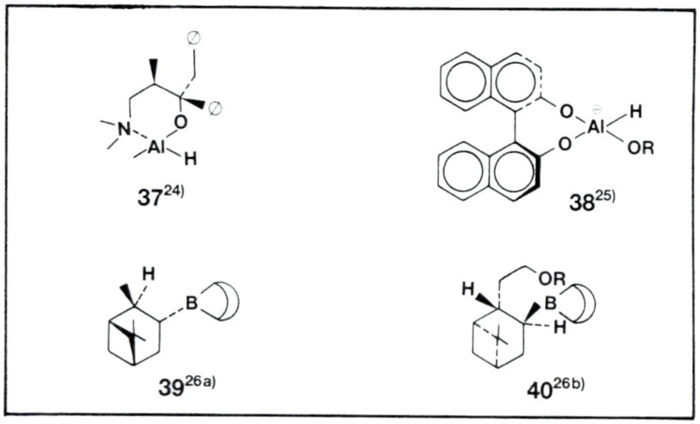

Schema V

tronendichte manifestiert, ist leicht verständlich und wurde in mehreren Übersichtsartikeln überzeugend herausgearbeitet[10].

Wechseln wir über zu streng nucleophilem Angriff, also zu *Lewis*-Basen-Reduktionsmitteln, so ist von den einfachen Tetrahydrido-Komplexen *prima facie* nicht allzu viel an Stereoselektivität zu erwarten. Tatsächlich jedoch wird an starren, sterisch gut zugänglichen cyclischen Systemen eine recht bemerkenswerte Produktselektivität zugunsten jeweils des thermodynamisch stabileren äquatorialen Alkohols beobachtet (s. Schema II). Diese Präferenz zur axialen Anheftung des Hydridions wird auch bei den Iminiumsalzen erkennbar, wobei dann die antiperiplanare Anordnung stereoelektronisch kontrolliert ist[14]. Interessante Lenkungsmöglichkeiten bei cyclischen Iminen beschreiben *R. Yamaguchi* und Mitarb.[18]. Während die korrespondierenden Enaminderivate bei der Hydrierung *cis*-disubstituierte Piperidinderivate hervorbringen, führt die Vorkomplexierung mit Trialkyl-Aluminium bei der anschließenden Alanatreduktion zu *trans*-Verbindungen vom Typ **18**. Das allgemeine Reduktionsverhalten ändert sich nun aber dramatisch, wenn entweder am Keton oder am Reagenz bzw. bei beiden Raum beanspruchende Substituenten vorliegen. Das Reagenz wird jetzt in aller Regel den sterisch attraktiven Weg des äquatorialen Anflugs wählen und somit eine axiale Hydroxylgruppe etablieren. Bei diesen Carbonylgruppen bereitet also die Erreichung der äquatorialen Hydroxylgruppe die größeren Sorgen, da es sich dabei aber glücklicherweise um das thermodynamisch stabile Isomere handelt, kann thermodynamisch gelenkter Reaktionsabschluß aus der Klemme helfen (s. Schema III). Die zur Steuerung der Annäherung vorgesehenen Substituenten am komplexen Hydrid können entweder Raumanspruch mit erhöhter Nucleophilie vereinen (Selektride!) oder aber durch Einbringen eines elektronegativen Elementes (z. B. Sauerstoff) mit erhöhtem Raumanspruch auch gebremste Reaktivität, also gesteigerte Selektivität, einhergehen lassen.

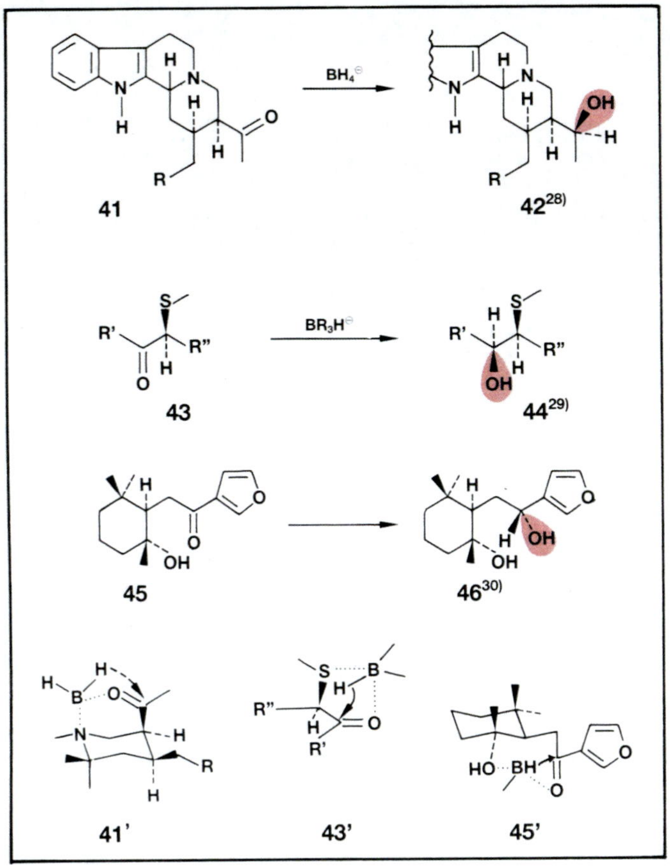

Schema VI

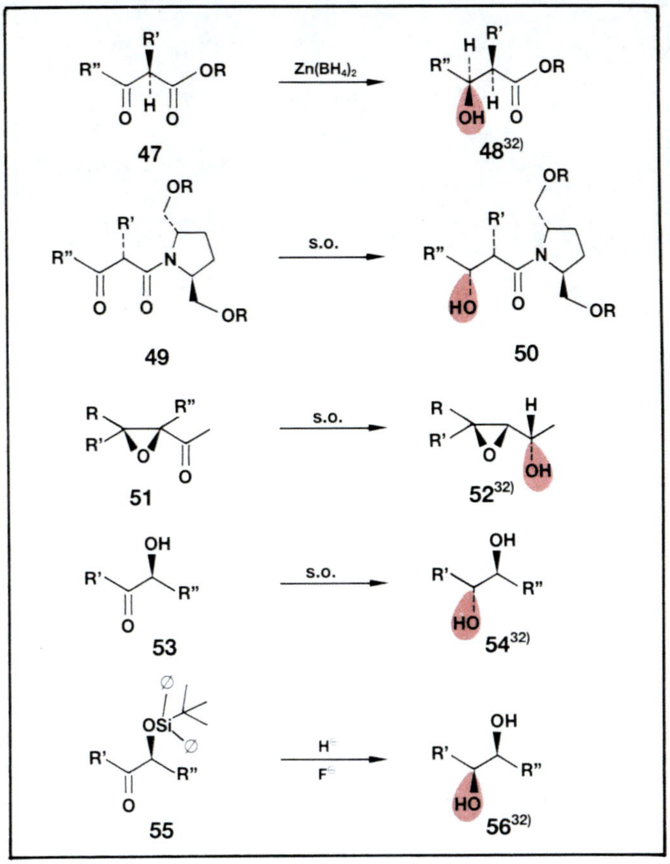

Schema VII

Wie das Beispiel 28 zeigt, sind die Resultate bei Iminen durchaus mit jenen an Ketonen vergleichbar, und die beiden am α-Methylcyclohexanon 30 (Schema IV) durchgeführten Reduktionen zeigen, daß auch bei konformativ mobilen Systemen die durch Substituenten ausgelöste sterische Hinderung sicher erkannt und der Weg des geringsten Widerstandes gewählt wird. Die beiden Beispiele 33 und 35 lehren, daß, unabhängig von der Ringgröße und der Vorhersagbarkeit der Konformation, offenbar der jeweilige Raumanspruch in der Nähe des Tatortes die Carbinolkonfiguration diktiert. Bei dieser eindeutigen Einflußnahme der Substituenten auf den sterischen Verlauf der Reaktion ist es naheliegend, mit chiralen, definiert konfigurierten Liganden enantiomerenreine Alkohole anzustreben, und die Komplexe 37 bis 40 haben in der Tat inzwischen an unterschiedlichen Substraten ihre gute Tauglichkeit unter Beweis gestellt. Verschiedene andere wurden als *in situ*-Komplexe vorgeschlagen[27].

Einen wichtigen Hinweis geben nun noch die Carbinole **42**, **44** und **46**, bei denen ausgeprägte acyclische Stereoselektion registriert wird. Die Konfiguration dieser Reduktionsprodukte ist in allen Fällen am besten mit Komplexierung durch benachbarte Donorzentren zu erklären (s. Schema VI), und man erkennt, daß Stickstoff, Sauerstoff und Schwefel diesen Part gleichermaßen übernehmen können. Bisher ist eine systematische, alle Möglichkeiten berücksichtigende Studie der aus diesen Beobachtungen herleitbaren Reduktionsmöglichkeiten nicht bekannt geworden, es ist aber wohl zur Untermauerung der These wichtig anzumerken, daß im Falle von **41** allen Versuchen ähnliche Selektivitäten an rein carbocyclischen Analoga zu erzielen, kein Erfolg beschieden war[31]. Für den sehr unterschiedlichen sterischen Verlauf der streng nucleophilen (Selectride) Attacke *versus* *Lewis*-Säuren-Reduktion lieferten *K. Soai* und *A. Odkawa* kürzlich ein höchst informatives Beispiel[31b]. Sehr detailliert und systematisch sind indessen Komplexierungen durch das Gegenkation studiert worden. Zink-Boranat ist hier das bevorzugte Reagenz[32], und es wird über ausgezeichnete Selektivitäten berichtet. Auch Calcium-[33] und Cer-Salze[34] haben sich in einigen speziellen Fällen bewährt. Die im Schema VII aufgelisteten Beispiele **47** bis **53** erklären sich problemlos über einen cyclischen Zn-Komplex und Einhaltung des Weges des geringsten Widerstandes für den Hydriddonor. Besonders einprägsam fällt der Vergleich zum Silylether **55** aus, bei dem das aktive Volumen der OH-Gruppe in sehr sperriges inertes Volumen umgewandelt ist. Aus der Chelatisierungslenkung wechseln wir über in die durch das *Felkin*-ANH-Modell beherrschte acyclische Stereoselektion, und somit dominiert jetzt das *syn*-Produkt ganz massiv. Dieses Wechselspiel von Komplexierungslenkung und Raumbedarfslenkung werden wir bei den Carbonylreaktionen wiedertreffen und dort intensiver studieren.

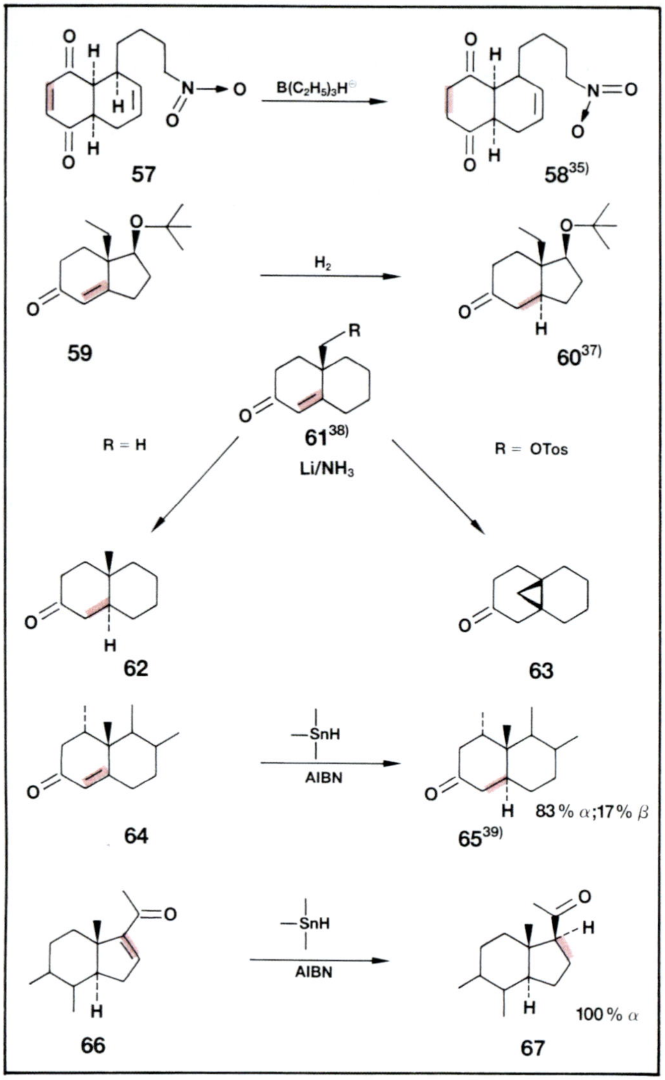

Schema VIII

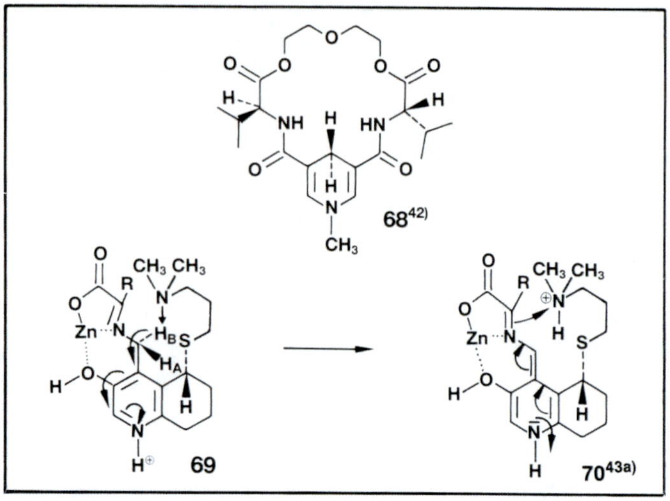

Schema IX

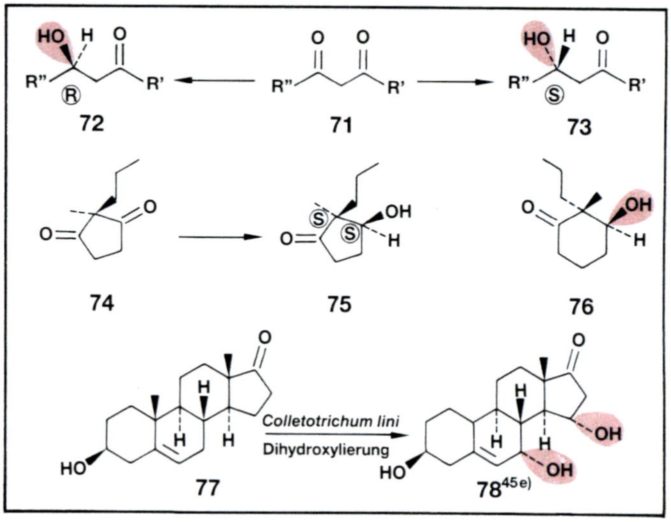

Schema X

Ist 1,4-Addition von Reduktions-Reagentien an α,β-ungesättigte Carbonylverbindungen erwünscht, so kann von den einfachen nucleophilen Tetrahydrido-Komplexen nicht allzuviel erwartet werden. Die 1,4-Addition wird zwar häufig als Ärgernis registriert, bleibt aber doch im allgemeinen die Nebenreaktion. Mit Selektride ist sie indessen (s. **57**) offenbar gezielt durchführbar[35]. Ganz sicher werden hier im Normalfall immer die *Birch*-Reduktion[36] und die kontrollierte katalytische Hydrierung[37] die Methoden der Wahl sein. Während bei der Hydrierung raumerfüllende Nachbarsubstituenten die Annäherung an den Katalysator steuern[38] (s. **60**), wird bei der *Birch*-Reduktion das Proton mit Präferenz axial an den Keton-Ring angeheftet[36]; daß aber der Abgriff der negativen Ladung prinzipiell von beiden Seiten erfolgen kann, lehrt die mit der *Birch*-Reduktion einhergehende Cyclisierung[36] zu **63**. Aber auch für einige streng radikalische Zinnhydrid-Reduktionen wurde kürzlich hohe Stereoselektivität registriert[39]. Im Falle von **64** ist aber wohl der ausdrückliche Hinweis am Platze, daß die dort angegebene Selektivität nur bei tatsächlichem Vorliegen der 1α-Methylgruppe erzielt wird. Die „normalen“ an dieser Stelle unsubstituierten Δ4,5-Ketone bescheren zwar hohe chemische Ausbeuten, führen jedoch durchweg zu enttäuschenden *cis/trans*-Gemischen. Schließlich signalisiert aber doch **64**, daß diese Reduktion mit sich reden läßt, und es bietet sich somit Lenkung solcher Prozesse durch eine Trimethylsilylgruppe in der 1-Position an. Schließlich steht für diese Transformation noch die *Lewis*-Säuren-katalysierte Silan-Addition[40] zur Verfügung, mit der an verschiedenen Substraten Reduktion der konjugierten Doppelbindung erzielt wurde.

Mit immer besserem Verständnis und immer klareren Vorstellungen vom Ablauf der bioorganischen Reduktionsprozesse[41] verbessern sich auch die Chancen zur Simulierung solcher Reaktionen. Sicher besonders schöne Analoga verdanken wir *R. M. Kellog*[42] im Falle des NADH (s. **68**) und *R. Breslow*[43a] sowie *A. I. Meyers*[43b] bei der Nachahmung des Pyridoxals.

Der mit **68** erreichbare Enantiomerenüberschuß kann bei geeigneter Qualität und

Länge der makrocyclischen Klammer zwischen 80 und 90 % liegen; als Hydridacceptor kommen allerdings nur sehr aktive α-Carbonyl-Ketone in Betracht. Dieses sind natürlich auch die Edukte der Wahl für *Breslows* Protonenwanderung. Die α-orientierte Dimethylaminogruppe pflückt mit hoher Präferenz das α-ständige Proton H_B ab (s. 69), um es dann mit hoher Präzision von eben dieser Seite in das Iminiumzentrum einzuschwenken ($D:L = 95:5$). Die wichtige Rolle des Zn^{II}-Kations – Komplexierung, Planarisierung, Einfrierung von Rotationsfreiheitsgraden – und der Dimethylaminogruppe – in einem streng definierbaren Raumsektor wartender Protonenacceptor – manifestiert sich beim Versuch, diese Aminofunktion fortzulassen. Diese Maßnahme wandelt aktives Volumen in inerten Raumanspruch um, und bei Aufrechterhaltung der Rigidität ist daher von der Propylgruppe nur noch ein gewisser Abschirmeffekt für die Unterseite zu erwarten, der allerdings, wie das mickerige *D/L*-Verhältnis lehrt (42 : 58), nicht sehr ausgeprägt ist. Der Vergleich ist indessen auch nicht ganz fair (Raumerfüllung der Methylgruppe), und es wäre interessant zu wissen, was die *tert.*-Butylgruppe bzw. die Isopropylgruppe an dieser Stelle als inertes Volumen ausrichten können.

So dicht am biochemischen Geschehen orientiert hat man natürlich auch nicht zurückgeschreckt, Bakterien und Hefen bzw. die Enzyme selbst in Dienst zu stellen. Schon in *K. Kieslichs* 1975 erschienenem Sammelwerk[44] sind die Beispiele Legion, und in neueren Übersichtsartikeln von *C. J. Sih*[45] wurden einige wichtige allgemeine Regeln zur Konfigurationslenkung herausgearbeitet. So erweisen sich *R*-Alkohole hervorbringende Enzyme (s. 20) als besonders leistungsfähig, wenn ein möglichst großer hydrophober Rest R" vorliegt, die zum *S*-Alkohol führenden dagegen arbeiten bei großem R' besonders effizient. Beim Studium der für Steroidsynthesen wichtigen Reduktion cyclischer 1,3-Diketone (s. 74) generiert die 5-Ring-Serie praktisch ausschließlich die *S/S*-Kombination 75, während die 6-Ring-Diketone bei ansonsten gleichem Substitutionsmuster in enantiomerenreine *R/S*-Diastereomere umgewandelt werden. Bei Anwendung mikrobieller Transformationen hat man nun noch die zusätzliche, synthetisch interessante Variante zur Verfügung, eine Hydroxylgruppe definierter räumlicher Anordnung durch einen Hydroxylierungsprozeß einzuführen (s. 78)[45e]. Das Durchlaufen der Ketostufe ist in diesem Falle nicht nötig.

Der Autor ist sehr betrübt darüber, daß dieses wichtige zukunftsweisende Gebiet aus Platzgründen nur noch als schlagwortartiger Ausklang dargeboten wird. – Die zitierte Literatur mag den Wißbegierigen weiterhelfen. Er ist nämlich selbst davon überzeugt, daß die synthetischen Chemiker viele gute Gründe haben, die hier stattfindende Entwicklung mit Sorgfalt und Interesse zu verfolgen. Die Kombination mikrobieller, enzymatischer und stramm chemischer Einzelschritte sollten für den Synthesesequenzen planenden und durchführenden Chemiker weder eine intellektuelle noch emotionelle Barriere bedeuten.

Euch ist kein Maß und Ziel gesetzt. Beliebt's Euch, überall zu naschen, im Fliehen etwas zu erhaschen, bekomm Euch wohl, was Euch ergetzt. Nur greift mir zu und seid nicht blöde.

Nucleophile Angriffe auf die Carbonylgruppe

In gleicher Weise wie die Reduktionen sind ganz allgemein nucleophile Angriffe auf Carbonylgruppen und speziell die Knüpfung von C-C-Bindungen mit metallorganischen Reagentien wohlvertraute, langbewährte und üblicherweise auch recht zuverlässige Techniken im Arsenal des synthetischen Chemikers.

Ganz im Gegensatz jedoch zu den Reduktionen, bei denen unter stereochemischen Aspekten nur das Schicksal von Ketonen interessiert, weil ja Aldehyde konfigurativ unergiebige primäre Alkohole hervorbringen, sind bei diesen Transformationen natürlich auch die Aldehyde von großem Interesse, da sie uns in das aufregende Metier der acyclischen Stereoselektion einführen. Kein Wunder also, wenn schon früh das Studium der Regioselektivität, Chemoselektivität und Stereoselektivität dieser Reaktionen in Angriff genommen wurde, sind doch die Resultate dieser Bemühungen vom mechanistischen wie auch präparativen Standpunkt gleichermaßen bedeutungsvoll. Wie bereits in den vorangegangenen Artikeln beklagt wurde, ist es erneut hoffnungslos, im Rahmen dieser Artikelserie Vollständigkeit bei der Auswahl der Beiträge anstreben zu wollen, und so wird sich der Leser auch hier mit wenigen die Trends und den Status beschreibenden Exempeln begnügen müssen.

Wie in einem wichtigen frühen, lithiumorganische und *Grignard*-Reagentien vergleichenden Übersichtsartikel[46] bereits klar demonstriert wird, hängt der Reaktionsaus-

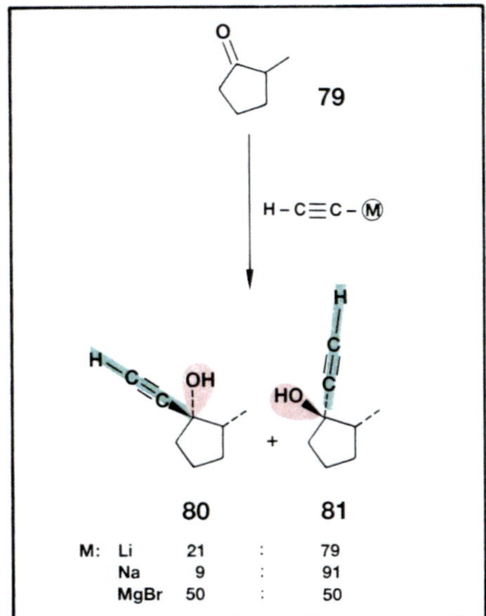

Schema XI

COOH
82
MgBr
THF/TMEDA
X = OCH₃
= NO₂
83
MgBr
DIETHYLETHER
CO₂H
84 70% + 30% 82

Schema XII

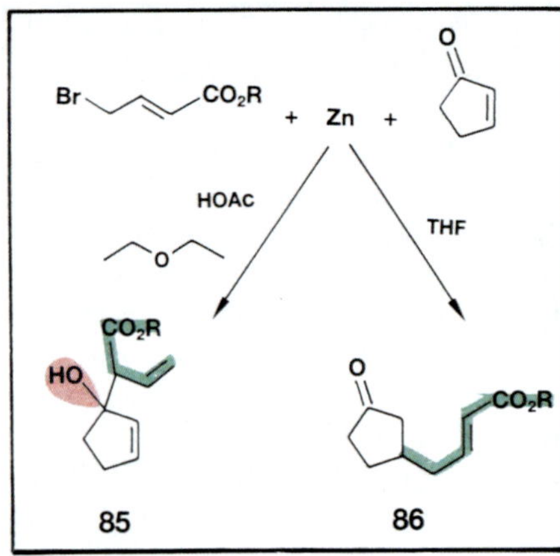

Schema XIII

Schema XIV

gang ganz entscheidend vom jeweiligen Metallatom, also vom Status der Kohlenstoff-Metallbindung ab. So setzen sich, wie dieser Artikel u. a. lehrt, Lithium- und Natriumacetylide stets eindeutig durch höhere Stereoselektivität von den entsprechenden *Grignard*-Verbindungen ab. Die hier bereits erkennbare Präferenz der Acetylide zu axialem Angriff konnte später von *G. Stork*[46b] an einigen ausgewählten Beispielen eindrucksvoll bestätigt werden. Da die Qualität der Kohlenstoff-Metallbindung und somit die Reaktivität der metallorganischen Verbindung natürlich auch vom Solvens bzw. den Möglichkeiten zur Solvatation und Komplexbildung abhängt, sollten alle diese Parameter entscheidenden Einfluß auf den Reaktionsverlauf nehmen, und *M. Braun*[47] hat kürzlich eine gründliche Studie zur Regioselektivität des Carbonylangriffs bei Anhydriden vorgelegt, die diese Aussage bestätigt.

Das in Gegenwart von TMEDA durch komplexierende Beseitigung des Gegenkations äußerst aggressive Nucleophil greift bereits bei $-78\,°C$ über einen frühen, eduktartigen Übergangszustand die sterisch besser erreichbare *meta*-Position in **83** an, während das vergleichsweise träge Ethersolvat in einem späten, von der Stabilität des Produktes profitierenden Übergangszustand vornehmlich der *ortho*-Position zustrebt und überdies schlechtere Selektivität zeigt. Die Tatsache, daß die Methoxyverbindung wie auch das Nitroderivat den gleichen Trend zeigen, lehrt, daß dem elektronischen Zustand der jeweiligen Carbonylgruppe in diesem Falle keine entscheidende Bedeutung zukommt.

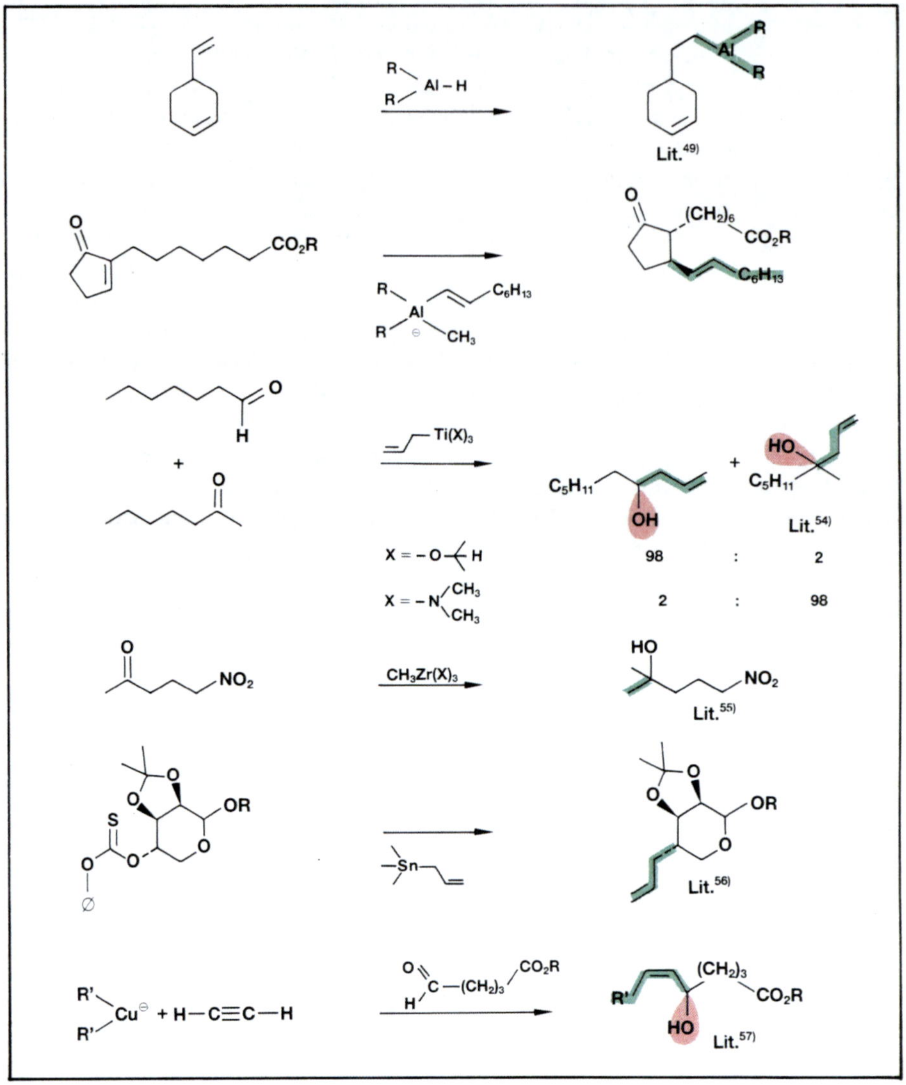

Starke Solvensabhängigkeit registrierte jüngst auch *I. Hudlicky*[48] bei einer detaillierten Überprüfung der vinylogen *Reformatzki*-Reaktion. In Gegenwart von Essigsäure dominiert α-1,2-Angriff zum Allylalkohol **85**, während in THF γ-1,4-Addition zu **86** das Rennen macht.

Natürlich steuert der Metalltyp auch die Chemoselektivität, und die faszinierende Vielfältigkeit entwickelt sich derzeit vor unseren Augen, nachdem sich zu den Altmeistern Lithium, Magnesium und Zink erfolgversprechende und variationsfähige Neulinge wie Aluminium[49], Titan[50], Zirkon[51], Zinn[52] und Kupfer[53] hinzugesellt haben, ganz zu schweigen von den aufregenden Meldungen, die uns über die Komplexchemie von Palladium, Nickel und Chrom zugehen.

Im Vorbeieilen sei rasch ein kurzer Blick auf einige Beispiele geworfen, die nur den Mund wäßrig machen und den Appetit anregen sollen. Die zitierten Übersichten werden dem Nachforschenden ein Füllhorn von Möglichkeiten bescheren.

Geht es um Fragen der Stereoselektivität, so kann man von cyclischen und speziell von konformativ starren cyclischen Systemen (s. 87) am schnellsten befriedigende Antworten erwarten.

Vergleichende Studien lassen keinen Zweifel, daß *Grignard*-Reagentien in dieser Hinsicht eine sehr enttäuschende Vorstellung geben, während Cuprate ganz konsequent den äquatorialen Angriff zu **89** favorisieren[53c, 58, 59]. Selbst titanorganische Verbindungen tun sich hier schwer, und nur das in Hexan bei tiefer Temperatur angewendete tris-Isopropoxymethyltitan bringt es zu identischer Stereoselektivität[60]. Den axialen Angriff zu **88** beobachtet man hingegen mit *Lewis*-sauren aluminiumorganischen Verbindungen, speziell wenn sie im Überschuß angewendet werden[61]. Eine Spitzenleistung vollbringt hier das von *H. Yamamoto* eingeführte MAD (= Methylaluminium-bis(2,6-di-tert-butyl-4-methylphenoxid)[62].

Wie ermunternd und einladend derartige Daten auch aussehen mögen, so ist dennoch bei zu eilfertigen Übertragungen meist ein *caveat* angebracht. Beispielsweise liefert das eben noch geschmähte *Grignard*-Reagenz mit dem ungesättigten Keton **90** unter exclusivem α-Angriff das Carbinol **91** als ein-

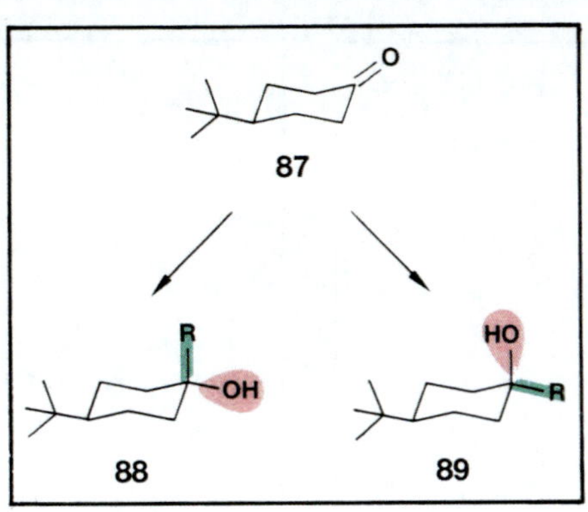

Schema XV

ziges Produkt[63], während bei einem 2-Ketosteroid (**92**), ausgelöst durch die angulare Methylgruppe am C-10, stereoselektiver *Grignard*-Angriff unter Einführung einer α-ständigen äquatorialen Methylgruppe erfolgt [64a] – eine Lenkung, wie sie z. B. bei 17-Ketosteroiden stets ausgezeichnete α-Selektivität auslöst[64b] – wird das bicyclische Keton **94** mit hoher β-Selektivität unter Einbau einer axialen Methylgruppe (s. **95**) attackiert[65].

Die wichtige Rolle schließlich von kinetisch kontrolliertem *versus* thermodynamisch kontrolliertem Reaktionsausgang signalisiert die solvensabhängige Bildung von **96** bzw. **97**. Kontrollexperimente lassen keinen Zweifel, daß die in THF erzielte hohe Selektivität zugunsten von **96** auf rasche Äquilibrierung in diesem Solvens zurückgeführt werden muß[66].

Bis hierher wirkte die Umgebung des Reaktionsortes vorwiegend durch ihren inerten Raumanspruch; wie bei den Reduktionen sollten wir aber gerade hier bei den metallorganischen Verbindungen die lenkende Wirkung einer komplexierenden und chelatisierenden Gruppe verspüren. Dieser Effekt, der uns vor allem weiter unten bei den

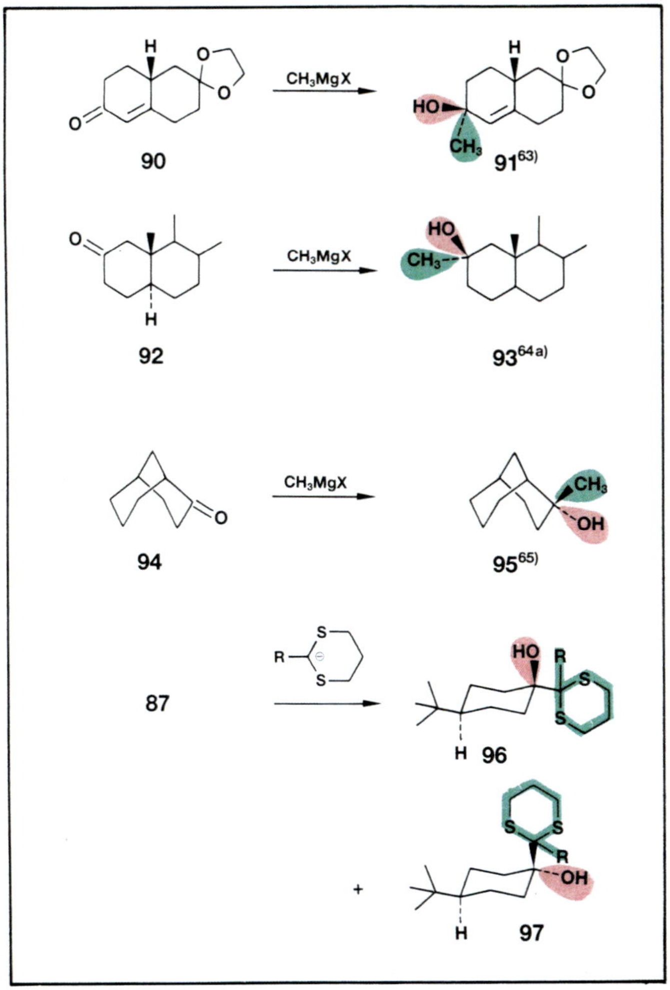

Schema XVI

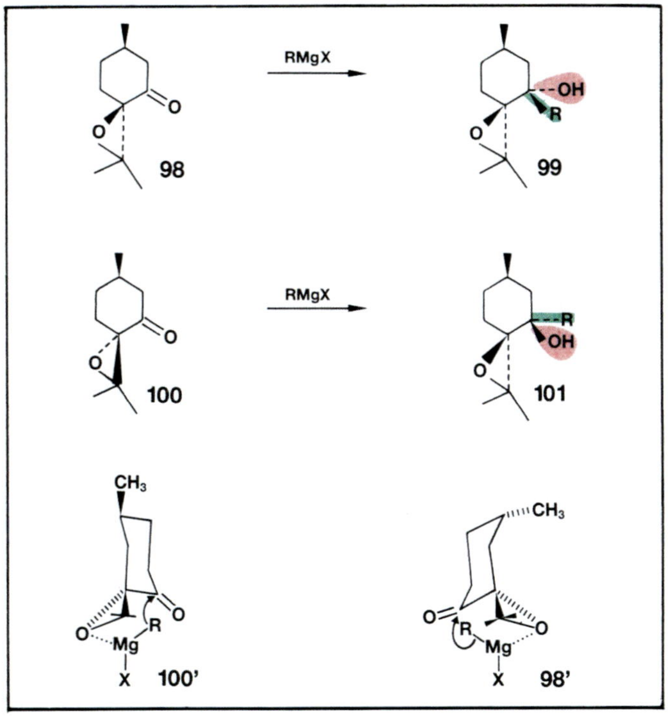

Schema XVII

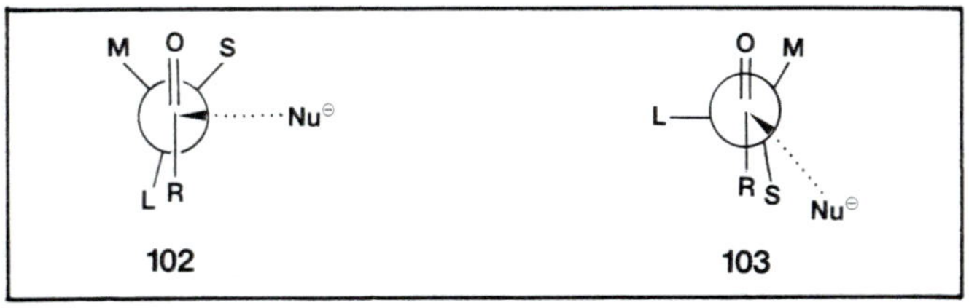

Schema XVIII

	104 → 105 + 106[50)]	
CH_3Li	65	35
$CH_3Ti(-O-C(CH_3)_2H)_3$	88	12
$CH_3Ti(-O-C_6H_5)_3$	97	7

R'M	107 → 108 + 109[75)]	
R = CH_3	85	15
R = $C(CH_3)_3$	>99	1

	110 → 111 + 112[76)]	
Allyl-MgCl	83	17
Allyl-$Ti(O-C(CH_3)_2H)_3$	>95	<5

113 → 114[77)] (Ethyl-MgX)

	115 → 116 + 117[78)]	
BuLi/15-Kr-5	30	1
$(Bu)_2Cu^{\ominus}$ / 18-Kr-6	1	4,2

Schema XIX

	126 → 127[83)] (C_4H_9MgBr, THF)	
	99	1

128 → 129[84)] (RMgX)

	130 → 131 + 132[85)] (2-Furyl-Li)	
+ $MgBr_2$	50	50
+ $ZnBr_2$	95	5

	133 → 134 + 135[86)]	
$CH_3Cu\ MgBr_2$	96	4
$CH_3Ti(O-C(CH_3)_2H)_3$	7	93

	130 → 136 + 137	
$CH_3Ti(O-CH(CH_3)_2)_3$	30	70
$CH_3-Cu^{\ominus}-CH_3$/Ether	82	18
$C_4H_9MgX/Cu^I/THF$	16	1
$C_6H_5-MgX/Cu^I/THF$	99	1
$(CH_3)_3Si(C=CH_2)MgX/Cu^I/THF$	98	2

Schema XXI

acyclischen Carbonylsystemen als nutzliche Blockade von Rotationsprozessen und als willkommene Möglichkeit zur Gerüstversteifung beeindrucken wird, kann natürlich auch bei cyclischen Ketonen Erstaunliches leisten, wie die Beispiele 98 und 100 zeigen[67)]. Mit ausgezeichneter Stereoselektivität geht hier noch eine sehr bemerkenswerte Stereospezifität einher. Das *trans*-Epoxid 100 reagiert so rasch, daß beim Einsatz der epimeren Epoxide das völlig intakte *cis*-Epoxid 98 zurückgewonnen werden kann, und somit eine kinetische Diastereomerentrennung durchführbar ist. Wenn auch prinzipiell eine Deutung dieses Geschehens über Vorzugskonformationen möglich ist, so liefert doch hier gezielte Vorkomplexierung (s. 100'; 98') ein bestechend einfaches Argument zur Erklärung beider Phänomene.

Bevor jedoch die wichtige Rolle derartiger Chelatisierungsklammern für acyclische Stereoselektion diskutiert werden kann, muß zunächst einmal auf die allgemeine Problematik rotationsfähiger Systeme eingegangen werden. Angesichts üppiger Rotationsfreiheitsgrade scheint Stereoselektion hier *prima facie* ein schier hoffnungsloses Unterfangen und jede Selektionsprognose ein *hazardeuxes va banque*-Spiel. Liegen jedoch in der Nachbarschaft Chiralitätszentren vor, so daß die beiden Carbonylseiten diastereotop werden, so kann bei Einwirkung eines Nucleophils diastereofaciale Selektion durchaus zu sehr unterschiedlichen Mengen der beiden Diastereomeren Anlaß geben. *D. Cram* hat als erster systematische Studien und modellmäßige Erklärungen vorgelegt, wonach ein Übergangszustand besonders attraktiv sein sollte, bei dem, wie

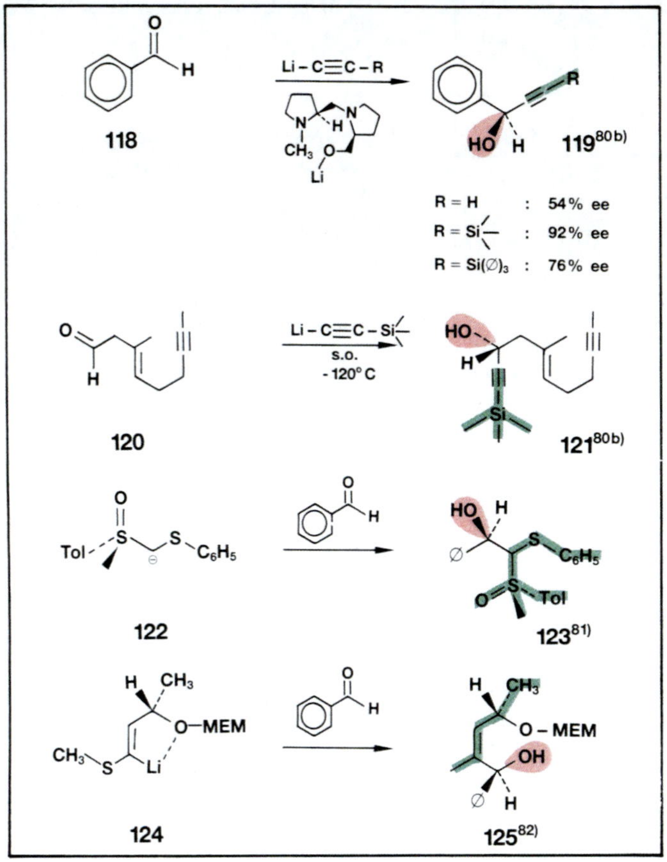

Schema XX

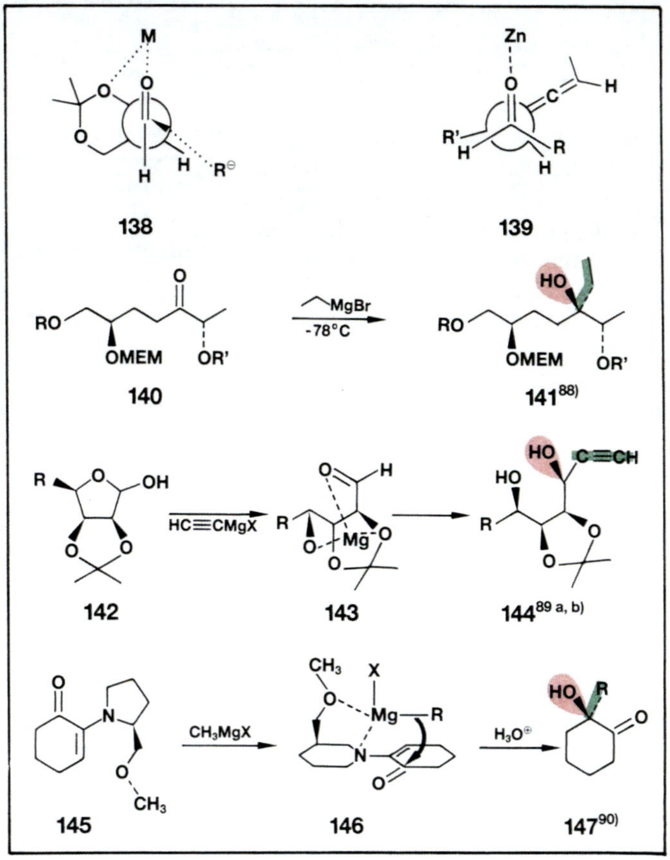

Schema XXII

unter **102** angegeben, das Nucleophil eine Einflugschneise wählt, die bei einer zum Carbonylsauerstoff antiperiplanaren Anordnung des größten Restes (*L*) auf der Seite des kleinen Restes (*S*) liegt[68].

Zum gleichen Resultat (s. **103**) führt das von *N. T. Anh*[69] ausgebaute und durch Modellrechnungen abgestützte *Felkin*-Modell[70], das auch der Neigung dieser Flugbahn Rechnung tragt, auf die *H. B. Bürgi* und *J. D. Dunitz* nach detaillierten Röntgenstrukturstudien aufmerksam machten[71] und die ganz allgemein für das richtige Verstandnis des nucleophilen Geschehens an sp^2-Zentren dieses Typs eine wichtige Rolle spielt. Beispiele für auf diese Weise herbeifuhrbare Diastereoselektivitat gibt es zuhauf, und die Effizienz dieser Lenkung sowie ihre Abhängigkeit vom Typ der metallorganischen Verbindung sowie vom Solvens ist in diversen Übersichtsartikeln und Buchkapiteln mit so großer Sorgfalt und Vollständigkeit niedergelegt worden[50a, 50b, 72, 73a–73d, 74], daß hier einige wenige neuere Beispiele zur Beschreibung der Situation genügen mögen.

Während am Aldehyd **104** der Beitrag der metallorganischen Komponente sichtbar wird (Verhältnis **105 : 106**!), illustrieren die Ketone **107** die Bedeutung des Carbonylliganden[75]. Im Falle des Steroidketons **110** wird mit dem metallorganischen Reagenz verkappte Funktionalität eingebracht (C-C-Doppelbindung!)[76] – eine Vorgehensweise, die diese Operation in die Nähe der Aldol-Reaktion rückt (s. u.) – und im Falle des Vinylsilans **113** residiert sie in der Carbonyl-Komponente[77]. Ein schönes Beispiel für die Manipulierbarkeit und somit die Flexibilität dieser Technik steuerte kürzlich *Y. Yamamoto*[78] bei, als es ihm gelang, an lithiumorganischen Verbindungen durch Kronenetherzusatz die *Cram*-Selektivität zu verstärken, während der gleiche Zusatz bei Cupraten eine Umkehrung der Selektivität auslöste.

In allen hier diskutierten Fällen wird die diastereofaciale Selektivität durch die Chiralität des Substrates, also durch konfigurative Einflüsse in der Nähe des Tatortes, diktiert. Es ist jedoch auch leicht vorstellbar, daß diese Selektivität, also das Hineinfallen in nur eine der Carbonylseiten, durch die Chiralität des Reagenzes bestimmt wird. Ja man muß sogar die Erwartung äußern, daß zunehmende breite praktische Anwendung enantioselektiver Reaktionen sehr stark auf solche chiralen Reagentien angewiesen sein wird, weil sich häufig eine umständliche konfigurative Ausgestaltung des Substrats verbieten wird. Nicht von ungefähr beobachtet man daher allenthalben heftige Bemühungen um vielseitig einsetzbare chirale Reagentien, die im übrigen absolut unverzichtbar sein werden, wenn man die Möglichkeiten der doppelten Stereodifferenzierung wird nutzen wollen, auf die *S. Masamune* so eindringlich hingewiesen hat[79]. Einige Beispiele fur mit chiraler Information ausgestattete Reagentien sowie deren Anwendung in der Naturstoffsynthese sind unter **118** bis **124** aufgelistet. Einen sehr ausfuhrlichen Bericht uber die verschiedenen Moglichkeiten verdanken wir *S. Masamune*[80a)], einen zweiten stellte *G. Solladie* für *Morrisons* Buch zusammen[80b)].

Im Falle der durch Komplexierung gelenkten Acetylidadditionen an die Aldehyde **118** und **120** ist die steuernde Chiralitat kein direkter Bestandteil des Nucleophils, sondern nur eine asymmetrische Umhullung des Gegenkations, während bei **122** und **124** eine kurze Distanz zum Tatort sichergestellt ist, wobei speziell **124** zusätzlich mit einer Rotationsprozesse einfrierenden Chelatklammer ausgestattet wurde. Diese das Gerüst versteifende und Rotationen blockierende Wechselwirkung des Metallatoms mit basischen Zentren kann natürlich auch im Substrat wirksam werden und somit die diastereofaciale Selektivität bestimmen. Wird die anzugreifende Carbonylgruppe in das Chelatisierungssystem miteinbezogen, so verlaßt man formal eigentlich den Bereich der acyclischen Stereoselektion (s. **126** → **127**). Wie das Beispiel **126** → **127** lehrt, nähert sich das Nucleophil, bezogen auf die intermediar installierte Komplexierungsebene, von der Seite des kleinen β-ständigen Wasserstoffatoms unter ganz überwiegender Bildung des Diastereomeren **127**. Der Verklammerungspartner kann aber offensichtlich auch die Carbonylgruppe eines chiralen Esters sein (s. **128**), und wie entscheidend das Gegenkation für die Effizienz dieser Lenkung ist, kann aus der Umsetzung des Aldehyds **130** mit α-Furyllithium abgelesen werden. Es sei hier nur am Rande vermerkt, daß der Einbau einer solchen α-Furylgruppe dem Reaktionsprodukt (z. B. **131**) eine hohe synthetische Flexibilität verleiht, denn uber die verschiedensten Abbaureaktionen und Oxidationen läßt sich der Furanrest in eine Vielzahl funktioneller Gruppierungen umwandeln.

Dieser Rest reprasentiert also geschickt kaschierte Funktionalität. Aus einer Studie von *T. L. McDonald*[86)] könnte man interessanterweise den Schluß ziehen, daß der acyclische Aldehyd bessere Selektivitat beschert, denn am cyclischen Vertreter **130** konnte selbst mit dem im allgemeinen sehr zuverlassigen Titanreagenz nur ein wenig befriedigendes 70 : 30-Verhältnis zugunsten der *anti*-Verbindung erzielt werden. Japanische Autoren[87)] deckten dann jedoch die

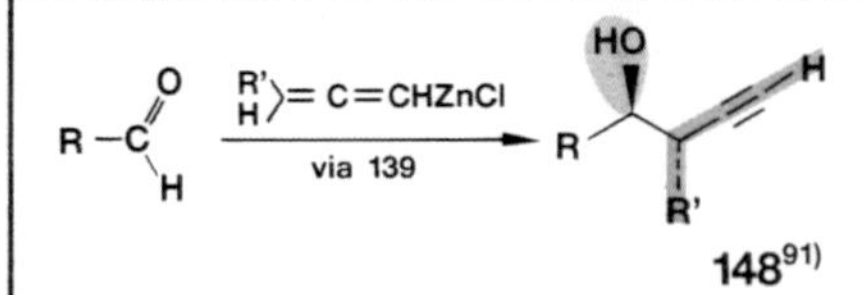

Schema XXIII

wichtige Rolle des Lösungsmittels auf und zeigten, daß in THF respektable *syn*-Selektivität registriert wird.

Der wahrscheinlich favorisierte cyclische Ubergangszustand **138** erklärt das Resultat. Eine sehr ausführliche vergleichende Diskussion dieses speziell von *C. Still*[72b)] so geschickt ausgenutzten Effektes stammt aus der Feder von *M. T. Reetz*[72a)], und dort sieht man, daß sich auch recht komplexe Moleküle mit Hilfe eines Chelats gezielt manipulieren lassen. Einige nutzliche und praparativ anwendbare Prozesse sind unter **140** bis **145** aufgelistet.

Das letzte Beispiel der oben zusammengestellten Sequenz (**148**) fuhrt zu einer Propargylverbindung, die naturlich in gleicher Weise wie die unter **111**, **112** erwahnten Allylsysteme als synthetisches Äquivalent eines Aldols angesehen werden kann. Die entsprechende Doppel- bzw. Dreifachbindung repräsentiert das synthetische Äquivalent einer Carbonylgruppe, und unter der Voraussetzung, daß Retroaldol-Prozesse ausgeschlossen werden, lassen sich somit einmal etablierte Konfigurationen in das Aldol hineintragen.

Literaturverzeichnis

1) a) MITSUNOBU, O., YAMADA, M.: Bull. Chem. Soc. Jpn. **40**, 2380 (1967)
b) LOIBNER, H., ZBIRAL, E.: Helv. Chim. Acta **59**, 2100 (1976)
c) BOSE, A. K., LAL, B., HOFFMAN, W. A., MANHAS, M. S.: Tetrahedron Lett. **14**, 1619 (1973)
d) MITSUNOBU, O.: Synthesis **1981**, 1
e) KRUIZINGA, W. H., STRIJTVEEN, B., KELLOG, R. M.: J. Org. Chem **46**, 4321 (1981)
f) HUFFMANN, J. W., DESAI, R. C.: Synth. Commun. **1983**, 553
g) COREY, E. J., NICOLAOU, K. C., SHIBASAKI, M., MACHIDA, Y., SHINER, C. S.: Tetrahedron Lett. **16**, 3183 (1975)
h) VORBRUGGEN, H.: Liebigs Ann. Chem. **1974**, 821
i) RADUCHEL, B.: Synthesis **1980**, 292

2) a) LANE, C. F.: Chem. Rev. **76**, 773 (1976)
b) WIGFIELD, D. C.: Tetrahedron **35**, 449 (1979)
c) BROWN, W. G.: Org. React. **6**, 469 (1951)
d) CAINE, D.: Org. React. **23**, 1 (1976)
e) BOONE, J. R., ASHBY, E. C.: Top. Stereochem. **11**, 53 (1979)

3) a) ZWEIFEL, G., BROWN, H. C.: Org. React. **13**, 1 (1963)
b) BROWN, H. C., SUBBARAO, B. C.: J Am Chem. Soc. **82**, 681 (1960)

4) a) BROWN, H. C., BIGLEY, D. B.: J. Am Chem. Soc. **83**, 3166 (1961)
b) BROWN, H. C., VARMA, V. K.: J. Am. Chem. Soc. **88**, 2871 (1966)

5) WINTERFELDT, E.: Synthesis **1975**, 617

6) a) REINHECKEL, H.: Organomet, Chem. Rev., Sect. A **4**, 47 (1969)
b) BRUNO, G.: „Use of Aluminium Alkyls in Organic Synthesis", Ethyl Corp., Baton Rouge, USA 1973

7) PAULING, H.: Helv. Chim. Acta **58**, 1781 (1975)

8) WILSON, K. E., SEIDNER, R. T. MASAMUNE, S.: J. Chem Soc., Chem. Commun. **1970**, 213

9) NOYORI, R., BABA, Y., HAYAKAWA, Y.: J. Am. Chem. Soc. **96**, 3336 (1974)

10) ZIEGLER, K., SCHNEIDER, K., SCHNEIDER, J.: Liebigs Ann. Chem. **623**, 9 (1959)

11) WIGFIELD, D. C., PHELPS, D. J.: J. Org. Chem. **41**, 2396 (1976)

12) RISCHKE, H., WILCOCK, J. D., WINTERFELDT, E.: Chem. Ber. **106**, 3106 (1973)

13) a) BOHLMANN, F., WINTERFELDT, E., STUDT, P., LAURENT, H., BOROSCHEWSKI, G., KLEINE, K. M.: Chem. Ber. **94**, 3151 (1961)
b) BOHLMANN, F., WINTERFELDT, E., BOROSCHEWSKI, G., MAYERMADER, R., GATSCHEFF, B.: Chem. Ber. **96**, 1792 (1963)
c) WENKERT, E., DAVE, K. G., LEWIS, R. G., SPRAGUE, P. W.: J. Am. Chem. Soc. **89**, 6741 (1967)
d) STORK, G., GUTHIKONDA, R. N.: J. Am. Chem. Soc. **94**, 5109 (1972)
e) STEVENS, R. V., LEE, A. W. M.: J. Chem. Soc., Chem. Commun. **1982**, 102
f) OVERMAN, L. E., LESUISSE, D., HASHIMOTO, M.: J. Am. Chem. Soc. **105**, 5373 (1983)

14) KUMIN, A., MAVERICK, E., SEILER, P., VANIER, N., DAMM, L., HOBI, R., DUNITZ, J. D., ESCHENMOSER, A.: Helv. Chim. Acta **63**, 1158 (1980). – Weitere Beispiele in: DESLONGCHAMPS, P.: „Stereoelectronic Effects in Organic Chemistry", Pergamon Press 1983

15) NAKAZONO, Y., YAMAGUCHI, R., KAWANISI, M.: Chem. Lett. **1984**, 1129

16) ELIEL, E. L., SCHROETER, S. H.: J. Am. Chem. Soc. **87**, 5031 (1965)

17) a) BROWN, H. C., KRISHNAMURTHY, S.: J. Am. Chem. Soc. **94**, 7159 (1972)
b) BROWN, H. C., MATHEW, C. P., PYUN, CH., SON, J. CH., YOON, N. M.: J. Org. Chem. **49**, 3091 (1984)
c) BROWN, H. C., SINGARAM, V., MATHEW, P. C.: J. Org. Chem. **46**, 4541

(1981)
d) SCHOW, S. R., BLOOM, J. D., THOMPSON, A. S., WINZENBERG, K. N., SMITH III, A. B.: J. Am. Chem. Soc. **108,** 2662 (1986)

18) BROWN, H. C., KIM, S. C., KRISHNAMURTHY, S.: J. Org. Chem. **45,** 1 (1980)

19) TAL, D. M., FRISCH, D., ELLIOTT, W. H.: Tetrahedron **40,** 851 (1984). Weitere Literatur s. dort.

20) WROBEL, J. E., GANEM, B.: Tetrahedron Lett. **22,** 3447 (1981)

21) BROWN, H. C., CHA, J. S., NAZER, B.: J. Org. Chem. **49,** 885 (1984)

22) KOKSAL, Y., RADDATZ, P., WINTERFELDT, E.: Liebigs Ann. Chem. **1984,** 450

23) WALENTA, R.: Dissertation, Universität Hannover 1983

24) a) YAMAGUCHI, Y., MOSHER, H. S.: J. Org. Chem. **38,** 1870 (1973)
b) BRINKMEYER, R. S., KAPOOR, V.: J. Am. Chem. Soc. **99,** 8339 (1977)

25) a) NOYORI, R., TOMINO, I., TANIMOTO, Y., NISHIZAWA, M.: J. Am. Chem. Soc. **106,** 6709 (1984)
b) NOYORI, R., TOMINO, I., YAMADA, M., NISHIZAWA, M.: J. Am. Chem. Soc. **106,** 6717 (1984)
c) NOYORI, R., SUZUKI, M.: Angew. Chem. **96,** 854 (1984), Angew. Chem. Int. Ed. Engl. **23,** 847 (1984)

26) a) MIDLAND, M. M., McDOWELL, D. C., HATCH, R. L., TRAMONTANO A.: J. Am. Chem. Soc. **102,** 867 (1980)
b) MIDLAND, M. M., KAZUBSKI, A.: J. Org. Chem. **47,** 2814 (1982)
c) BROWN, H. C., PAI, G. G.: J. Org. Chem. **50,** 1384 (1985)

27) a) HAUBENSTOCK, R.: Top. Sterochem. **14,** 231 (1983)
b) BECKER, R., BRUNNER, H., MAHBOOBI, S., WIEGREBE, W.: Angew. Chem. **97,** 969 (1985); Angew. Chem. Int. Ed. Engl. **24,** 995 (1985)

28) a) WINTERFELDT, E., RADUNZ, H., KORTH, T.: Chem. Ber. **101,** 3172 (1968)
b) WINTERFELDT, E., GASKELL, A. J., KORTH, T., RADUNZ, H., WALKOWIAK, M.: Chem. Ber. **102,** 3558 (1969)
c) FLECKER, P., WINTERFELDT, E.: Tetrahedron **40,** 4853 (1984)
d) BARLUENGA, J., OLANO, B., FUSTERO, S.: J. Org. Chem. **50,** 4052 (1985)

29) SHIMAGAKI, M., MATSUZAKI, Y., HORI, I., OISHI, T.: Tetrahedron Lett. **25,** 4779 (1984)

30) a) BAKER, R., RAVENSCROFT, P. D., SWAIN, C. J.: J. Chem. Soc., Chem. Commun. **1984,** 74
b) SOLLADIE, G., DEMAILLY, G., GRECK, C.: J. Org. Chem. **50,** 1552 (1985)

31) a) KORTH, T.: Dissertation, Technische Universität Berlin 1969
b) SOAI, K., OOKAWA, A.: J. Chem. Soc., Chem. Commun. **1986,** 412
c) IIDA, H., YAMAZAKI, N., BIBAYASHI, CH.: J. Org. Chem. **51,** 3769 (1986)
d) KIYOOKA, S., KORUDA, H., SHIMASAKI, Y.: Tet. Lett. **27,** 3009 (1986)
e) EVANS, D. A., CHAPMAN, K. T.: Tet. Lett. **27,** 5939 (1986)
f) CHEN, K. M., HARDTMANN, G. E., PRASAD, K., REPIC, O., SHAPIRO, M. J.: Tet. Lett. **28,** 155 (1987)

32) a) OISHI, T.: Acc. Chem. Res. **17,** 338 (1984)
b) KOSUGI, H., KONTA, H., UDA, H.: J. Chem. Soc., Chem. Commun. **1985,** 211
c) SOLLADIE, G., DEMAILLY, G., GRECK, C.: Tetrahedron Lett. **26,** 435 (1985)
d) ORIYAMA, T., MUKAIYAMA, T.: Chem. Lett. **1984,** 2071
e) MAIER, G., ROTH, C., SCHMITT, R. K.: Chem. Ber. **18,** 704 (1985)
f) MAIER, G., SCHMITT, R. K., SEIPP, U.: Chem. Ber. **118,** 722 (1985)
g) NARASAKA, K., YAMAZAKI, S., UKAJI, Y.: Chem. Lett. **1984,** 2065
h) McELROY, A. B., WARREN, S.: Tetrahedron Lett. **26,** 5709 (1985)
i) SOLLADIE, G., FRECHOU, C., DEMAILLY, G., GRECK, C.: J. Org. Chem. **51,** 1912 (1986)
j) KATHAWALA, F. G., PRAGER, B., PRASAD, K., REPIC, O., SHAPIRO, M. J., STABLER, R. S., WIDLER, L.: Helv. Chim. Acta **69,** 803 (1986)

33) HAN, C. A., MONDER, C.: J. Org. Chem. **47,** 1580 (1982)

34) a) GEMAL, A. L., LUCHE, J. L.: J. Am. Chem. Soc. **103,** 5454 (1981)
b) RUCKER, G., HORSTER, H., GAJEWSKI, W.: Synth. Commun. **10,** 623 (1980)
c) GRIECO, P. A., INANAGA, J., LIN, N. H.: J. Org. Chem. **48,** 892 (1983)
d) DANISHESKY, S., BEDNARSKI, M.: Tetrahedron Lett. **26,** 3411 (1985)
e) KAGAN, H. B., NAMY, J. L., Tetrahedron **42,** 6573 (1986), Tetrahedron Report No. 213

35) a) KOZIKOWSKI, A. P., HIRAGA, K., SPRINGER, J. P., WANG, B. C., XU, Z.-B.: J. Am. Chem. Soc. **106,** 1845 (1983)
b) FORTUNATO, J. M., GANEM, B.: J. Org. Chem. **41,** 2194 (1976)

36) a) STORK, G., DARLING, S. D.: J. Am. Chem. Soc. **82,** 1512 (1960)
b) STORK, G., TSUJI, J.: J. Am. Chem. Soc. **83,** 2783 (1961)
PRADHAN, S. K., Tetrahedron **42,** 6351 (1986), Tetrahedron Report No. 212

37) RYLANDER, P. N.: „Catalytic Hydrogenation over Platinum Metals“, Academic Press, New York 1967

38) a) EDER, U., SAUER, G., WIECHERT, R.: Angew. Chem. **83,** 492 (1971); Angew. Chem. Int. Ed. Engl. **10,** 496 (1971)
b) HAJOS, Z. G., PARRISH, D. R.: J. Org. Chem. **38,** 3239 (1973)

39) LAURENT, H., ESPERLING, P., BAUDE, G.: Liebigs Ann. Chem. **1983,** 1996

40) a) CHEN, L. C., WANG, E. C., LIN, J. H., WU, S. S.: Heterocycles **1984,** 2769
b) YOSHII, E., KOZUMI, T., HAYASHI, J., HIROI, Y.: Chem. Pharm. Bull. **25,** 1468 (1977)
c) KEINAM, E., GREENSPOON, N.: Tetrahedron Lett. **26,** 1353 (1985)

41) PRELOG, V.: Pure Appl. Chem **9,** 119 (1964)

42) a) KELLOGG, R. M.: Top. Curr. Chem. **101,** 111 (1981)
b) KELLOGG, R. M.: J. Am. Chem. Soc. **106,** 1490 (1984)
c) KELLOGG, R. M.: Angew. Chem. **96,** 769 (1984); Angew. Chem. Int. Ed. Engl. **23,** 782 (1984)

43) a) ZIMMERMANN, S. C., BRESLOW, R.: J. Am. Chem Soc. **106,** 1490 (1980)
b) MEYERS, A. I., BROWN, J. D.: J. Amer. Chem. Soc. **109,** 3155 (1987)

44) KIESLICH, K.: „Microbial Transformations“, G. Thieme, Stuttgart 1976

45) a) SIH, C. J.: Angew. Chem. **96,** 556 (1984); Angew. Chem. Int. Ed. Engl. **23,** 570 (1984)
b) SIH, C. J., in: „Selectivity – a Goal for Synthetic Efficiency“, Proceedings of the Fourteenth Workshop Conference Hoechst, Schloß Reisenburg, 18.–22. Sept. 1983 (Hrsg. W. Bartmann, B. Trost), Verlag Chemie, Weinheim 1984
c) SEEBACH, D., RENAUD, P., SCHWEIZER, W., ZUGER, M., BRIENNE, M. J.: Helv. Chim. Acta **67,** 1843 (1984)
d) SEEBACH, D., GIOVANNINI, F., LAMATSCH, B.: Helv. Chim. Acta **68,** 958 (1985)
e) LEPOIVRE, J. A.: Janssen Chim. Acta **1984,** 20
f) PETZOLD, K., LAURENT, H., WIECHERT, R.: Angew. Chem. **95,** 413 (1983); Angew. Chem. Int. Ed. Engl. **22,** 406 (1983)
g) REISSIG, H. U.: Nachr. Chem. Tech. Lab. **34,** 782 (1986)
h) TSUBBI, S., NISHIYAMA, E., FURUTANI, H., UTAKA, M., TAKEDA, A.: J. Org. Chem. **52,** 1359 (1987)

46) a) ASHBY, E. C., LAEMMLE, J. T.: Chem. Rev. **1975,** 521
b) STORK, G., STRYKER, J. M.: Tetrahedron Lett. **24,** 4887 (1983)

47) BRAUN, M., VEITH, R., MOLL, G.: Chem. Ber. **118,** 1058 (1985)

48) HUDLICKY, T., NATCHUS, M. G., KWART, L. D., COLWELL, B. L.: J. Org. Chem. **50,** 4300 (1985)

49) a) MARUOKA, K., YAMAMOTO, H.: Angew. Chem. **97,** 670 (1985); weitere Lit. siehe dort. Angew. Chem. Int. Ed. Engl. **24,** 688 (1985)
b) NEGISHI, E.: “Organometallics in Organic Synthesis”, J. Wiley Sons **1,** 350 (1980)

50) a) REETZ, M. T.: Top. Curr. Chem. **106,** 1 (1982)
b) SEEBACH, D.: Angew. Chem. **95,** 19 (1983); **22,** 31 (1983)
c) SEEBACH, D.: Pure Appl. Chem. **55,** 1807 (1983)
d) HANKO, R., HOPPE, D.: Angew. Chem. **94,** 378 (1982); Angew. Chem. Int. Ed. Engl. **21,** 372 (1982)

51) NEGISHI, E., TAKAHASHI, T.: Aldrichim. Acta **18,** 31 (1985)

52) a) BRISTOW, G. S.: Aldrichim. Acta **17,** 75 (1984)
b) VEITH, M., RECKTENWALD, O.: Top. Curr. Chem. **104,** 1 (1982)

53) a) ERDIK, E.: Tetrahedron (Report) 641 (1984)
b) ALEXAKIS, A., COMMERCON, A., COULENTIANOS, C., NORMANT, J. F., Tetrahedron **40,** 715 (1984)
c) LIPSHUTZ, B. H., WILHELM, R. S., KOZLOWSKI, J. A.: Tetrahedron (Report) 5005 (1984)
54) REETZ, M. T., WESTERMANN, J., STEINBACH, R., WENDEROTH, B., PETER, R., OSTAREK, T., MAUS, S.: Chem. Ber. **118,** 1421 (1985)
55) WEIDMANN, B., MAYCOCK, C. D., SEEBACH, D.: Helv. Chim. Acta **64,** 1552 (1981)
56) KECK, G. E. , KACHENSKY, D. F., ENHOLM, E. J.: J. Org. Chem. **50,** 4317 (1985)
57) FURBER, M., TAYLOR, R. J. K., BURFORD, S. C.: Tetrahedron Lett. **26,** 2731 (1985)
58) MacDONALD, T. L., CLARKSTILL, W.: J. Am. Chem. Soc. **97,** 5280 (1975)
59) CLARKSTILL, W., MacDONALD, T. L.: Tetrahedron Lett. **17,** 2659 (1976)
60) REETZ, M. T., STEINBACH, R., WESTERMANN, J., PETER, R., WENDEROTH, B.: Chem. Ber. **118,** 1441 (1985)
61) a) ASHBY, E. C., YU, S.: J. Chem. Soc., Chem. Commun. **1971,** 351
b) ASHBY, E. C., YU, S., ROLING, P. V.: J. Org. Chem. **37,** 1918 (1972)
62) MARUOKA, K., ITOH, T., YAMAMOTO, H.: J. Am. Chem. Soc. **107,** 4573 (1985)
63) a) TOROMANOFF, E., in: Top Stereochem. **2,** 157 (1967)
b) CHURCH, R. F., IRELAND, R. E., SHRIDHAR, P. R.: J. Org. Chem. **27,** 707 (1962)
64) a) RAO, P. N., UROPA, J. C.: Tetrahedron Lett. **5,** 1117 (1964)
b) Rev. LAURENT, H., WIECHERT, R.: "Organic Reactions in Steroid Chemistry", Ed. FRIED and EDWARDS, Van Noostrand Reinhold Comp., Vol. II, 53 (1972)
65) GUERRIERO, A., PIETRA, F., CAVAZZA, M., DEL CIMA, F.: J. Chem. Soc., Perk. I **1982,** 979: weitere Lit. zu bicycl. Ketonen s. dort.
66) JUARISTI, C. S., RAMOS, M.: J. Org. Chem. **49,** 4912 (1984)
67) SEPULVEDA, J., TORTAJADA, J., MESTRES, R.: Bull. Soc. Chim. Fr. 237 (1984), II
68) CRAM, D. J., ABD ELHAFEZ, F. A.: J. Am. Chem. Soc. **74,** 5828 (1952)
69) ANH, N. T.: Top. Curr. Chem. **88,** 145 (1980)
70) CHEREST, M., FELKIN, H., PRUDENT, N.: Tetrahedron Lett. **9,** 2199 (1968)
71) a) BURGI, H. B., DUNITZ, J. D., LEHN, J. M., WIPF, G.: Tetrahedron **30,** 1563 (1974)
b) BASSINDALE, A. R., ELLIS, R. J., LAU, J. C. Y., TAYLOR, P. G.: J. Chem. Soc., Chem. Commun. **1986,** 98
c) YAMAMOTO, Y., NISHII, S., MARUYAMA, K.: J. Chem. Soc., Chem. Commun. **1986,** 102
72) a) REETZ, M. T.: Angew. Chem. **96,** 542 (1984); Angew. Chem. Int. Ed. Engl. **23,** 556 (1984)
b) STILL, W. C., McDONALD, J. H.: Tetrahedron Lett. **21,** 1031 (1980)
73) a) BARTLETT, P. A.: Tetrahedron **36,** 3 (1980)
b) BARTLETT, P. A., in: „Asymmetric Synthesis" (J. D. Morrison Hrsg.), Vol. 3, S. 341, Academic Press, New York 1984
c) BARTLETT, P. A., in: „Asymmetric Synthesis" (J. D. Morrison Hrsg.), Vol. 3, S. 411, Academic Press, New York 1984
d) Ein gesamtes Heft – Tetrahedron **40,** No. 12, 2197 – 2337 (Sympos. in print) – ist dieser Problematik gewidmet.
74) ELIEL, E. L., in: „Asymmetric Synthesis" (J. D. Morrison Hrsg.), Vol. 2, S. 125, Academic Press, New York 1983
75) KARABATSOS, G., ZIOUDROU, C., MOUSTAKALI, I.: Tetrahedron Lett. **13,** 5289 (1972)
76) REETZ, M. T., STEINBACH, R., WESTERMANN, J., PETER, R., WENDEROTH, B.: Chem. Ber. **18,** 1441 (1985)
77) a) KOBAYASHI, Y., KITANO, Y., SATO, F.: J. Chem. Soc., Chem. Commun. **1984,** 1329
b) SATO, F., TAKAHASHI, O., KATO, T., KOBAYASHI, Y.: J. Chem. Soc., Chem. Commun. **1985,** 1638
c) SAMADDAR, A. K., CHIBA, T., KOBAYASHI, Y., SATO, F.: J. Chem. Soc., Chem. Commun. **1985,** 329
d) KITANO, Y., KOBAYASHI, Y., SATO, F.: J. Chem. Soc., Chem. Commun. **1985,** 498
78) YAMAMOTO, Y., MARUYAMA, K.: J. Am. Chem. Soc. **107,** 6411 (1985)
79) MASAMUNE, S., CHOY, W., PETERSEN, J. S., SITA, L. R.: Angew. Chem. **97,** 1 (1985); Angew. Chem. Int. Ed. Engl. **24,** 1 (1985)
80) a) MUKAIYAMA, T., ASAMI, M.: Top. Curr. Chem. **127,** 135 (1985)
b) SOLLADIE, G., in: „Asymmetric Synthesis", (J. D. Morrison Hrsg.), Vol. 2, 157, Academic Press, New York 1983
81) COLOMBO, L., GENNARI, C., SCOLASTICO, C., GUANTI, G., NARISANO, E.: J. Chem. Soc., Chem. Commun. **1979,** 591
82) BRAUN, M., HILD, W.: Angew. Chem. **96,** 701 (1984); Angew. Chem. Int. Ed. Engl. **23,** 723 (1984)
83) STILL, W. C., McDONALD, J. H.: Tetrahedron Lett. **21,** 1031 (1980)
84) WHITESELL, J. K.: Acc. Chem. Res. **1985,** 280
85) a) TABUSA, F., YAMADA, R., SUZUKI, K., MUKAIYAMA, M.: Chem. Lett. **1984,** 405
b) JURCZAK, J., PIKUL, S., BAUER, T.: Tetrahedron **42,** 447 (1986) (Tetrahedron Report No. 195)
86) MEAD, K., McDONALD, T. L.: J. Org. Chem. **50,** 422 (1985)
87) SATO, F., KOBAYASHI, Y., TAKAHASHI, O., CHIBA, T., TAKEDA, Y., KUSAKABE, M.: J. Chem. Soc., Chem. Commun. **1985,** 1636
88) OIKAWA, Y., HORITA, K., YONEMITSU, O.: Tetrahedron Lett. **26,** 1541 (1985)
89) a) DOLLE, R. E., NICOLAOU, K. C.: J. Chem. Soc., Chem. Commun. **1985,** 1016
b) REDLICH, H., LENFERS, J. B., BRUNS, W.: Liebigs Ann. Chem. **1985,** 1570
90) FUJISAWA, T., WATANABE, M., SATO, T.: Chem. Lett. **1984,** 2055
91) a) ZWEIFEL, G., HAHN, G.: J. Org. Chem **49,** 4565 (1984)
b) IKEDA, S. A. N., ARAI, I., YAMAMOTO, H.: J. Am. Chem. Soc. **108,** 483 (1986)

Kapitel 5
Aldolprozesse

Allyladditionen

Angesichts der direkten Überführbarkeit von Allyl- und Propargyladdukten in Aldole wundert es nicht, daß sich weltweit sehr viele Gruppen mit der stereoselektiven Einführung des Allylrestes beschäftigt haben und uns daher heute ein üppiges Arsenal von Möglichkeiten zur Verfügung steht, das in Abhängigkeit vom jeweiligen Hilfsatom eine breite Reaktivitatsskala anbietet, auf der man durch Wahl der Substituenten am He-

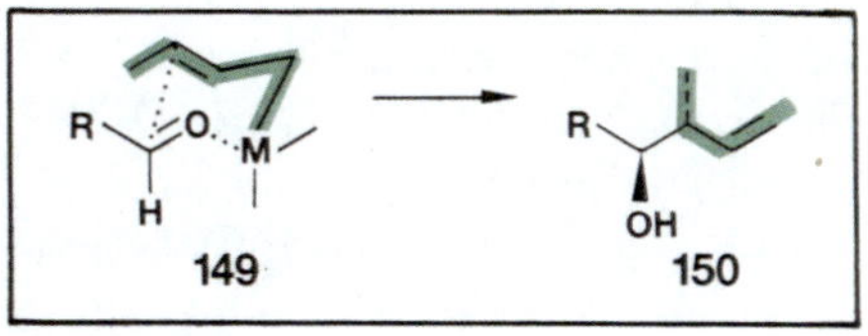

Schema XXIV

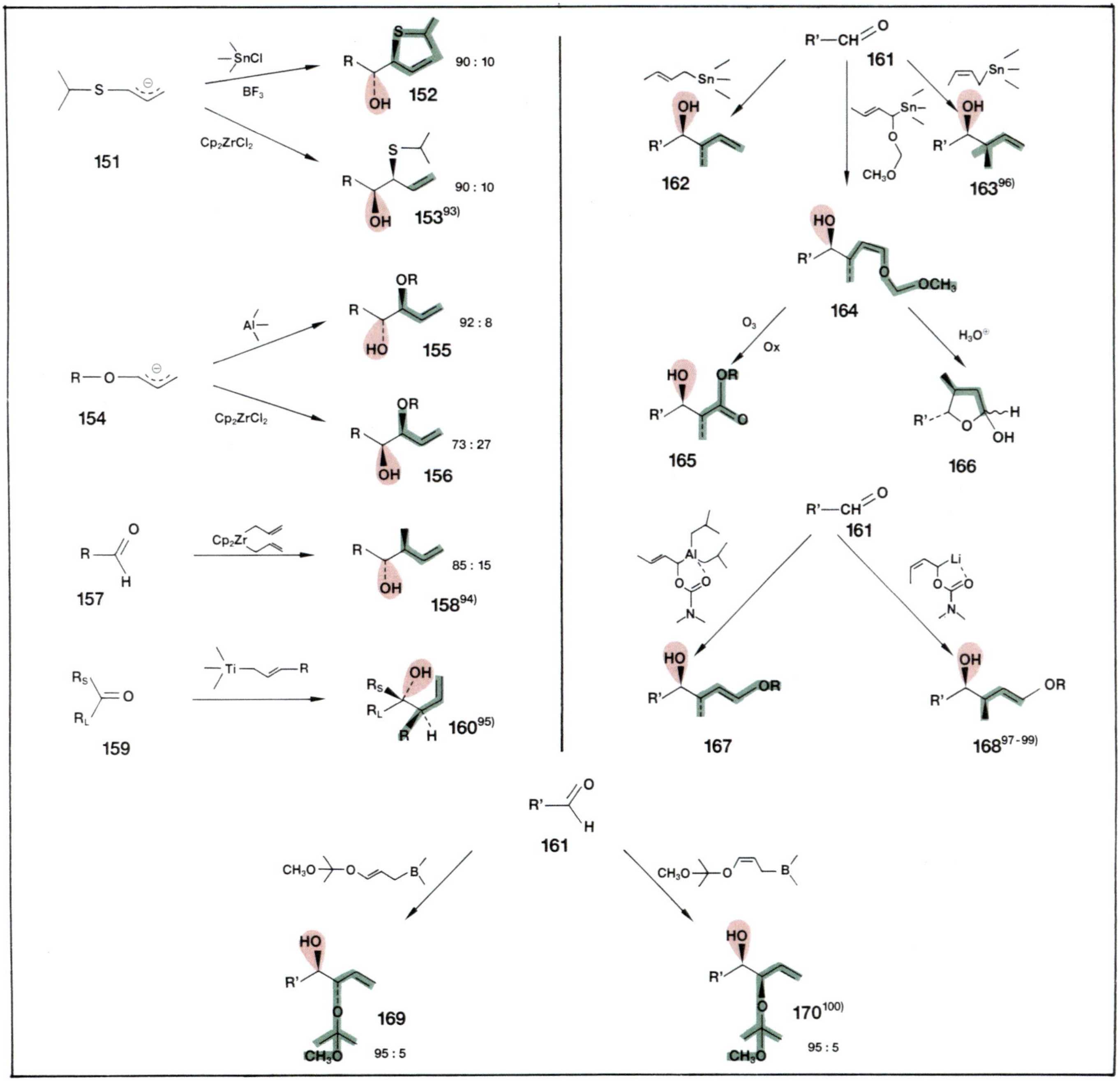

Schema XXV

teroatom (z. B. B oder Al) noch eine sehr präzise Feinabstimmung vornehmen kann. Vom streng nucleophilen, offenen Übergangszustand des nucleophilen Angriffs gelangt man schließlich bis zur zusammengeschnürten, hochorganisierten Spezies (**149**), die kräftig von der *Lewis*-Säuren-Qualität des Heteroatoms profitiert.

Akzeptiert man den Sesselübergangszustand **149** mit ausgeprägter *Lewis*-Säuren-Carbonyl-Interaktion, so sollten die π-Elektronen der *E*-Doppelbindung unter Bildung des *anti*-Produktes **150** in die Acceptorposition hineinfallen, während von *Z*-Allylverbindungen *syn*-Produkte erwartet werden.

Dies ist in der Tat für viele Heteroatome wie Al, B, Cr, Si, Sn, Ti und Zr experimentell verifiziert worden[92], und unter **151** bis **170** sind einige exemplarische Reaktionen zusammengestellt, die auch den wichtigen Beitrag des Gegenkations belegen.

Während die definiert konfigurierten Edukte befriedigend die oben ausgesprochenen konfigurativen Erwartungen erfüllen, zeigt darüber hinaus das Beispiel der Zinn-Allylverbindungen[96], daß man auch sehr schnell lernte, funktionalisierte Verbindungen miteinzubeziehen, aus denen dann, wie bei **164** ablesbar, Ester- wie Aldehyd-Derivate (**165** bzw. **166**) zu gewinnen sind. Dieses Verfahren, das auch mit Aluminium-[97] und Titanverbindungen[98] durch-

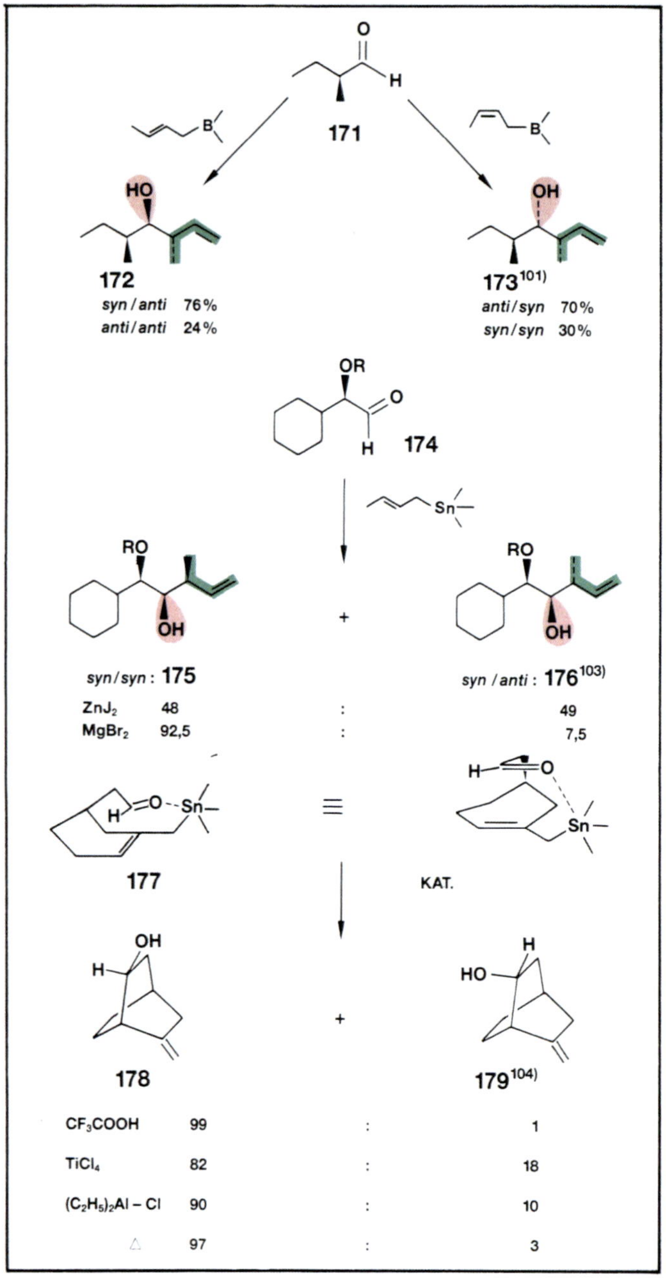

Schema XXVI

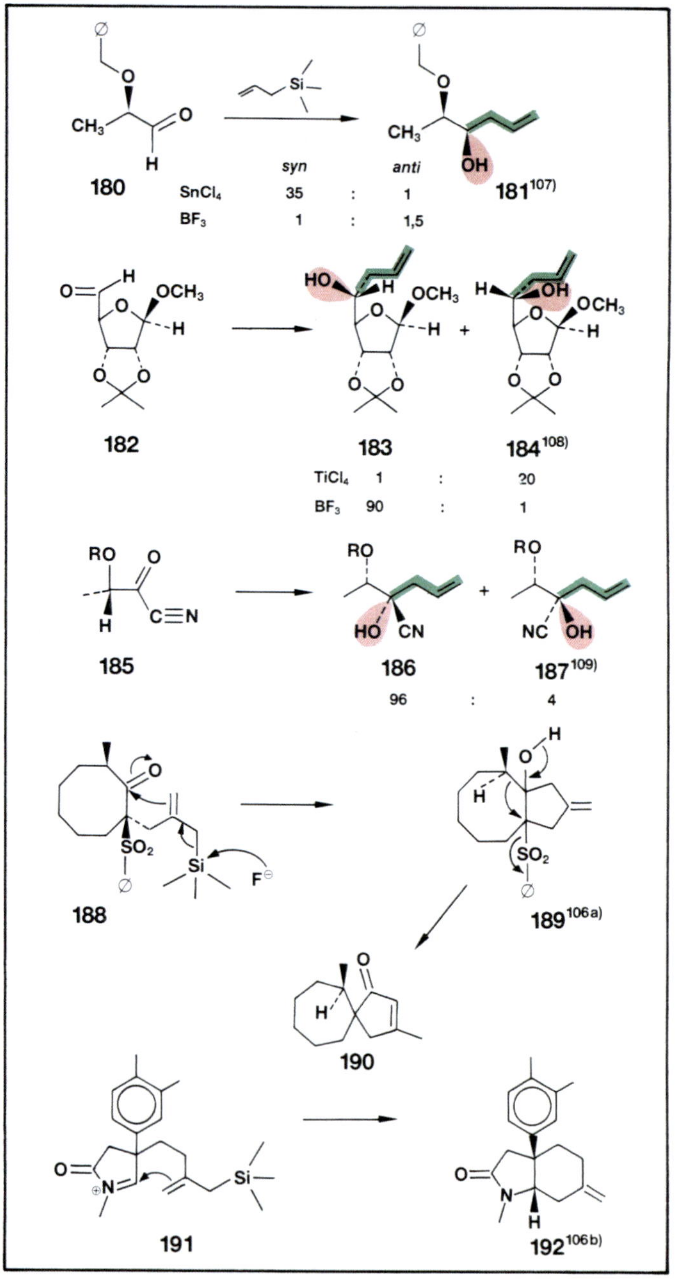

Schema XXVII

führbar ist, kann übrigens durch Metallaustausch[98b)] zu bemerkenswerter Stereo- und Regioselektivität getrieben werden. Für ebenfalls funktionalisierte Enolether konnte *R. W. Hoffmann* kürzlich sowohl an *E*- wie an *Z*-konfigurierten Edukten gute Selektivität demonstrieren[100)]. Daß dieses keineswegs selbstverständlich ist, lehrten entsprechende Versuche mit chiralen Aldehyden. Nachdem wir im letzten Beitrag (Schema XI und XII) bei derartigen α-verzweigten Aldehyden auf beachtliche 1,2-asymmetrische Induktion gestoßen sind, setzen wir natürlich vergleichbare Erwartungen auch in die Allyl-Systeme, und wie die Aldehyde **171** und **174** lehren, werden wir auch prinzipiell nicht enttäuscht. So liefert ein *E*-Boronester tatsächlich das *syn/anti*-Produkt **172**, während die *Z*-Verbindung mit etwas schwächerer Selektivität das *anti/syn*-Carbinol **173** generiert. Nur beim *E*-Derivat indessen kann die *syn/anti*-Präferenz bei Verwendung des enantiomerenreinen Reagenzes (– doppelte Stereodifferenzierung –) auf 92 : 8 angehoben werden. Eine deutliche Abhängigkeit von der sp^2-Konfiguration ist also evident, und an einer Serie chiraler Aldehyde zeigte sich denn auch jüngst[102)], daß die *Z*-Olefine zwar generell zu *anti-Cram*-Produkten führen, aber durchweg den Makel schlechter Selektivität tragen.

Die Gründe für diese Verhaltensweise sind noch nicht klar auszumachen. Das Ausmaß der Ladungsverteilung im Übergangszustand könnte für dessen Beurteilung eine Rolle spielen, daß aber auch hier die Details keineswegs verstanden werden, zeigt ein Blick auf chelatkontrollierte und *Lewis*-Säuren-induzierte Prozesse. So konnte z. B. *G. E. Keck*[103)] an Crotylstannanen zeigen, daß zwar ZnJ_2 und $MgBr_2$ gleichermaßen gute Chelatkontrolle bescheren, daß aber nur beim Magnesiumsalz zusätzlich ausgezeichnete Diastereoselektivität registriert wird. Auch für $SnCl_4$ ermittelte *T. Oishi* kürzlich hohe *syn*-Selektivität[103c)], die dann jedoch bei Übertragung auf die entsprechenden Thioether in *anti*-Selektivität umschlug.

Hier bleiben gewiß noch Fragen offen, aber einmal mehr gibt eine intramolekularisierte Reaktion wichtige Fingerzeige. Der von *S. E. Denmark* studierte[104)] Cyclohexenaldehyd **177** liefert nämlich sowohl unter *Lewis*-Säuren-Katalyse (–70 °C) als auch bei der rein thermischen Reaktion (+90 °C) ganz überwiegend die *syn*-Verbindung **178**, wobei jedoch das Ausmaß der Lenkung von der *Lewis*-Säure diktiert wird. Auf jeden Fall also wird die Geometrie des Übergangszustandes am besten durch die unter **177** angegebene *syn*-clinale Anordnung wiedergegeben.

Noch dramatischer kann der Effekt der *Lewis*-Säure bei der Allylsilane nutzenden *Sakurai*-Reaktion sein, die als inter-[105k)] wie auch als intramolekulare[106)] Variante zunehmend Popularität gewinnt und kürzlich auch auf Allensilane[105k)] ausgedehnt wurde.

Während *C. H. Heathcock*[107)] im Falle des α-Alkoxyaldehyds **180** mit Zinntetrachlorid sehr bemerkenswerte *syn*-Selektivität, mit Bortrifluorid dagegen höchst kümmerliche *anti*-Selektivität bewirkt, berichtet *S. Danishefsky*[108)] bei der Aldosulose **182** sogar über eine totale Umkehr der Selektivität, wenn Titantetrachlorid durch Bortrifluorid ersetzt wird. Auch bei Acylcyaniden leistet das Titantetrachlorid bereitwillig Chelatisierungshilfe und führt zu ausgezeichneten Selektivitäten[109)]. Bei der intramolekularen Version erheischen für Folgeprozesse programmierte Varianten besonderes Interesse. So kann **189** prinzipiell sowohl auf der Retroaldol- als auch auf der *Wagner-Meerwein*-Schiene weitergleiten. Die auf dem interessanterweise stark favorisierten *Wagner-Meerwein*-Weg erreichbaren Spiroketone (s. **190**) stabilisieren sich schließlich zum konjugierten Keton mit endocyclischer Doppelbindung. Wie **191** zeigt, kann die Immoniumgruppe erwartungsgemäß als Carbonylstellvertreter fungieren und wichtige heterocyclische Systeme generieren, die ideale Sprungbretter für die Alkaloidsynthese repräsentieren[106c, 106d)].

Unerwartete und zur Zeit noch völlig unerklärte Abhängigkeiten werden derzeit speziell beim vinylogisierten (1,4- und 1,6-Addition) Reaktionstyp entdeckt, der mit großem Vorteil für die unterschiedlichsten Anellierungen und Spirocyclisierungen genutzt werden kann, und über den im folgenden Kapitel (1,4-Additionen) zu reden sein wird.

Bei allen bisher betrachteten Allylsystemen wird das eingebaute Hilfsatom im Zuge der Heteroatom-Sauerstoff-Wechselwirkung mehr oder weniger hohe negative Ladungsdichten in den Allylzentren deponieren, die dann den Bindungsschluß mit dem Carbonylzentrum herbeiführen. Bei einer weitgehend homöopolaren Hilfsatom-Kohlenstoff-Bindung wird diese Vorleistung relativ groß werden müssen, und für den Fall der gewiß sehr homöopolaren und wenig polarisierten aliphatischen C-H-Bindung verläßt man natürlich den Bereich der Allyldonatoren, um in das Gebiet der rein thermischen orbitalsymmetriekontrollierten En-Synthese[110)] überzuwechseln. (s. **193** → **195**), die im allgemeinen eine recht

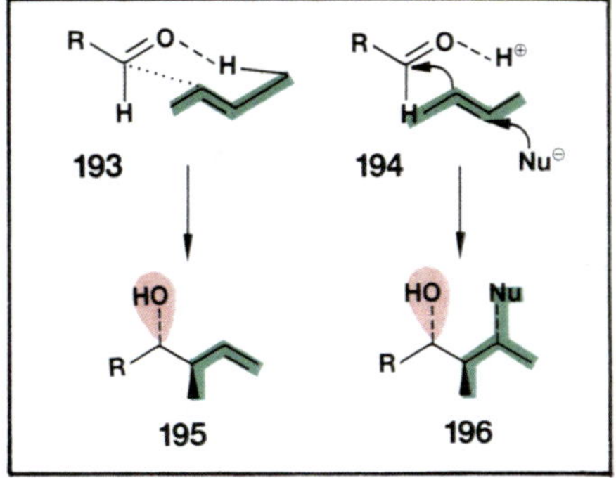

Schema XXVIII

beachtliche Aktivierungshürde zu überwinden hat und daher wegen der notwendigen Reaktionstemperaturen so wenig effizient ist, daß in praxi nur intramolekularisierte Prozesse[111)] eine Chance haben (s. z. B. **197** → **198**) oder aber solche Kombinationen, die sich ganz ungewöhnlich elektronenarmer 2π-Systeme bedienen[112)]. *Lewis*-Säuren-Katalyse kann hier äußerst hilfreich sein, und *J. K. Whitesell* hat in einem neueren Übersichtsartikel[84)] auf verschiedene präparativ interessante Möglichkeiten hingewiesen.

Getreu dem Prinzip der doppelten Stereodifferenzierung findet sich auch im Falle des optisch aktiven Esters **199** bei Einsatz eines chiralen Olefins unter milden Reaktionsbedingungen nur ein reaktionsbereites Pärchen, so daß unter kinetischer Racemattrennung nur der Hydroxyester **200** entsteht.

Daß die *Lewis*-Säure bei solchen Transformationen in ganz definierter Weise in den Übergangszustand inkorporiert ist, lehrt der hohe Enantiomerenüberschuß, den *H. Yamamoto* jüngst mit einer chiralen

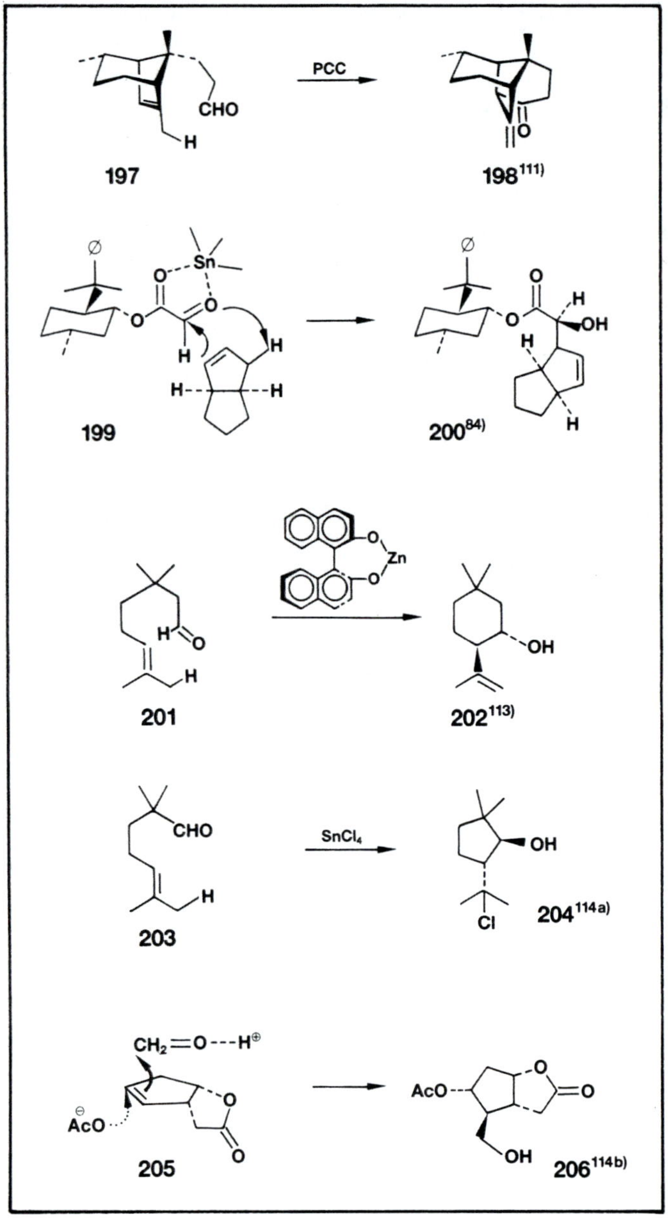

Schema XXIX

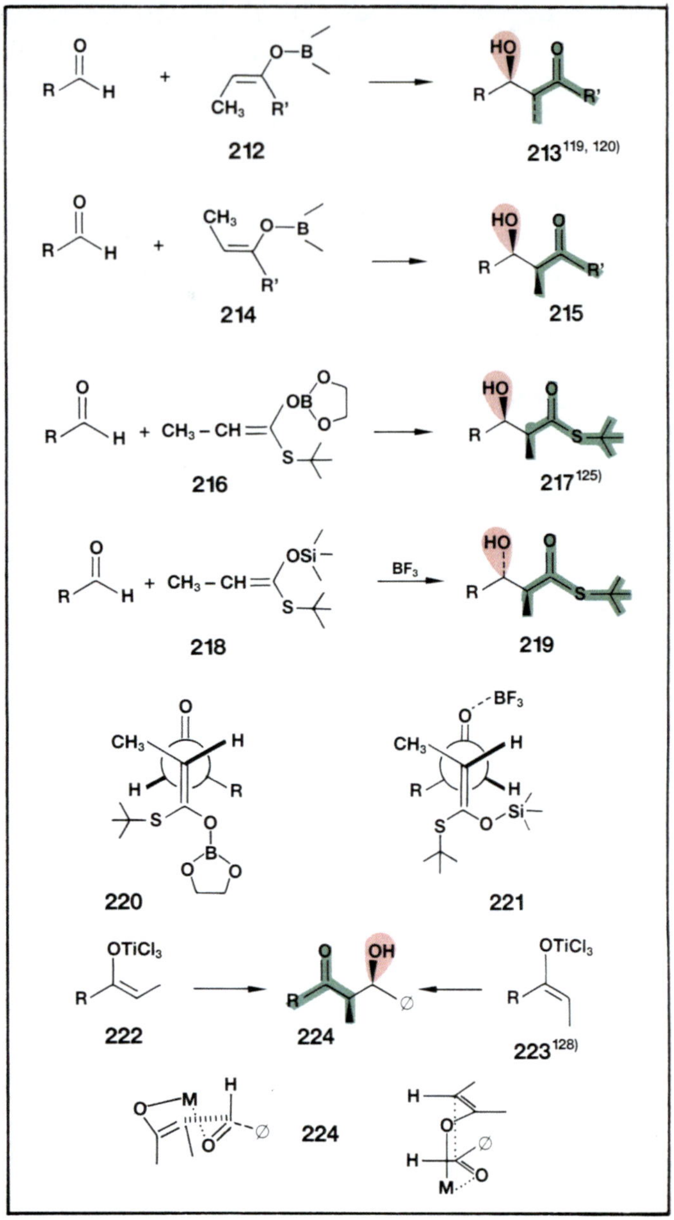

Schema XXXI

Lewis-Säure erzielte (**201** → **202**)[113]. Aber daß man hier bereits auf einem schmalen Grat wandert, belegt die Tatsache, daß **201** zwar auch mit Zinntetrachlorid das ungesättigte Carbinol **202** liefert, der strukturell sehr ähnliche Aldehyd **203** jedoch bei eben diesen Reaktionsbedingungen bereits unter Nucleophil-Einfang in den Wirkungsbereich der *Prins*-Reaktion überwechselt, deren derzeit wahrscheinlich prominentester Vertreter (**205** → **206**[114b]) eine wichtige Vorstufe für das *Corey*-Lacton hervorbringt.

Aldol-Reaktionen

Die soeben diskutierten Allyl-Systeme schlagen die Brücke von den metallorganischen Reaktionen zur Aldol-Addition, bei der wir es mit der Wechselwirkung einer elektronenarmen (Acceptor) und einer elektronenreichen (Donator) Doppelbindung zu tun haben. Zum besseren Verständnis des Geschehens und der einfacheren Beschreibung des derzeit sich darbietenden Bildes dieser an sich sehr alten Reaktion, die aber wohl wie keine zweite aus weitgehend empirischen Anfängen heraus sehr von einer stimulierenden konsequenten mechanistischen Durchdringung und systematischen Weiterentwicklung profitiert hat, sei rasch ein Blick auf beide Mehrfachbindungssysteme geworfen.

Zur Formulierung des Mechanismus der Aldol-Addition wird es nützlich sein, dem an sich bereits erwähnten sterischen Modell für den nucleophilen Angriff auf Carbonylgruppen (**103**) die entsprechende von *D. H.*

R. Barton vorgeschlagene und von *K. N. Houk*[115] entwickelte Regel für den elektrophilen Angriff auf elektronenreiche Doppelbindungen gegenuberzustellen (s. Schema XXX).

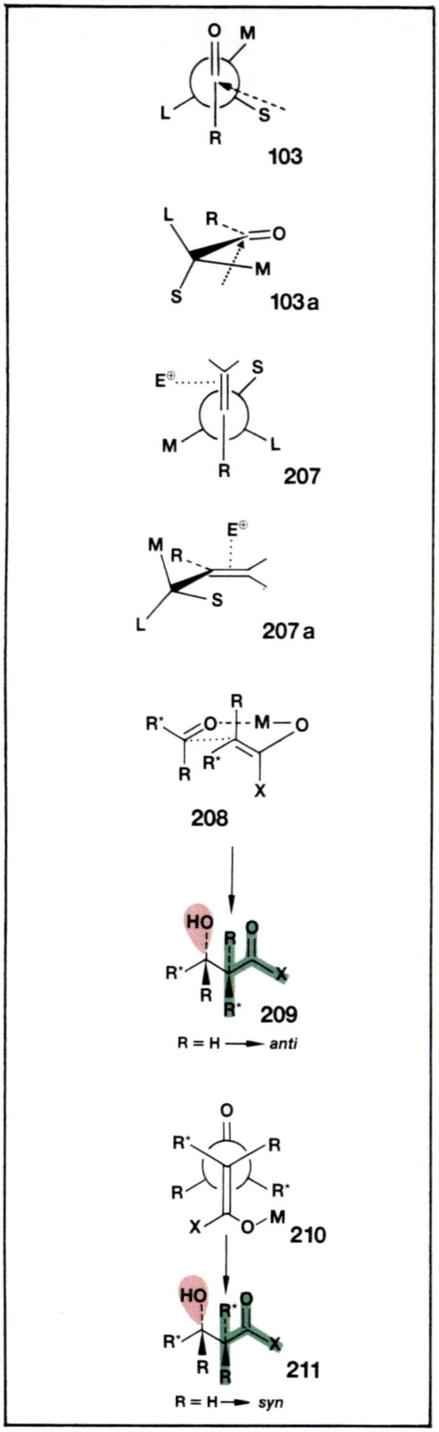

Schema XXX

Nachdem dieses Reglement bereits bei der Erklärung des sterischen Ausgangs so renommierter elektrophiler Angriffe wie Enolat-Alkylierung und -Protonierung[116] sowie Olefin-Hydroxylierung[117] gute Dienste geleistet hat, sollte es auch hier hilfreich sein. Zeigen doch die Stereomodelle des cyclischen (*Zimmermann-Traxler*, **208**) wie auch des offenen Ubergangszustandes (**210**) sofort, daß sehr gute Aussichten für einfache – von der Donor-Doppelbindungskonfiguration abhängige – Diastereoselektivität bestehen, daß aber daruber hinaus von Chiralität im Donor wie auch im Acceptor diastereofaciale Stereoselektivität, also Seitenselektivität, erwartet werden kann. Die Manipulationsmoglichkeiten sind somit vielfältig. Die Konfiguration der Donordoppelbindung sowie die Qualität und Größe ihrer Substituenten, der Zustand der Metall-Sauerstoff- bzw. allgemeinen Heteroatom-Sauerstoff-Bindung sowie die *Lewis*-Säuren-Stärke des Heteroatoms (Li, Mg, Zn, Ti, B, Al, Si, Sn) bzw. Komplexierungszentrums, die ihrerseits wieder durch die Substituenten an diesem Zentrum beeinflußbar ist – sie alle nehmen Einfluß auf den sterischen Verlauf des Prozesses. Alle sind denn auch nach Lust und Laune variiert worden, und da ausgezeichnete und sehr vollständige Übersichtsartikel vorliegen[118], wird es auch hier bei einigen die Trends und den jetzigen Zustand illustrierenden Stichproben bleiben müssen. Ganz zu Anfang muß wohl daran erinnert werden, daß die Aldol-Addition bis zu den sechziger Jahren ein zwar im Lehrbuch stets gehätschelter, aber vom Praktiker eher gemiedener und nur in speziellen Einzelfällen wirklich genutzter Prozeß war. Die Gründe sind rasch erkannt. Man arbeitete in protischen Solventien mit Alkalihydroxiden, deren Kationen zu erheblicher Dissoziation neigten und somit Umprotonierungen Tür und Tor öffneten und deren Hydroxylanionen als Protonenacceptoren wie auch Nucleophile gleichermaßen auftreten konnten. Die Donatoren bzw. Acceptoren hielten sich somit nicht streng an den ihnen zugedachten Auftrag, von definiert konfigurierten Enolat-Doppelbindungen ganz zu schweigen. Schlechte Chemoselektivität und Regioselektivität waren die unmittelbare Folge, Stereoselektivität eher ein Zufall, denn ein geplantes vorhersagbares Ereignis. Häufig folgten Wasserabspaltungen und *Michael*-Additionen unmittelbar auf dem Fuße – nicht sonderlich einladend.

Dann traten jedoch weitgehend homöopolare Bindungen ausbildende Gegenkationen und nucleophilfreie Protonenacceptoren in wenig polaren Solventien sowie Tieftemperaturbedingungen auf den Plan, so daß sich z. B. für Borenolate der Zusammenhang zwischen Enol- und Produktkonfiguration an diversen Edukten klar belegen ließ (s. Schema XXXI).

Die $E \rightarrow$ *anti* (**213**)- und $Z \rightarrow$ *syn* (**215**)-Selektivität wurde für normale Enolborate[119] wie auch entsprechende Ketenacetale [**212**: R′ = S-C(CH_3)$_3$] aus *tert*-Butylthioestern[120] eindeutig nachgewiesen, und sie findet sich auch bei Lithium-[121], Magnesium-[122], Zink-[123] und Aluminiumenolaten[124] wieder. Für diese Beispiele bietet sich also der Sesselübergangszustand an.

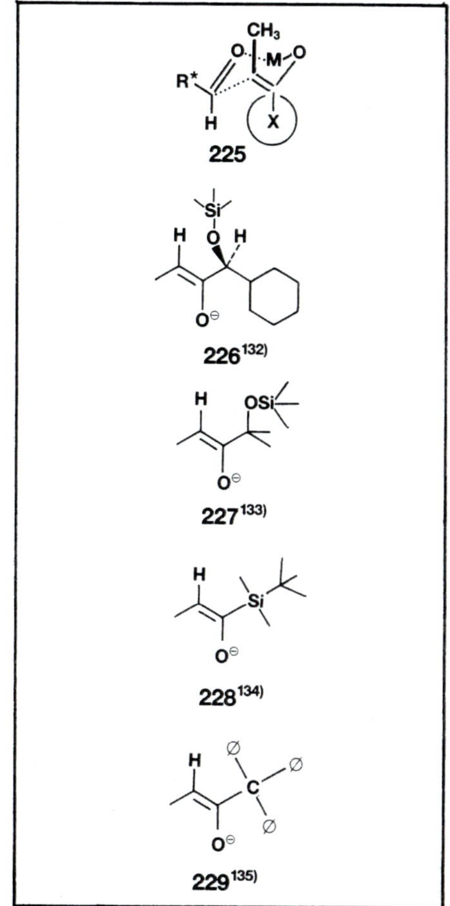

Schema XXXII

Nimmt man jedoch dem Boratom durch Anknüpfung weiterer Sauerstoffatome unter gleichzeitiger Vergrößerung der Gruppe (s. **216**) *Lewis*-Säuren-Kapazität, so wird, unabhängig von der Konfiguration der Doppelbindung, in jedem Falle eine hohe *syn*-Selektivität registriert – ein Resultat, das mit dem „offenen“ Übergangszustand **220** gedeutet wird (*anti*-Koplanarität von CH_3- und R-) und in gleicher Weise bei Zinn-[126], Zirkon-[127] und Titanenolaten[128] (s. **222**, **223**) angetroffen werden kann. Es wird dann nicht mehr überraschen, daß aus Silylenolethern bereitete Enolate, die sich einem komplexen, nicht koordinierungsfähigen Onium-Zentrum als Gegenkation ausgeliefert sehen und somit als gegenkationfreies Enolation angesehen werden müssen, ebenfalls gemäß **220** reagieren[129].

Es sei jedoch nicht verschwiegen, daß im Prinzip unerwartete *syn*-Selektivitäten auch mit dem „cyclischen“ Boot-Übergangszustand **224** zu erklären sind[128].

Katalysiert man den Prozeß, so läßt sich, wie **218** lehrt, ebenfalls unabhängig von der Konfiguration Präferenz zugunsten der *anti*-Verbindung (**219**) erzielen[130]. Der hier zitierte „offene“ Übergangszustand **221** erweckt möglicherweise den Eindruck, daß die beiden großen Ketenacetal-Substituenten für das Erreichen und Durchlaufen dieser Spezies essentiell sind, aber eine fast gleichzeitig publizierte Studie *Lewis*-Säuren katalysierter (Tritylperchlorat) Aldol-Additionen zeigt, daß auch Enolsilylether auf diese Weise vorwiegend *anti*-Produkte generieren[131]. Man diskutiert hier den gleichen „offenen“ Übergangszustand (**221**), mißt aber dem Raumanspruch der *Lewis*-Säure besondere Bedeutung zu, demzufolge eine Konformation mit *syn*-ständigen Wasserstoffatomen (s. **221**) besonders gute Aussichten bietet, die *Lewis*-Säure auf eben dieser Seite zu plazieren.

Die zitierten Fälle belegen die Flexibilität und Manipulierbarkeit und deuten auch unmittelbar auf einige sehr naheliegende Möglichkeiten. Operiert der *Zimmermann-Traxler*-Übergangszustand, so sollte ein besonders großer Rest X nicht nur das Z-Enolat, sondern auch gleichzeitig die Konformation **225** für den Übergangszustand favorisieren, weil auf diese Weise alle nicht bindenden Interaktionen minimalisiert werden. In der Tat zeigen diverse Enolderivate dieses Typs (**226** bis **229**) ausgezeichnete Diastereoselektivität. Stattet man den volu-

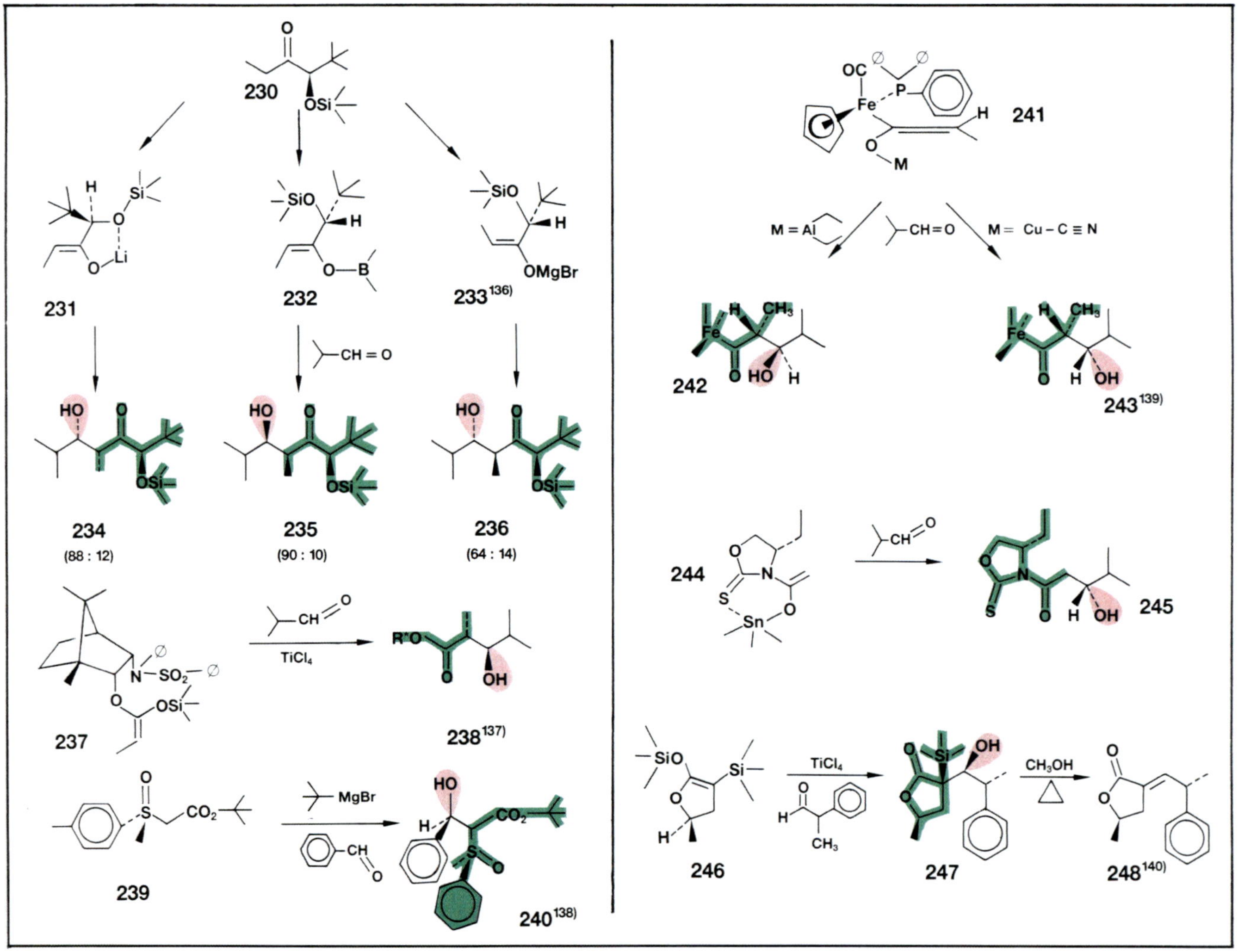

Schema XXXIII

minösen Rest wie bei 226 mit chiraler Information aus, so steht natürlich auch diastereofaciale Selektivität ins Haus. Einige neuere Beispiele bestätigen diese Erwartung und zeigen gleichzeitig, daß die Inkorporierung des chiralen Restes auf verschiedenste Weise und durch konstitutionell sehr unterschiedliche Gruppen erfolgen kann. Der chirale Silylether 230 zeigt zwar konstitutionell große Ähnlichkeit mit *Masamune's* Cyclohexylverbindung 226, stellt sich aber als Paradebeispiel zur Illustrierung des Kationeneinflusses dar, wobei das Magnesium die schwächste Vorstellung gibt (s. Diastereomerenverhaltnis in Klammern)[136].

Diese Feststellung ist jedoch keineswegs generalisierbar, denn man soll auf keinen Fall die verschiedenartigen prinzipiell möglichen und bestimmte Konformationen fixierenden Interaktionen des Kations mit den lenkenden Gruppen unterschatzen. So erweist sich bei dem von Campher hergeleiteten Enolderivat 237 Titan als besonders wirksam[137)], während das chirale Sulfoxid 239 nun wiederum mit Magnesium besonders gute Resultate liefert[138)]. Die wichtige Rolle des Gegenkations für die Chiralitätsübertragung bei Homoaldolprozessen wurde von *D. Hoppe* herausgearbeitet[137 b)].

Der von *S. G. Davies* eingefuhrte Eisenkomplex 241 wird von den Gegenkationen Aluminium bzw. Kupfer sogar zur Produktion definierter und voneinander verschiedener Diastereomerer angestiftet (s. 242 und 243). Ist Schwefel bei der Komplexierung involviert, so kann, wie 244 zeigt, auch Zinn die Favoritenrolle übernehmen[140)]. Das letzte Beispiel dieser Serie (246) leitet bereits über zum Einfluß der α-Carbonyl-Chiralität. Wie schon mehrfach betont, sollte hier doppelte Stereodifferenzierung zu kinetischer Resolution führen, und tatsachlich liefert racemischer α-Phenylpropionaldehyd mit ausgezeichneter Selektivität 247, aus dem bei der Eliminierung ein einziges definiert konfiguriertes Alkylidenlacton hervorgeht.

Diese Lenkung ist sehr ausführlich an den beiden Aldehyden 130 und 133 studiert worden[85, 86, 87)], zumal sich die entstehenden Aldole durch hohe synthetische Flexibilität auszeichnen.

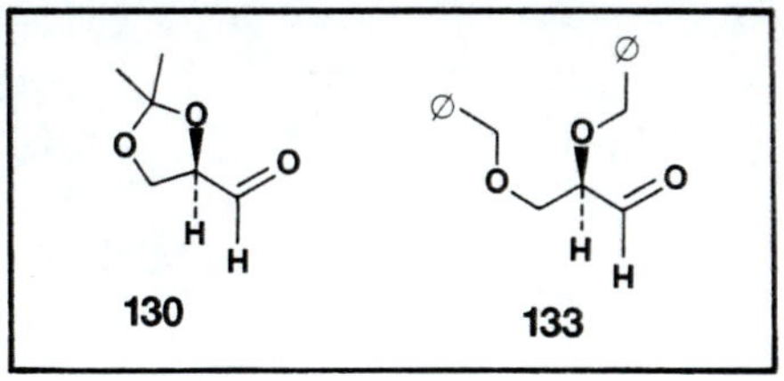

130 **133**

Schema XXXIV

Die unter 249 bis 259 aufgelisteten Beispiele sollen demonstrieren, wie groß die tatsächliche Anwendungsbreite ist, und die letzte Reaktion dieser Serie fügt den von *S. Masamune* zitierten Beispielen einen weite-

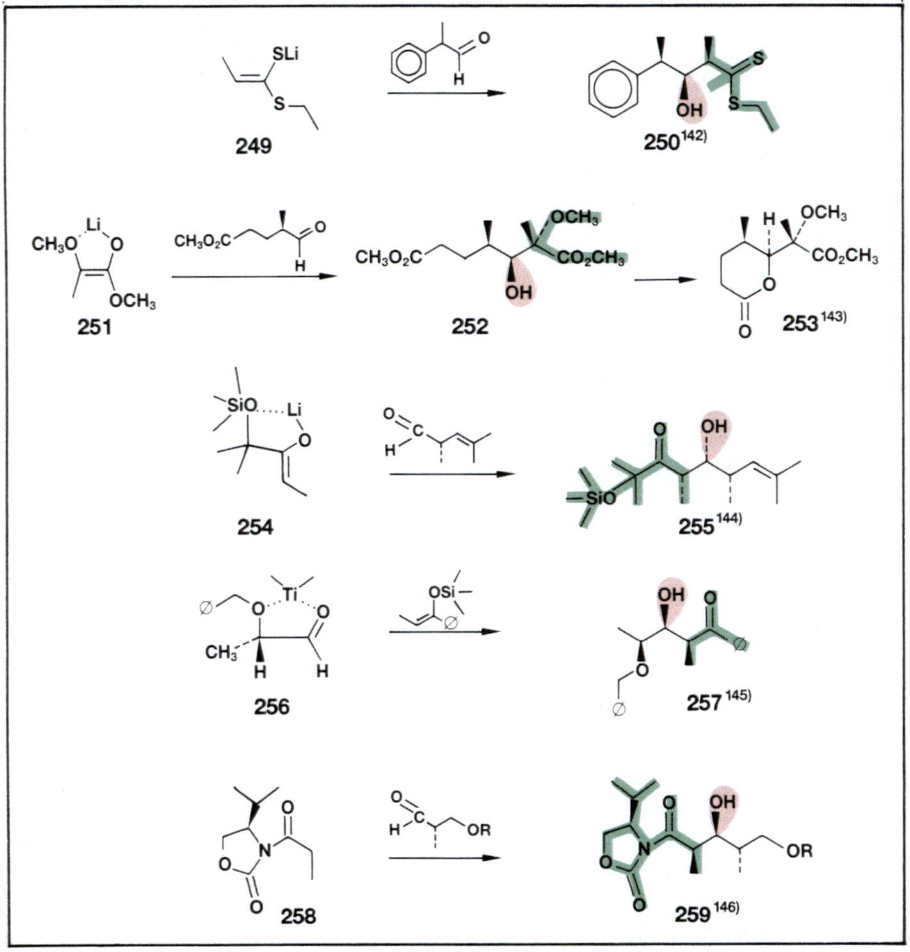

249 **250**[142)] **251** **252** **253**[143)] **254** **255**[144)] **256** **257**[145)] **258** **259**[146)]

Schema XXXV

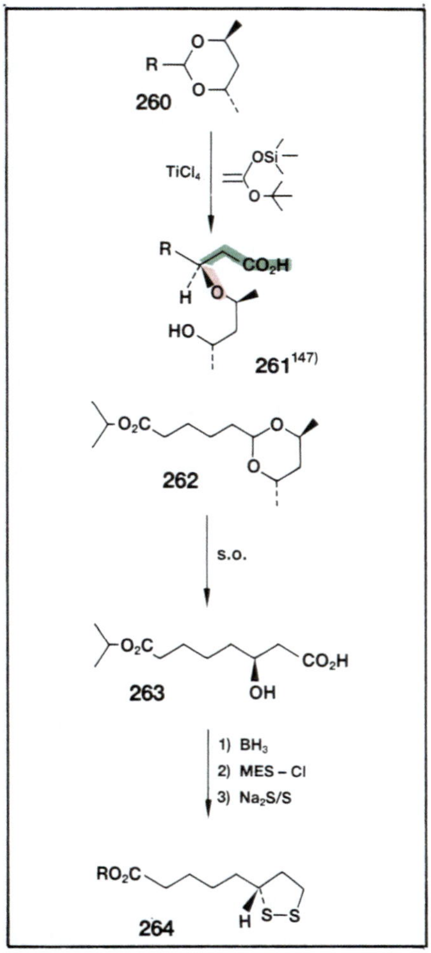

260 $TiCl_4$ **261**[147)] **262** s.o. **263** 1) BH_3 2) MES – Cl 3) Na_2S/S **264**

Schema XXXVI

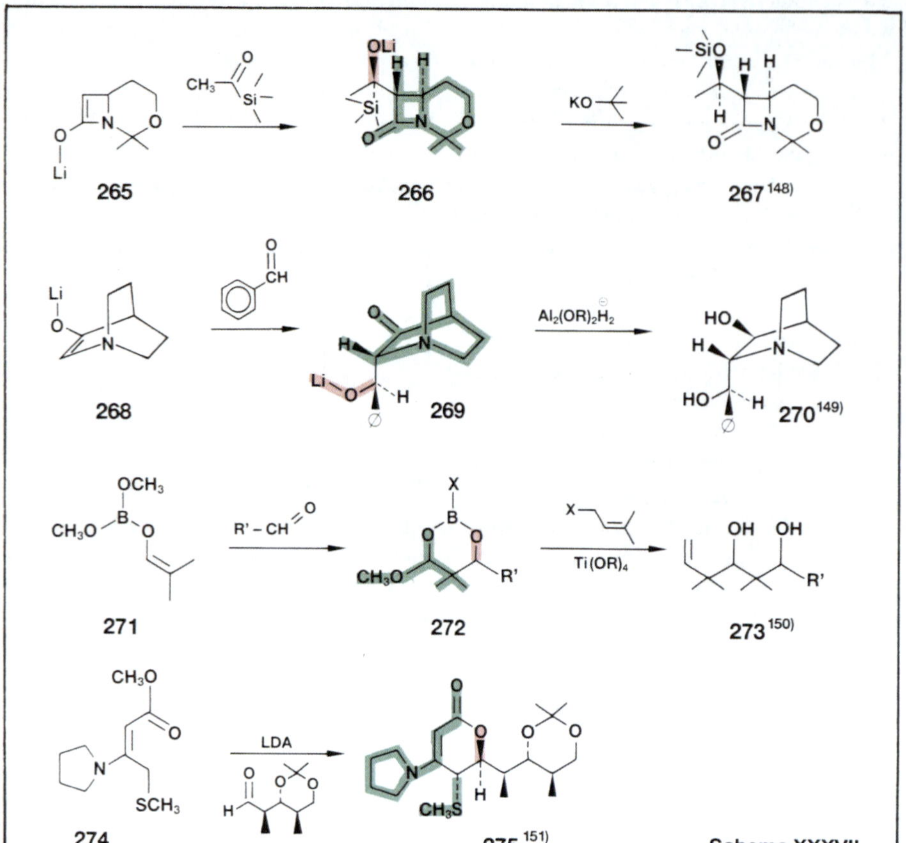

Schema XXXVII

ren Fall doppelter Stereodifferenzierung hinzu. Unter Anwendung der von *D. A. Evans* entwickelten Methodik gelang hier die enantioselektive Synthese des Makrolidbausteins **259**.

Die erste Reaktion (**249** → **250**) belegt die sehr ausgeprägte *syn*-Selektivität des Thioenolatanions, und da die resultierenden Thioester wiederum in vielfältiger Weise transformierbar sind, wird dieser Prozeß durchaus der allgemeinen Forderung nach hoher Selektivität bei ausgeprägter Flexibilität gerecht. Nach der verbraucherorientierten Meinung des Autors werden nämlich in Zukunft speziell solche Prozesse im präparativen Labor Bestand haben, die dieser Anforderung Rechnung tragen.

Ohne Zweifel genügen auch die folgenden Beispiele **251** bis **258** diesem Anspruch, und man sollte die geschickt eingesetzten Korsettstangen nicht übersehen, die bei **251** und **254** dem Enolat, bei **256** und **258** dagegen der Carbonylkomponente das konformative Rückgrat stärken und hohe Stereoselektivität sichern.

Erinnert man die große Bedeutung des effektiven Raumanspruchs des Substituenten X im Stereomodell **225** und beherzigt darüber hinaus die ganz generelle und leicht einsehbare Forderung nach Plazierung der chiralen Information in der größtmöglichen Nähe zum Tatort, so löst das von *W. S. Johnson* vorgelegte Verfahren (**260** → **261**) natürlich hohe Erwartungen aus. In der Tat werden sie von den Acetalen vom Typ **260** und dem Enolderivat des *tert*-Butylessigesters zur vollsten Zufriedenheit erfüllt[147].

Für die präparative Nutzung sind erwartungsgemäß Tandem-Prozesse besonders interessant, bei denen entweder das Enolat durch eine vorgeschaltete C-C-Verknüpfung generiert wird (z. B. *Michael*-Addition – ausführliche Diskussion s. nächstes und letztes Kapitel) oder solche, die das Aldol-Alkoholat unmittelbar für weitere Transformationen ausschlachten. Einige aus der neueren Literatur ausgewählte Beispiele illustrieren die Szene.

Bei dem Acylsilan-Äquivalent des Acetaldehyds profitiert man zunächst von der bemerkenswerten sterischen Lenkung durch den Silylrest – die Selektivität der Reaktion des β-Lactam-Enolats **265** mit schlichtem Acetaldehyd ist nämlich für präparative Ansprüche prohibitiv – kann aber außerdem noch eine retentive Silylwanderung zum Silylether **267** nachschieben[148]. Ebenfalls unter direkter Nutzung des Aldol-Alkoholats **269** gleitet man bei der anschließenden Hydridreduktion stereoselektiv weiter zum Diol **270**[149]. Die Tatsache, daß das entsprechende freie Hydroxyketon mit Alanat bzw. Boranat nur unbefriedigende Selektivität zeigt, läßt kaum Zweifel an der Erklärung, daß eine intramolekulare Vorkomplexierung und Reaktivitätserhöhung des ansonsten relativ schlappen Dialkoxy-Alanats conditio sine qua non für dieses gute Resultat ist. *R. W. Hoffmann*[150] ließ eine Allylalkylierung (**271** → **273**) und *R. H. Schlessinger* eine Lactonbildung[151] in der Spur des Aldol-Prozesses nachlaufen. Man kann wohl hohe Wetten abschließen, daß die bemerkenswerte *anti*- und *Cram*-Selektivität, die im letzten Fall eines vinylogen Aldols registriert wird, auf eine starre komplexierte 6-Ring-Konformation der Donor-Komponente zurückzuführen ist. Den weiteren Exerzitien mit dieser interessanten Verbindung kann man jedenfalls mit Interesse entgegensehen.

Last, not least muß eindringlich auf die präparativ enorm wichtige Aza-Analogisierung der Aldol-Addition hingewiesen werden. Sowohl die Enolat- als auch die Carbonyl-Komponente können in der entsprechenden Enamin- bzw. Imin-Variante in Aktion treten, wobei zusätzliche Komplexierungsmöglichkeiten über das freie Elektronenpaar am Stickstoff willkommene Verklammerungshilfe für den Übergangszustand leisten. Die vielfältigen und interessanten synthetischen Bemühungen um das Alkaloid Lycopodin eignen sich gut zur Illustrierung des breit gefächerten Arsenals. Carbonyl- wie Imin-Attacken öffnen gleichermaßen die Bresche zu diesem polycyclischen Naturstoff.

Während *G. A. Kraus*[152], ausgehend vom ungesättigten Keton **276**, über einen *Michael*-Aldol-Tandem-Prozeß das Keton **277** erreicht und erst dann den Chinolizidinteil inkorporiert, führt *D. Schumann*[153a] die Aza-analoge Version durch, bei der die Cyclisierung zu **280** durch nucleophile Addition an die Imin-Gruppe vollzogen wird. Auch *C. H. Heathcock*[154] machte von dieser Möglichkeit Gebrauch.

Bei einer sehr interessanten, sowohl am Donor als auch am Acceptor Aza-analogisierten Variante konnte *D. Schumann* mit dem ambivalenten Imin **281** eine sehr bemerkenswerte protonierungsabhängige Regioselektivität aufdecken[153b]. Während Perchlorsäure vorwiegend zum Flabellidin-Typ **282** führt, generiert Pivalinsäure mit hoher Präferenz das Isomere **283**.

Angesichts der großen Bedeutung der *Pictet-Spengler*-Cyclisierung nimmt es nicht wunder, durch Chiralitätszentren (Aminosäuren!) gelenkte Reaktionen dieses Typs bei Alkaloidsynthesen heftig am Werke zu sehen[155], und auch bei der Synthese von Aminosäure- bzw. β-Lactam-Derivaten leisten sie gute Dienste.

Das größte Problem bei der nucleophilen Addition an Imine besteht sicher in der üblicherweise rasch eintretenden Umprotonierung, der bei der Bildung des β-Lactams **286** durch Verwendung des Borenolats begegnet wird[156]. Bei **287** kann sie keine Rolle spielen, und hier ist das Augenmerk vor allem auf die konfigurative Lenkung durch den Amin-Substituenten zu lenken[157]. Ein Kabinettstückchen, bei dem alle diese Punkte wohl bedacht sind, präsentierten kürzlich *D. Enders* und *W. Steglich*[158]. Hohe Aktivierung des Imins durch zwei Carbonylgruppen, von denen eine Bestandteil einer chiralen Estergruppe ist (s. **289**), gestattet es, bereits mit einem Enamin zu arbeiten, das mit einem Prolinolderivat bereitet wird und somit doppelte Stereodifferenzierung bewirkt: Ein Lehrbuchbeispiel, das mit 98 % ee glänzt und durch geschickten Einbau von Schwefel in die Enamin-Komponente die spätere Ringaufsprengung (s. Kapitel 3) ermöglicht, wodurch ein definiert konfiguriertes Aminosäurederivat (**291**) zugänglich wird. Sicher ist in dieses Projekt die vielfältige Erfahrung von *D. Enders* mit Prolinderivaten eingeflossen, der vor allem durch geschickte Anwendung des Hydrazons **293** viele chirale Substanzen zugänglich gemacht hat[159]. Die daraus darstellbaren Hydrazone **293** ergeben nach Deprotonierung Enamin-Anionen (**294**), die in vielfältiger Weise sterisch gelenktem elektrophilem An-

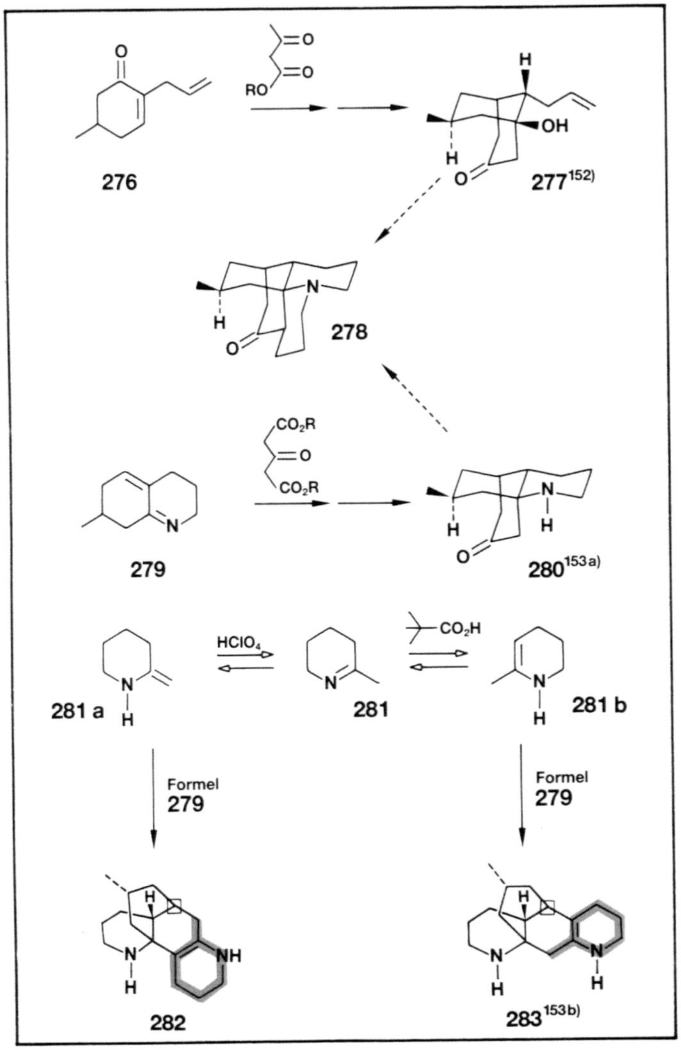

Schema XXXVIII

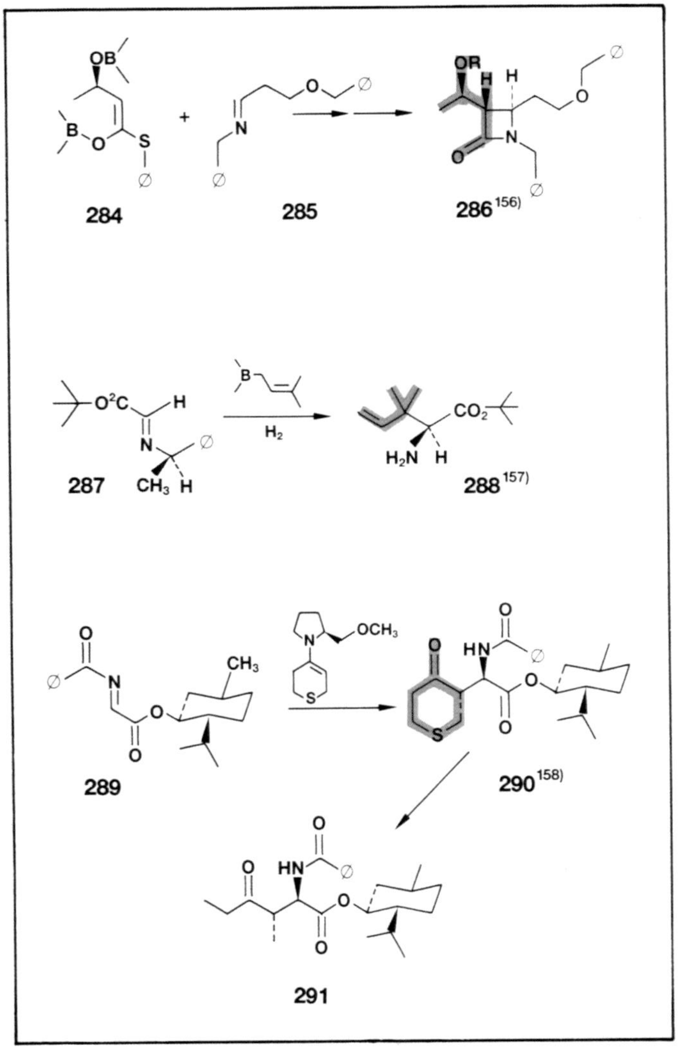

Schema XXXIX

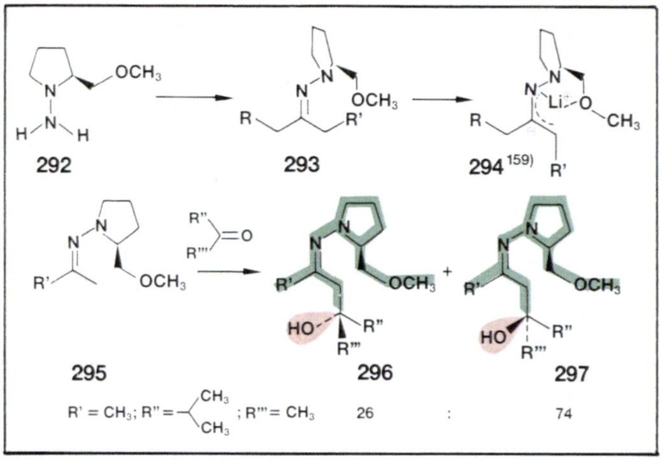

Schema XL

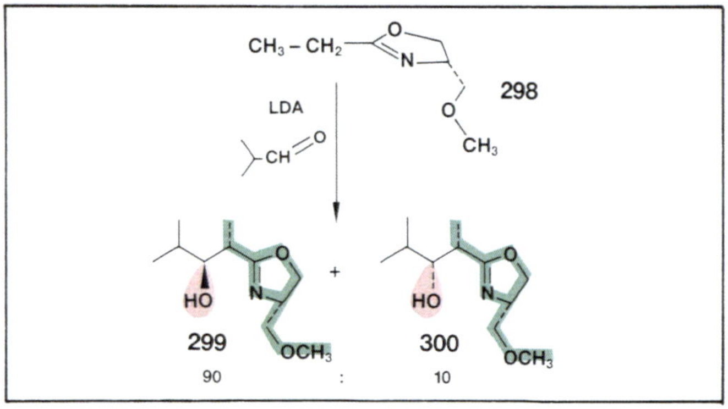

Schema XLI

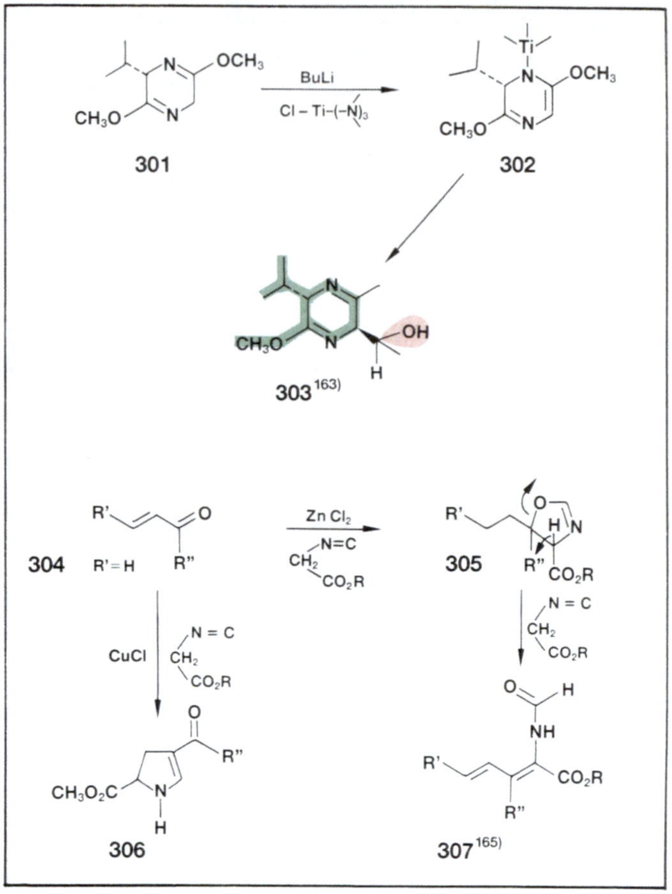

Schema XLII

griff unterliegen. Selbst aus Methylketonderivaten kann noch ein respektables Diastereomerenverhältnis gewonnen werden (s. **296/297**). Die besondere Beliebtheit vom Prolin hergeleiteter chiraler Steuerungsgruppen[160] ist natürlich in der cyclischen Struktur dieser speziellen Aminosäure begründet, eine Tatsache, die den Folgeprodukten erhebliche konformative Beschränkungen auferlegt, wobei die Carboxylgruppe bzw. eventuell daraus hervorgehende Hydroxyl- bzw. Aminofunktionen entweder als Chelatisierungshandlanger oder Raum beanspruchende Nachbargruppe in Aktion treten können.

Schließlich hat diese Aminosäure auch bei der legendären *Hajos-Wiechert*-Reaktion die entscheidende Rolle gespielt.

Natürlich lassen sich derartige chirale cyclische Hilfsgruppen auch aus offenkettigen Vorläufern gezielt präparieren. Bei den Ketalen vom Typ **260** haben wir dieses Prinzip am Werke gesehen, und vor allem Weinsäurederivate sind immer wieder für diese Aufgabe herangezogen worden. Einen besonders vielseitig einsetzbaren Vertreter verdanken wir *A. I. Meyers*, der vielfältige Anwendungsmöglichkeiten für chirale Oxazoline vom Typ **298** präsentierte[161].

Bei dem in Schema XLI aufgeführten Beispiel ist ein beachtlicher Überschuß des *anti*-Diastereomeren zu erzielen. Der gleiche Autor hat jedoch ebenfalls sehr überzeugend demonstriert, daß auch Enamine aus acyclischen chiralen Aminen nach Überführung in die korrespondierenden Lithiumsalze äußerst nützliche Dirigierungshelfer sind[162]. Zu einer wahren Fundgrube für enantioselektive Reaktionen mit cyclischen Lithio-Enaminen erwies sich die von *U. Schöllkopf* eingeführte *bis*-Lactim-Ether-Methode[163]. Das aus dem *bis*-Ether **301** leicht darstellbare, aber nur unbefriedigende Selektivität zeigende Lithiumsalz kann nach Überführung in die Titanverbindung **302** die Addition an Acetaldehyd mit ausgezeichneter Diastereoselektivität absolvieren. Gebildet wird ein sehr hoher Überschuß an **303**, das bei der Hydrolyse enantiomerenfreies *D*-Threonin liefert. Ebenfalls auf Arbeiten von *U. Schöllkopf*[164] geht die *Lewis*-Säuren-katalysierte Aldol-Addition mit Isocyanoacetaten zurück[165]. Das mit Zinkchlorid entstehende Addukt **305** kann mit Palladiumacetat in den Dienester **307** überführt werden, mit Kupferchlorid hingegen entsteht unter 1,4-Addition das Dihydropyrrolderivat **306**.

Damit wird der schmale Grat, der 1,2- und 1,4-Additionen voneinander trennt, erkennbar. Nachdem sich im Vorangegangenen klar gezeigt hat, daß der sterische Ausgang der Carbonyl-Additionen nicht nur von der Konstitution und Konfiguration der Edukte entscheidend beeinflußt wird, sondern daß auch Gegenkation, *Lewis*-Säure und Solvens steuernd eingreifen, wird die Variationsbreite dieser Transformationen evident. Bedenkt man noch, daß bei doppelter Stereodifferenzierung prinzipiell jeweils mehrere chirale Hilfsgruppen zur Verfügung stehen, so erkennt man, daß zur Optimierung und breiten Nutzbarmachung dieses Reaktionstyps sicher noch sehr viel Mühe aufgewendet werden muß. Die Möglichkeiten und Schwierigkeiten, die sich bei Einbeziehung der α,β-ungesättigten Carbonyl-Verbindungen darbieten, sind bis hierher ausgespart worden, werden aber Gegenstand des nächsten und letzten Kapitels sein.

Oh glücklich, wer noch hoffen kann, aus diesem Meer des Nebels aufzutauchen. Was man nicht weiß, das eben brauchte man, und was man weiß, das kann man (oft) nicht brauchen.

Literaturverzeichnis

92) Übersichtsarbeiten
a) HOFFMANN, R. W.: Angew. Chem. **94**, 569 (1982); Angew. Chem., Int. Ed. Engl. **21**, 555 (1982)
b) YAMAMOTO, Y., MARUYAMA, K.: Heterocycles **18**, 357 (1982)
c) HIYAMA, T.: Synth. Org. Chem. Jp. **39**, 81 (1981)

93) YAMAMOTO, Y., SAITO, Y., MARUYAMA, K.: Tetrahedron Lett. **23**, 4959 (1982)

94) a) YAMAMOTO, Y., MARUYAMA, K.: Tetrahedron Lett. **22**, 2895 (1981)
b) MASHIMA, K., YASUDA, H., ASAMI, K., NAKAMURA, A.: Chem. Lett. **1983**, 219

95) SEEBACH, D., WIDLER, L.: Helv. Chim. Acta **1982**, 1972

96) PRATT, A. J., THOMAS, E. J.: J. Chem. Soc., Chem. Commun. **1982**, 1115

97) HANKO, R., HOPPE, D.: Angew. Chem. **94**, 378 (1982); Angew. Chem. Int. Ed. Engl. **21**, 372 (1982)

98) a) REETZ, M. T., SAUERWALD, M.: J. Org. Chem. **49**, 2292 (1984)
b) HOPPE, D.: Angew. Chem. **96**, 930 (1984); Angew. Chem. Int. Ed. Engl. **23**, 932 (1984)

99) a) BARLUENGA, J., GONZALES, J. M., CAMPOS, P. J., ASENSIO, G.: Angew. Chem. **97**, 341 (1985); Angew. Chem. Int. Ed. Engl. **24**, 319 (1985)
b) HOPPE, D., HANKO, R., BRONNEKE, A., LICHENBERG, F., VAN HULSEN, E.: Chem. Ber. **118**, 2822 (1985)
c) HOFFMANN, R. W., DRESELY, S.: Angew. Chem. **98**, 186 (1986)

100) HOFFMANN, R. W., KEMPER, B., METTERNICH, R., LEHMEIER, T.: Liebigs Ann. Chem. **1985**, 2246

101) a) HOFFMANN, R. W., ZEISS, H. J.: Angew. Chem. **92**, 218 (1980); Angew. Chem. Int. Ed. Engl. **19**, 218 (1980)
b) ROUSH, W. R., HALTERMAN, R. L.: J. Am. Chem. Soc. **108**, 294 (1986)
c) BRAUN, M.: Angew. Chem. **99**, 25 (1987)

102) a) HOFFMANN, R. W., WEIDMANN, W.: Chem. Ber. **118**, 3966 (1985) s. a.
b) ROUSH, W. R., WALTS, A. E., HOONG, L. K.: J. Am. Chem. Soc. **107**, 8186 (1985); dort vollständige Literatur-Sammlung siehe auch c) HOFFMANN, R. W., LANDMANN, B.: Chem. Ber. **119**, 1039 (1986)
d) HOFFMANN, R. W., DRESELY, S.: Angew. Chem. **98**, 186 (1986); Angew. Chem. Int. Ed. Engl. **25**, 189 (1986)

103) a) KECK, G. E., BODEN, E. P.: Tetrahedron Lett. **25**, 1879 (1984)
b) KECK, G. E., ABBOTT, D. E.: Tetrahedron Lett. **25**, 1883 (1984)
c) SHIMAGAKI, M., TAKUBO, H., OLSHI, T.: Tetrahedron Lett. **26**, 6235 (1985)
siehe auch d) YOUNG, D., KITCHING, W.: Austr. J. Chem. **38**, 1767 (1985)
e) MUKAIYAMA, T., MINOVA, N., GRIYAMA, T., NARASAKA, K.: Chem. Lett. **1986**, 97

104) DENMARK, S. E., WEBER, E. J.: J. Am. Chem. Soc. **106**, 7970 (1984)

105) a) HOSOMI, A., SHIRAHATA, A., SAKURAI, H.: Tetrahedron Lett. **19**, 3043 (1978)
b) HOSOMI, A., ARAKI, Y., SAKURAI, H.: J. Org. Chem. **48**, 3122 (1983)
c) SAKURAI, H., HOSOMI, A., SAITO, M., SASAKI, K., IGUCHI, H., SASAKI, J., ARAKI, Y.: Tetrahedron **39**, 883 (1983)
d) BLUMENKOPF, T. A., HEATHCOCK, C. H.: J. Am. Chem. Soc. **105**, 2354 (1983)
e) Rev.: PARNES, Z. N., BOLESTOVA, G. I.: Synthesis **1984**, 991
f) FLEMING, I., TERRET, N. K.: J. Organomet. Chem. **264**, 99 (1984)
g) HAYASHI, T., ITO, H., KUMADA, M.: Tetrahedron Lett. **23**, 4605 (1982)
h) WETTER, H., SCHERER, P.: Helv. Chim Acta **66**, 118 (1983)
i) WICKHAM, G., KITCHING, W.: J. Org. Chem. **48**, 612 (1983)
j) ANDERSON, R.: Synthesis **1985**, 717
k) DANHEISER, R. L., KWASIGROCH, C. A., TSAI, Y. M.: J. Am. Chem. Soc. **107**, 7233 (1985)
l) IMWINKELRIED, R., SEEBACH, D.: Angew. Chem. **97**, 781 (1985); Angew. Chem. Int. Ed. Engl. **24**, 765 (1985)

106) a) TROST, B. M., ADAMS, B. R.: J. Am. Chem. Soc. **105**, 4849 (1983)
b) GRAMAIN, J. C., REMUSON, T.: Tetrahedron Lett. **26**, 4083 (1985)
c) GRAMAIN, J. C., REMUSON, R.: Tetrahedron Lett. **26**, 327 (1985); s. auch 105 e) und 105 f)
d) HIEMSTRA, H., SNO, M., VIJN, R. J., SPECKAMP, W. N.: J. Org. Chem. **50**, 4014 (1985)

107) HEATHCOCK, C. H., KIYOOKA, S., BLUMENKOPF, T. A.: J. Org. Chem. **49**, 4214 (1984)

108) DANISHEFSKY, S., DeNINNO, M.: Tetrahedron Lett. **26**, 823 (1985)

109) REETZ, M. T., KESSELER, K., JUNG, A.: Angew. Chem. **97**, 989 (1985); Angew. Chem. Int. Ed. Engl. **24**, 989 (1985); dort auch weitere Lit.

110) a) SNIDER, B. S.: Acc. Chem. Res. **13**, 426 (1980)
b) SALOMON, M. F., PARDO, S. N., SALOMON, R. G.: J. Org. Chem. **49**, 2446 (1984)
c) SALOMON, M. F., PARDO, S. N., SALOMON, R. G.: J. Am. Chem. Soc. **106**, 3797 (1984)
d) TSCHAEN, D. M., TUROS, E., WEINREB, S. M.: J. Org. Chem. **49**, 5058 (1984)
e) SNIDER, B. B., RON, E.: J. Am. Chem. Soc. **107**, 8160 (1985)

111) a) WELCH, S. C., GRUBER, J. M., CHOU, C. Y., WILLCOTT, INNERS, R.: J. Org. Chem. **46**, 4816 (1981)
b) SNIDER, B.: Acc. Chem. Res. **13**, 426 (1980)
c) LIPSHUTZ, B. H.: Tetrahedron Lett. **24**, 127 (1983)
d) OGAWA, Y., SHIBASAKI, M.: Tetrahedron Lett. **25**, 1067 (1984); weitere Lit. zur therm. En-Synthese s. dort
e) TROST, B. M., LAUTENS, M.: J. Am. Chem. Soc. **107**, 1781 (1985)
f) OVERMAN, L. E., LESUISSE, D.: Tetrahedron Lett. **26**, 4167 (1985)
g) KIRBY, G. W., McGUIGAN, H., McLEAN, D.: J. Chem. Soc., Perkin Trans. 1, **1985**, 1961
h) TIETZE, L. F., BEIFUSS, U.: Angew. Chem. **97**, 1067 (1985); Angew. Chem. Int. Ed. Engl. **24**, 1042 (1985)

112) a) BUSSAS, R., KRESZE, G.: Liebigs Ann. Chem. **1982**, 545
b) ACHATOWICZ, O., PIETRASKIEWICZ, M.: Tetrahedron Lett. **22**, 4323 (1981)
c) TSCHAEN, D. M., WEINREB, S. M.: Tetrahedron Lett. **23**, 3015 (1982)
d) HUNTER, W. R., KRAWCHUK, B. P., SHILOFF, J. P.: Canad. J. Chem. **60**, 835 (1982)
e) SALOMON, M. F., PARDO, S. N., SALOMON, R. G.: J. Am. Chem. Soc. **106**, 3797 (1984); weitere Lit. s. dort

f) RODIER, J. F., FOUCAUD, A.: Tetrahedron Lett. **25**, 4375 (1984)
g) TSCHAEN, D. M., TUROS, E., WEINREB, S. M.: J. Org. Chem. **49**, 5058 (1984)

113) SAKANE, S., MAROUKA, K., YAMAMOTO, H.: Tetrahedron Lett. **26**, 5535 (1985)

114) ANDERSON, N., HADLEY, S. W., KELLY, J. D., BACON, E. R.: J. Org. Chem. **50**, 4144 (1985)

115) PADDON-ROW, M. N., RONDAN, N. G., HOUK, K. N.: J. Am. Chem. Soc. **104**, 7162 (1982)

116) a) FLEMING, I., LEWIS, J. J.: J. Chem. Soc., Chem. Commun. **1985**, 149
b) CHOW, H. F., FLEMING, I.: Tetrahedron Lett. **26**, 397 (1985)

117) a) CHA, J. K., CHRIST, W. J., KISHI, Y.: Tetrahedron Lett. **24**, 3943 (1983)
b) STORK, G., KAHN, M.: Tetrahedron Lett. **24**, 3951 (1983)
c) VEDBEYS, E., McCLURE, C. K.: J. Am. Chem. Soc. **108**, 1094 (1986)

118) a) KREISER, W.: Nach Chem. Tech. **29**, 555 (1981)
b) EVANS, D. A., NELSON, J. V., TAPER, T. R.: Top. Stereochem. **13**, 1 (1982)
c) HEATHCOCK, C. H., in: „Asymmetric Synthesis“ (J. D. Morrison Hrsg.), Vol. **3**, 111, Academic Press, New York 1984

119) EVANS, D. A., NELSON, J. V., VOGEL, E., TABER, T. R.: J. Am. Chem. Soc. **103**, 3099 (1981)

120) a) HIRAMA, M., MASAMUNE, S.: Tetrahedron Lett. **24**, 2225 (1979)
b) VAN HORN, D. E., MASAMUNE, S.: Tetrahedron Lett. **24**, 2229 (1979)

121) a) DUBOIS, J. E., FELLMAN, P.: Tetrahedron Lett. **20**, 1225 (1975)
b) HEATHCOCK, C. H., BUSE, C. T., KLESCHICK, W. A., PIRRUNG, M. C., SOHN, J. E., LAMPE, J.: J. Org. Chem. **45**, 1066 (1980)

122) FELLMAN, P., DUBOIS, J. E.: Tetrahedron **34**, 1349 (1978)

123) HOUSE, H. O., CRUMRINE, D. S., TERANISHI, A. Y., OLMSTEAD, H. D.: J. Am. Chem. Soc. **95**, 3310 (1973)

124) a) JEFFREY, E. A., MEISTERS, A., MOLE, T.: J. Organomet. Chem. **74**, 365 (1974)
b) JEFFREY, E. A., MEISTERS, A., MOLE, T.: J. Organomet. Chem. **74**, 373 (1974)
c) MARUOKA, K., HASHIMOTO, S., KITAGAWA, Y., YAMAMOTO, H., NOZAKI, H.: J. Am. Chem. Soc. **99**, 7705 (1977)

125) a) GENNARI, C., COLOMBO, L., CARDANI, S., SCOLASTICO, C.: Tetrahedron Lett. **25**, 2283 (1984)
b) GENNARI, C., BERNARDI, A., CARDANI, S., SCOLASTICO, C.: Tetrahedron **40**, 4059 (1984)

126) YAMAMOTO, Y., YATAGAI, H., MARUYAMA, K.: J. Chem. Soc., Chem. Commun. 1981, 162

127) a) EVANS, D. A., McGEE, L. R.: Tetrahedron Lett. **21**, 3975 (1980)
b) YAMAMOTO, Y., MARUYAMA, K.: Tetrahedron Lett. **21**, 4607 (1980)

128) KUWAJIMA, I., NAKAMURA, E.: Acc. Chem. Res. **18**, 181 (1985)

129) a) NOYORI, R., NISHIDA, I., SAKATA, J.: J. Am. Chem. Soc. **103**, 2106 (1981)
b) Zum „offenen“ UZ. s. a. MULZER, J., ZIPPEL, M., BRUNTRUP, G., SEGNER, J., FINKE, J.: Liebigs Ann. Chem. **1980**, 1108

130) a) GENNARI, C., BERNARDI, A., CARDANI, S., SCOLASTICO, C.: Tetrahedron Lett. **26**, 797 (1985)
b) GENNARI, C., BERETTA, M., BERNARDI, A., MORO, G., SCOLASTICO, C., TODESCHINI, R.: Tetrahedron **42**, 893 (1986)

131) a) MUKAIYAMA, T., KOBAYASHI, S., MURAKAMI, M.: Chem. Lett. **1985**, 447
b) KOBAYASHI, S., MURAKAMI, M., MUKAIYAMA, T.: Chem. Lett. **1985**, 1535
c) MUKAIYAMA, T., KOBAYASHI, S., TAMURA, M., SAGAWA, Y.: Chemistry Lett. **1987**, 491

132) MASAMUNE, S., CHOY, W., KERDESKI, F. A. J., IMPERIALI, B.: J. Am. Chem. Soc. **103**, 1566 u. 1568 (1981)

133) HEATHCOCK, C. H., BUSE, C. T., KLESCHICK, W. A., PIRRUNG, M. C., SOHN, J. E., LAMPE, J.: J. Org. Chem. **45**, 1066 (1980)

134) a) WILSON, S. R., HAGUE, M. S., MISRA, R. N.: J. Org. Chem. **47**, 747 (1982)
b) SCHINZER, D.: Habilitationsschrift, Universitat Hannover 1985

135) ERTAS, M., SEEBACH, D.: Helv. Chim. Acta **68**, 961 (1985)

136) HEATHCOCK, C. H., ARSENIYADIS, S.: Tetrahedron Lett. **26**, 6009 (1985)

137) a) HELMCHEN, G., LEIKAUF, U., TAUFER-KNOPFEL, I.: Angew. Chem. **97**, 874 (1985); Angew. Chem. Int. Ed. Engl. **24**, 874 (1987)
b) HOPPE, D., KRAMER, K.: Angew. Chem. **98**, 171 (1986); Angew. Chem. Int. Ed. Engl. **25**, 160 (1986)

138) SOLLADIE, G.: Synthesis **1981**, 185

139) a) DAVIES, S. G., DORDOR-HEDGECOCK, I. M., WARNER, P.: Tetrahedron Lett. **26**, 2125 (1985)
b) DAVIES, S. G., EASTON, R. J. C., WALKER, J. C., WARNER, P.: Tetrahedron **42**, 175 (1986)

140) a) NAGAO, Y., YAMADA, S., KUGAMAI, T., OCHIAI, M., FUJITA, E.: J. Chem. Soc., Chem. Commun. **1985**, 1418
b) NAGAO, Y., INOUE, T., HASHIMOTO, K., HAGIWARA, Y., OCHIAI, M., FUJITA, E.: J. Chem. Soc., Chem. Commun. **1985**, 1419

141) TOMO, Y., YAMAMOTO, K.: Tetrahedron Lett. **26**, 1061 (1985)

142) MEYERS, A. I., WALKUP, R. D.: Tetrahedron **41**, 5089 (1985)

143) a) HEATHCOCK, C. H., PIRRUNG, M. C., YOUNG, S. D., HAGEN, J. P., JARVI, E. T., BADERTSCHER, U., MARKLI, H. P., MONTGOMERY, S. H.: J. Am. Chem. Soc. **106**, 8161 (1984)
b) HEATHCOCK, C. H., MONTGOMERY, S. H.: Tetrahedron Lett. **26**, 1001 (1985)

144) HAGEN, J. P., PILLI, R., BADERTSCHER, U.: J. Org. Chem. **50**, 2095 (1985)

145) a) REETZ, M. T., KESSELER, K., SCHMIDTBERGER, S., WENDEROTH, B., STEINBACH, R.: Angew. Chem. **95**, 1007 (1983); Angew. Chem. Int. Ed. Engl. **22**, 989 (1983)
b) REETZ, M. T.: Angew. Chem. **96**, 542 (1984); Angew. Chem. Int. Ed. Engl. **23**, 556 (1984)
c) REETZ, M. T., KESSELER, K., JUNG, A.: Tetrahedron **40**, 4327 (1984)

146) JACKSON, R. F. W., SUTTER, M. A., SEEBACH, D.: Liebigs Ann. Chem. **1985**, 2313

147) a) ELLIOTT, J. D., STEELE, J., JOHNSON, W. S.: Tetrahedron Lett. **26**, 2535 (1985)
b) SILVERMAN, I. R., EDINGTON, C., ELLIOT, J. D., JOHNSON, W. S.: J. Org. Chem. **52**, 180 (1987)

148) BOUFFARD, F. A., SALZMANN, T. N.: Tetrahedron Lett. **26**, 6285 (1985); weitere Lit. s. dort

149) STOTTER, P. L., FRIEDMANN, M. D., MINTER, D. E.: J. Org. Chem. **50**, 29 (1985)

150) HOFFMANN, R. W., FROECH, S.: Tetrahedron Lett. **26**, 1643 (1985)

151) a) SCHLESSINGER, R. H., BEBERNITZ, G. R., LIN, P.: J. Am. Chem. Soc. **107**, 1777 (1985)
b) ADAMS, A. D., SCHLESSINGER, R. H., TATA, J. R., VENTI, J. J.: J. Org. Chem. **51**, 3068 (1986)
C) SCHLESSINGER, R. H., JWANOWICZ, E. J., SPRINGER, J.: J. Org. Chem. **51**, 3070 (1986)

152) KRAUS, G. A., HON, Y. S.: J. Am. Chem. Soc. **107**, 4341 (1985)

153) a) SCHUMANN, D., MULLER, H. J., NAUMANN, A.: Liebigs Ann. Chem. **1982**, 1700
b) SCHUMANN, D., MULLER, H. J., NAUMANN, A.: Liebigs Ann. Chem. **1982**, 2057

154) HEATHCOCK, C. H., KLEINMANN, E., BINKLEY, E. S.: J. Am. Chem. Soc. **104,** 1054 (1982)

155) a) FLECKER, P., WINTERFELDT, E.: Tetrahedron **40,** 4853 (1984); weitere Lit. s. dort
b) FLECKER, P., SCHOMBURG, D., THIES, P. W., WINTERFELDT, E.: Tetrahedron **40,** 4843 (1984)
c) CZARNOCKI, Z., McLEAN, D. B., SZAREK, W. A.: J. Chem. Soc., Chem. Commun. **1985,** 1318

156) a) JIMORI, T., SHIBASAKI: Tetrahedron Lett. **26,** 1523 (1985); weitere Lit. s. dort
b) GEORG, G. I.: Tetrahedron Lett. **25,** 3779 (1984)
c) HA, D. C., HART, D. J., YANG, T. K.: J. Am. Chem. Soc. **106,** 4819 (1984)

157) YAMAMOTO, Y., ITO, W., MARUYAMA, K.: J. Chem. Soc., Chem. Commun. **1985,** 1131

158) KOBER, R., PAPADOPOULOS, K., MILTZ, W., ENDERS, D., STEGLICH, W., REUTER, H., PUFF, H.: Tetrahedron **41,** 1693 (1985)

159) a) ENDERS, D., EICHENAUER, H.: Angew. Chem. **91,** 425 (1979); Angew. Chem. Int. Ed. Engl. **18,** 397 (1979)
b) EICHENAUER, H., FRIEDRICH, E., LUTZ, W., ENDERS, D.: Angew. Chem. **90,** 219 (1978); Angew. Chem. Int. Ed. Engl. **17,** 206 (1978)
c) ENDERS, D.: in „Asymmetric Synthesis" (J. D. Morrison Hrsg.), Vol. 3b, S. 275, Academic Press, New York 1984

160) ENDERS, D., KIPPHARDT, H.: Nachr. Chem. Techn. **1985,** 882

161) a) MEYERS, A. I., MIHELICH, E. D.: Angew. Chem. **88,** 321 (1976); Angew. Chem. Int. Ed. Engl. **15,** 270 (1976)
b) LUTOMSKI, K. A., MEYERS, A. I., in: „Asymmetric Synthesis" (J. D Morrison Hrsg.), Vol. 3b, 213, Academic Press, New York 1984

162) MEYERS, A. I., WILLIAMS, D. R., ERICKSON, G. W., WHITE, S., DRUELINGER, M.: J. Am. Chem. Soc. **103,** 3081 (1981)
b) MEYERS, A. I., WILLIAMS, D. R., WHITE, S., ERICKSON, G. W.: J. Am. Chem. Soc. **103,** 3088 (1981)

163) a) SCHOLLKOPF, U., NOZULAK, J., GRAUERT, M.: Synthesis **1985,** 55
b) SCHOLLKOPF, U.: Top. Curr. Chem. **109,** 66 (1983)

164) SCHOLLKOPF, U.: Angew. Chem. **89,** 351 (1977); Angew. Chem. Int. Ed. Engl. **16,** 339 (1977)

165) ITO, Y., MATSUURA, T., SAEGUSA, T.: Tetrahedron Lett. **26,** 5781 (1985)

Kapitel 6
Konjugierte Additionen, Teil I

Reaktionstypen

Beim Studium der Carbonyladditionen haben wir bereits an zwei Stellen (Kapitel 5, Formeln **279** und **304**) die Problematik der konjugierten Additionen[1-10] gestreift. In beiden Fällen war deutlich die Unentschlossenheit des Nucleophils angesichts eines konjugierten delokalisierten Acceptorsystems sichtbar geworden. Zweifellos verlockt der höhere δ⊕-Charakter der Carbonylgruppe zur spontanen 1,2-Attacke (**2**). Wird jedoch nicht sofort durch weitgehend homöopolar gebundenes Gegenkation, unpolares Solvens und raschen Zugriff des Elektrophils bei tiefer Temperatur die Falle geschlossen (**4**) und der Rückweg abgeschnitten, so mag das bei der Wiederherstellung des konjugierten Systems herausgedrängte Nucleophil bei einem der folgenden Anläufe gelegentlich auch resignierend unter 1,4-Addition mit der etwas geringeren Ladungsdichte der β-Position vorliebnehmen und somit über das Enolat **3** nach Fixierung der negativen Ladung im thermodynamisch stabilen Produkt der sogenannten *Michael*-Addition (**5**) zur Ruhe kommen. Daß dabei höher resonanzstabilisierte, bessere Fluchtgruppeneigenschaften aufweisende „weiche" Nucleophile diesen Rückzug aus **2** leichter antreten können und somit aussichtsreichere Kandidaten für konjugierte Additionen sind, versteht sich von selbst und wird durch das *Pearson*-Reglement[11] generalisiert (zu den Formeln **1**-**5** vgl. Schema I).

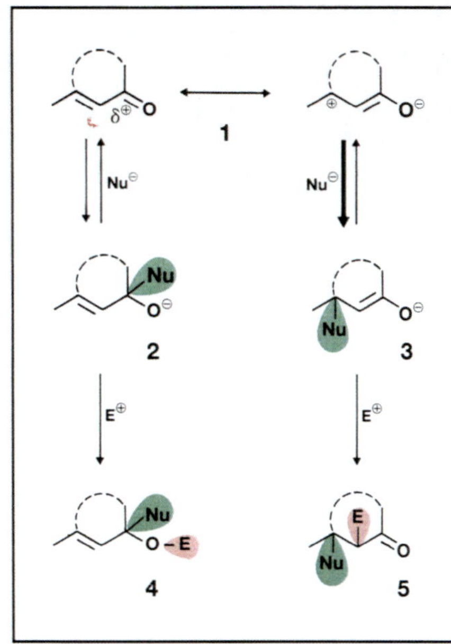

Schema I

Zahlreiche mechanistische Nachforschungen identifizieren die Produkte der konjugierten Addition eindeutig als Resultate des thermodynamisch gelenkten Reaktionsabschlusses. Zwei Cyclohexenonstudien mögen die Situation illustrieren (Schema II): Die ausgewählten Reaktionsbedingungen und der jeweils damit verknüpfte Reaktionsausgang sprechen für sich und bedürfen wohl kaum eines Kommentars. Einen weiteren richtungweisenden Fingerzeig liefert jedoch die im zweiten Beispiel (**10**/**11**) erkennbare Rolle des Phosphorsäuretriamids (Solvensabhängigkeit!). Erinnern wir uns: das klassische Lehrbuchbeispiel verwendet Methanol oder Ethanol, ja bisweilen sogar wäßrige Systeme als Solvens und die korrespondierenden Alkoholate – bisweilen Triton® B – als Protonenacceptoren, wobei sich dann generell recht acide 1,3-Dicarbonylverbindungen an α,β-ungesättigte Ketone, Ester oder Nitrile addieren. Abgesehen davon, daß diese Kombinationen nur einem Blick durch den Türspalt eines reich gefüllten und wohlsortierten Arsenals von denkbaren *Michael*-Acceptoren und -Donatoren entsprechen – eine Sachlage, mit der wir uns weiter unten noch werden auseinandersetzen müssen –, repräsentieren

RT; -90°C; **6**; **7**; **8**[12]; **9**; **10**; **11**[13]

	10	:	11
-78°C ohne HMPA	10	:	90
+25°C mit HMPA	97	:	3

Schema II

12; **13**; **14**

Schema III

1) KAT. 2) $H^{\oplus}$; **15**; **16**; **17**; **18**[15]

	17	:	18
CH_2Cl_2/–78°C	80	:	20
CH_3–CN/–45°C	84	:	16

Schema IV

diese Bedingungen doch außerdem zweifelsfrei den äquilibrierenden, durch rasche Protonierungs- und Transprotonierungsprozesse geprägten Reaktionsverlauf. Wichtige, wenn nicht die wichtigsten Sektoren bleiben damit ausgeblendet. Zahlreiche zusätzliche Fragen werden sich bei Anwendung nur sehr schwach acider Solventien (*tert*-Butanol, Malonester) oder gar aprotisch polarer bzw. aprotisch unpolarer Reaktionsmedien aufdrängen.

Liefern kinetisch kontrollierte, zur Irreversibilität verdonnerte Varianten andere Chemoselektivitäten und Regioselektivitäten? Was treibt die dem Molekül angediente und frei zur Verfügung gehaltene negative Ladung? Gibt es inter- oder intramolekulare Transprotonierungen, möglicherweise gar intramolekulare nucleophile Additionen bzw. Substitutionen? Welche Folgeprozesse ganz allgemein kann man nun, da man das

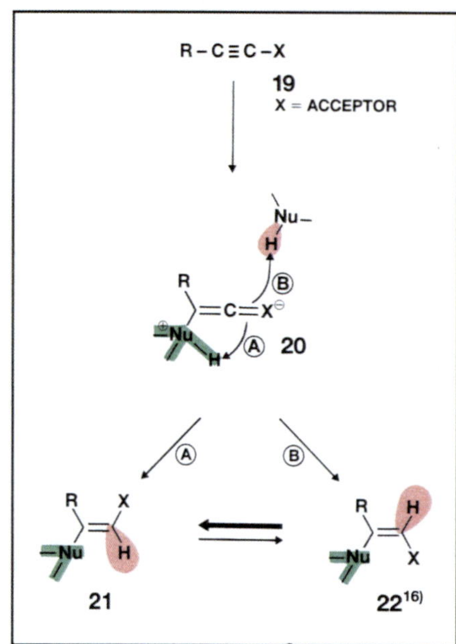

Schema V

Proton fernhält, absolvieren und schließlich – wie halst Du es mit der Stereochemie?

Doch damit nicht genug; sehr viel weitergehende präparative Möglichkeiten und mechanistische Einsichten stehen nämlich ins Haus, wenn man sich nicht auf die pure streng nucleophile Variante **12** beschränkt, sondern die komplette Skala der Möglichkeiten zum Zuge kommen läßt (s. Schema III).

Während bei **12** der schiere nucleophile Druck des Enolats oder Anions ganz allgemein zur Bindungsknüpfung drängt, hilft bei **13** die polarisierende Wirkung eines Kations oder einer *Lewis*-Säure mit und kann somit auch einem schwächeren Nucleophil zum Erfolg verhelfen bzw. den Sprung über die höhere Aktivierungsbarriere sterischer Hinderung erleichtern. Bei **14** schließlich sind wir dann am anderen Ende der Skala, zu dessen Erschließung bereits *G. Wittig*

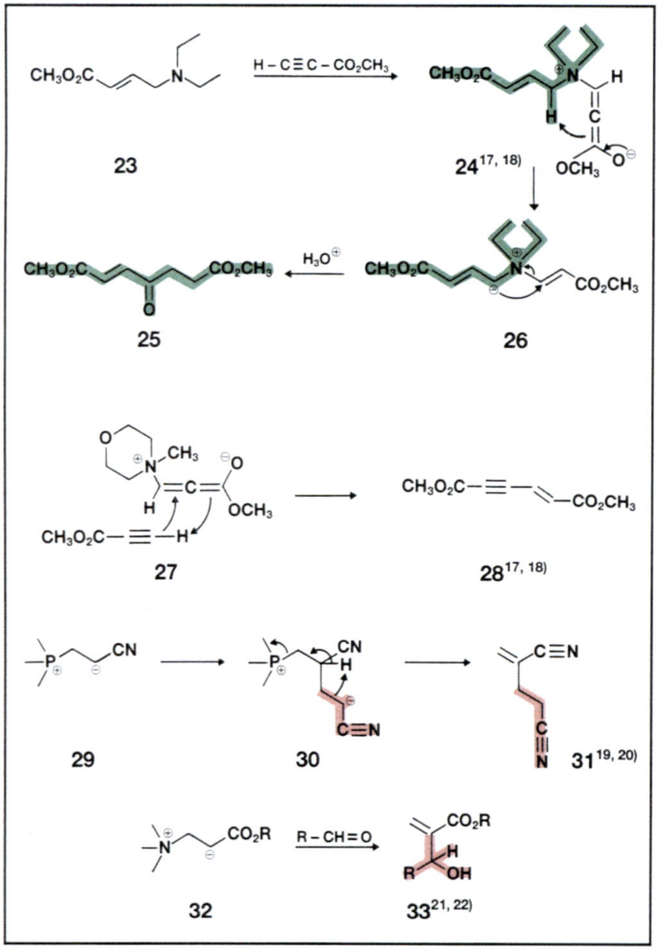

Schema VI

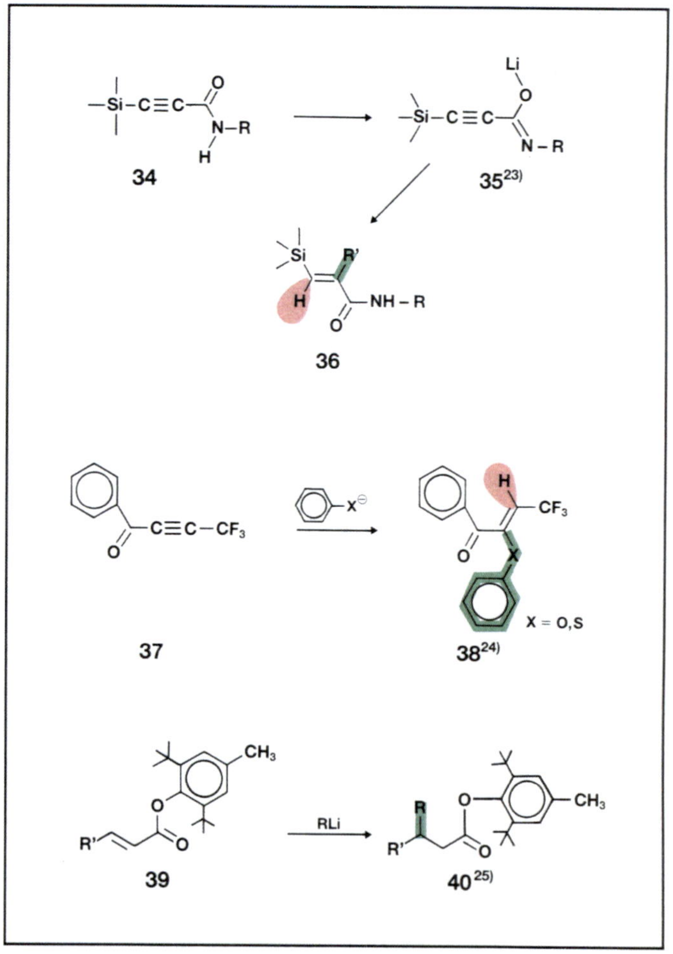

Schema VII

wegweisende Experimente durchführte[14], und über das uns jetzt vor allem von *T. Mukaiyama* aufregende Meldungen zugehen. Hier reißt eine *Lewis*-Säure (z. B. $TiCl_4$) die Elektronenwolke in Richtung auf den Acceptor, und durch ein auf diese Weise frei werdendes Anion wird dann der *Michael*-Donator aus der verkappten Enolkomponente enthüllt und in den Acceptor hineingerissen. Daß hierbei beachtliche Stereoselektivität erzielt werden kann, zeigt ein neueres Beispiel[15] (Schema IV), und daß mit dieser Doppelstrategie auch besonders schwierige Fälle aus dem Feuer gerissen werden können, lehren die Anwendungen, die wir weiter unten bei den *Lewis*-Säuren assistierten Cuprat-Additionen kennenlernen werden.

Bei einer solchen Spannbreite der Reaktionsbedingungen wird man nicht überrascht sein, eine erhebliche Produktabhängigkeit zu erleben. Ein solcher Zusammenhang von Produktkonfiguration und Reaktionsbedingungen ist modellmäßig bereits bei der sehr übersichtlichen, nur sp^2-Zentren hervorbringenden konjugierten Addition an elektronenarme Dreifachbindungen auszumachen[16].

So wird bei langsamem Zusatz des Nucleophils im inerten aprotischen Solvens, da nur das vom Nucleophil „mitgebrachte" Proton verfügbar ist, über einen intramolekularen Protontransfer **20**, Weg Ⓐ vorwiegend das *cis*-Additionsprodukt **21** gebildet. Bei umgekehrter Zutropfweise dagegen kann zumindest in der Anfangsphase bei relativ hohem Nucleophil- bzw. Protonenangebot der Weg Ⓑ (externe *trans*-Protonierung) mit Ⓐ konkurrieren, so daß sich das Produktverhältnis zugunsten von **22** verschiebt. Arbeitet man hingegen in protischen Solventien relativ hoher Acidität, so offerieren diese erwartungsgemäß so bereitwillig Protonen, daß es über Weg Ⓑ zur lupenreinen *trans*-Addition kommt.

Donor-Acceptor-Komplexe vom Typ **20** (s. Schema V) erklären auch diverse präparativ interessante konjugierte Additionen, bei denen entweder der Donor miteingebaut werden kann (**25**) oder lediglich eine katalytische Rolle spielt (**28**, **31**, **33**). Dieser zweite Reaktionstyp könnte auch noch für enantioselektive Transformationen hilfreich sein (s. u.).

Während bei **24** Protonentransfer und *Stevens*-Umlagerung primär ein Enamin erzeugt, der Stickstoff also zunächst im Molekül verbleibt, haben Donatoren im Falle von **27**, **29** und **32** die Aufgabe, nur das π-System zu polarisieren und somit das α-Zentrum gut vorzubereiten fur die Aufnahme des Elektrophils (**27** – Proton, **29** – Acrylnitril, **32** – Aldehyd), um dann anschließend via Substitution (**27**) oder Eliminierung (**30**, **33**) wieder den Hut zu nehmen. Ein einfacher Zugang zu sehr nützlichen Synthesebausteinen und ein Reaktionsprinzip, dessen Karten keineswegs ausgereizt sind.

Die in diesem Zusammenhang immer wieder ins Rampenlicht tretenden Acetylenverbindungen waren auch bei Regioselektivitätsstudien nützliche Untersuchungsobjekte und lieferten kürzlich sogar Beispiele fur den sogenannten *anti-Michael*-Prozeß. So generierten Alkyl-Lithium-Verbindungen aus dem silylierten Amid **34** das Addukt **36**. In gleicher Weise zwingt auch die Trifluormethylgruppe das Thiolat bzw. Phenolat zur Umkehr der Regioselektivität (s. **37**), und durch eingebaute sterische Hinderung (s. **39**) gelang es auf der anderen Seite *M. P. Cooke*, die normalerweise 1,2-Addition absolvierenden lithiumorganischen Verbindungen auf den Pfad der konjugierten Addition zu lenken. Offensichtlich gibt es hier Manipulationsmöglichkeiten, aber speziell bei Fragen der Stereoselektion wird mit diesen kinetisch gelenkten Ereignissen das letzte Wort noch nicht gesprochen sein, speziell dann nicht, wenn das Resultat des kinetisch gelenkten Reaktionsabschlusses der thermodynamisch instabilen Konfiguration entspricht. Das im Schema V angegebene einfache Beispiel illustriert die Szene.

Intramolekularer Protontransfer führt zur Konfiguration **21**, die für den Fall, daß das Nucleophil keine weiteren Wasserstoffe tragt, auch tatsächlich der thermodynamisch stabilen Anordnung entspricht. Trägt das Nucleophil dagegen weitere acide Wasserstoffatome, so wird das Molekul immer dann, wenn die Fixierung von Wasserstoffbrücken zum Acceptor X möglich ist, eilends der stabileren Konfiguration **21** zustreben. Umgekehrt wird das durch externe Protonierung gebildete Addukt **22**, wenn keine Wasserstoffbrücke konstruierbar ist, rasch in die Konfiguration **21** überwechseln.

Wird diese Klaviatur der kinetischen und der thermodynamischen Kontrolle richtig beherrscht und ausgespielt, so ist der praparativ synthetische Ertrag besonders hoch, wenn es gelingt, im kinetisch gelenkten Reaktionsakt die thermodynamisch instabile Konfiguration zu generieren, zu bewahren und endlich auch zu isolieren. Anschließende Isomerisierung macht dann die Hierarchie der thermodynamisch stabileren Stereoisomeren zugänglich – ein Resultat, das bei der Synthese gemeinsam in der Natur vorkommender Stereoisomerer einer Naturstoffklasse sowie für Studien zur Konfigurationsabhängigkeit der biologischen Aktivität äußerst hilfreich sein kann. Bei der Synthese der Heteroyohimbinalkaloide haben wir diese Karte ausgespielt (Schema VIII). Wird die basenkatalysierte *Michael*-Addition von Malonester an das ungesattigte Keton **41** bei Raumtemperatur in Malonester als Solvens durchgeführt, so läßt sich das kinetisch kontrollierte Produkt der *trans*-Addition **42** isolieren. Bei dieser Addition ist natürlich das Einschweben des Malonesters kontrolliert durch das Zentrum C_3 (1,3-Induktion) und erfolgt von der Seite des kleineren β-ständigen Wasserstoffatoms. Durch stereokontrollierte Reduktion der Ketogruppe gewinnt man aus **42** zwei stereoisomere Lactone. Diese Sequenz ist natürlich auch mit dem durch Basenkatalyse herstellbaren Keton **44** zu absolvieren, und da dieses Keton wie auch die jeweiligen C_3-Epimerisierungsprodukte (siehe z. B. **44** → **43**) je zwei Lactone zugänglich machen, wirft die *Michael*-Addition an **41** insgesamt 8 definiert konfigurierte und gezielt darstellbare pentacyclische Lactone ab, die allesamt in die entsprechenden Heteroyohimbinalkaloide überführbar sind[26, 27]. Mit dieser einen Kostprobe, bei der man sich der oben erwahnten klassischen Reaktionspartner bedient, ist wohl die große Bedeutung des kinetisch wie thermodynamisch kontrollierten Reaktionsabschlusses hinreichend dokumentiert.

Im folgenden wird zunächst ein etwas genauerer Blick auf die verschiedensten moderneren Kombinationen von Donatoren und Acceptoren und die daraus sich ergebenden präparativen Möglichkeiten not-

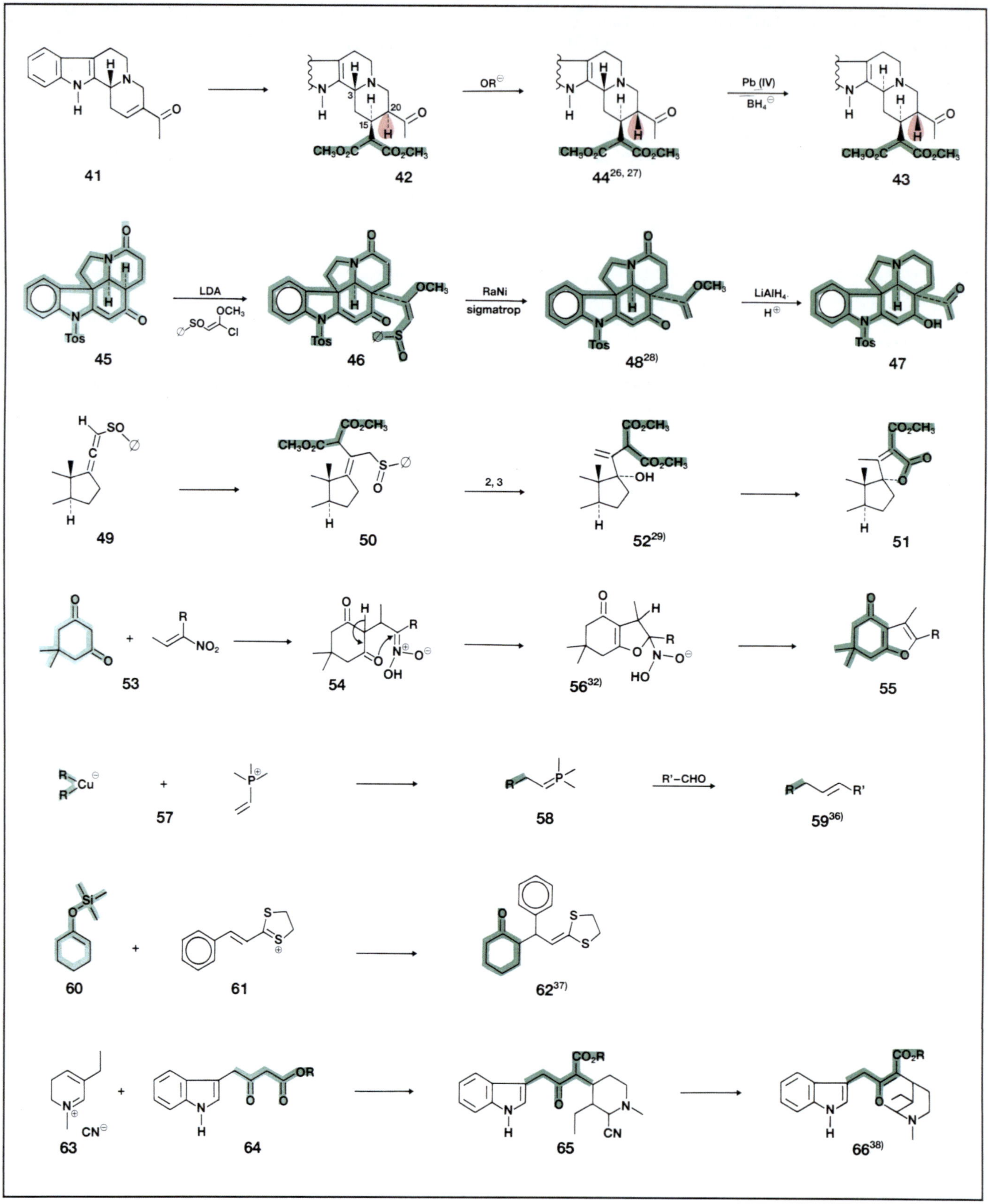

41 → 42 (3, 15, 20; CH_3O_2C, CO_2CH_3) —$OR^{\ominus}$→ 44[26, 27] —Pb (IV), $BH_4^{\ominus}$→ 43

45 (Tos) —LDA, $\varnothing$-SO-C(OCH$_3$)=CH-Cl→ 46 (OCH_3, Tos, $\varnothing$-S=O) —RaNi, sigmatrop→ 48[28] (OCH_3, Tos) —$LiAlH_4$, $H^{\oplus}$→ 47 (OH, Tos)

49 (H, SO$\varnothing$) → 50 (CO_2CH_3, CH_3O_2C, S-$\varnothing$, O) —2, 3→ 52[29] (CO_2CH_3, CO_2CH_3, OH) → 51 (CO_2CH_3)

53 + R-CH=CH-NO_2 → 54 (H, R, $N^{\oplus}$-$O^{\ominus}$, OH) → 56[32] (H, R, N-$O^{\ominus}$, HO) → 55 (R)

$R_2Cu^{\ominus}$ 57 + $P^{\oplus}$ → 58 → R'–CHO → 59[36] (R, R')

60 (Si) + 61 (S, $S^{\oplus}$) → 62[37] (S, S)

63 ($N^{\oplus}$, $CN^{\ominus}$) + 64 (N-H, OR) → 65 (CO_2R, N-H, N, CN) → 66[38] (CO_2R, N-H, O, N)

Schema VIII

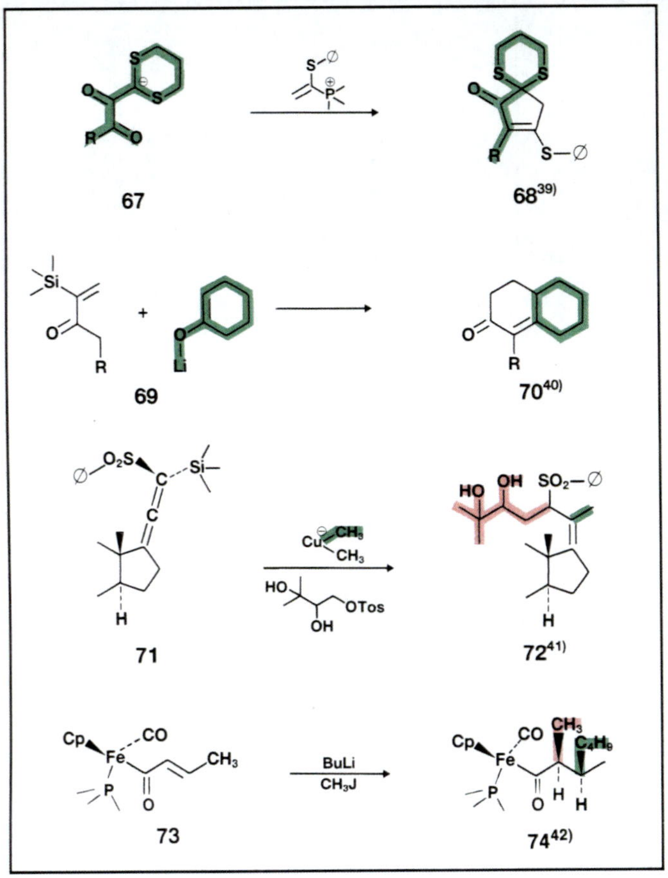

Schema IX

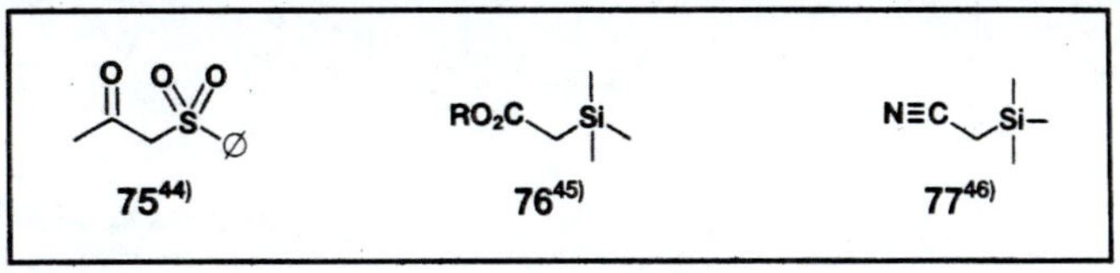

Schema X

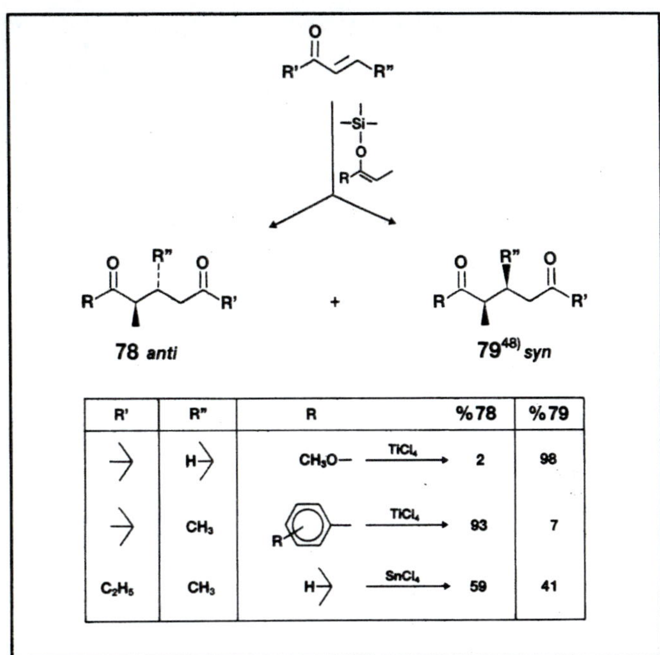

Schema XI

wendig sein, damit wir dann anschließend, mit diesen Kenntnissen ausgestattet, möglichst detailliert die Gretchenfrage nach der Stereoselektivität stellen können.

In die Riege der Acceptoren wurden neben den altgedienten Carbonyl- und Nitrilgruppen als besonders hoch gehandelte Neulinge Sulfoxide[28, 29, 30] und Sulfone[31], aber auch Nitrogruppen[32, 33], Isonitrile[34], Phosphonate[35] sowie Phosphonium-, Sulfonium- und Imoniumsalze aufgenommen. Einige willkürlich aus dem großen Angebot herausgegriffene neuere Beispiele demonstrieren die Bandbreite und geben zusätzlich den Blick frei auf einige speziell durch diese neuen Acceptoren sich ergebenden nützliche Folgeprozesse. Die im Schema VIII vorgelegten Reaktionen liefern zwar einen ersten Eindruck von der Vielfalt der präparativen Möglichkeiten, aber das Schema IX lehrt zusätzlich, daß man sich besonderen Gewinn von der Kombination verschiedener funktioneller Gruppen versprechen kann, die, auf welche Weise auch immer, die negative Ladung im *Michael*-Addukt stabilisieren können. Nicht nur, daß sie nützliche Folgeprozesse auf den Weg bringen (s. **68**), sondern darüber hinaus verhindern sie ärgerliche Nebenreaktionen, indem sie wenig ergiebige Gleichgewichte effizient auf die Produktseite reißen. *G. Stork*[40] hat diese Möglichkeit am Beispiel der Trimethylsilylgruppe sehr überzeugend vorexerziert (s. **69**), und bei Acceptorallenen verhindert dieser Trick unerwünschte Deprotonierungsprozesse[41]. Ähnliche Effekte wurden auch bei der Phenylselenidgruppe registriert, ein Handlanger, der überdies nach vollzogener Addition über oxidative Eliminierung das α,β-ungesättigte Carbonylsystem wieder herzustellen vermag. Das letzte Beispiel (**73**) zeigt, daß, wenn es um Selektivität geht, auch vor sehr komplexen Strukturen nicht zurückgeschreckt wird. Aber die bemerkenswerten Resultate, die dieser Verbindungstyp bei enantioselektiven Transformationen hervorbringt (s. nächstes Kapitel), belegen, daß sich der hohe Einsatz lohnt[42, 43].

Natürlich sind mit vergleichbarem Einfallsreichtum auch die Donatoren variiert worden, wobei nicht minder nützliche Bausteine aufgefunden wurden. Während es wohl noch sehr naheliegend ist, neben Donatoren wie **75**[44], **76**[45] und **77**[46] auch Thioenolate[47] sowie normale Enolsilylether[48] einzusetzen – wobei letztere, wie Schema XI zeigt, auch noch eine interessante Substituenten- und Katalysatorabhängigkeit bescheren –, liegt bei dem von *M. T. Reetz* empfohlenen doppelten Enolsilylether **80**[49] eine zwar recht exotische, aber offenbar leistungsstarke Umpolungsvariante vor.

Natürlich sind auch Enamine höchst willkommen als Donatoren[50–53], und wie Schema XII zeigt, stehen den Primäradukten diverse Routen für anschließende Cyclisierungsreaktionen offen. Neben *Mannich*-[54] und *Wittig*-Cyclisierung[55] kann

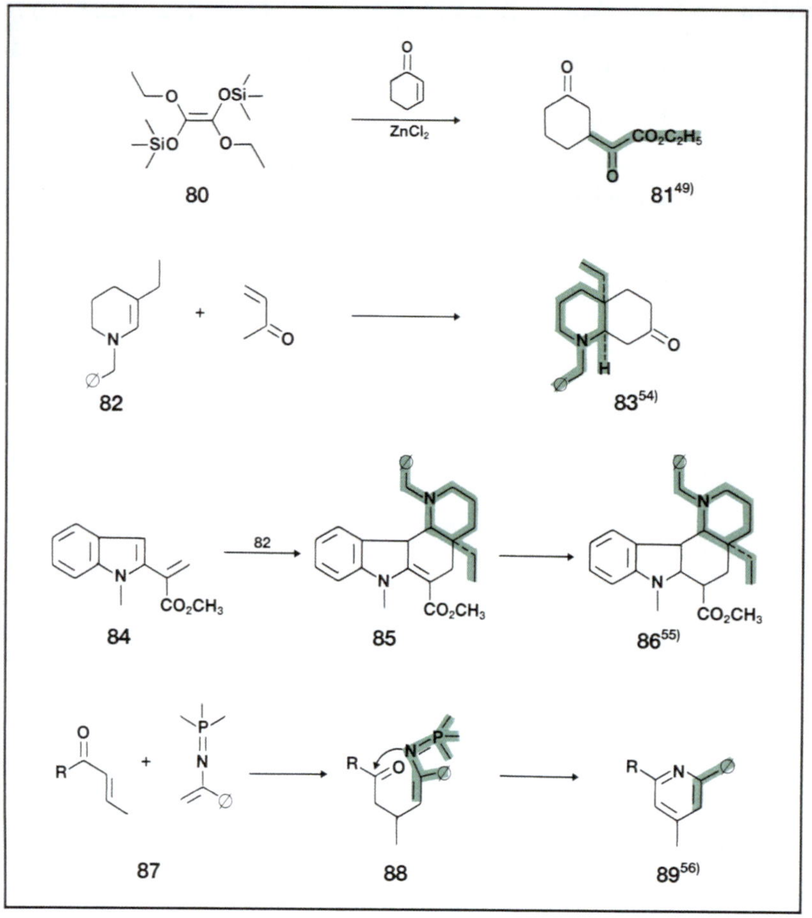

Schema XII

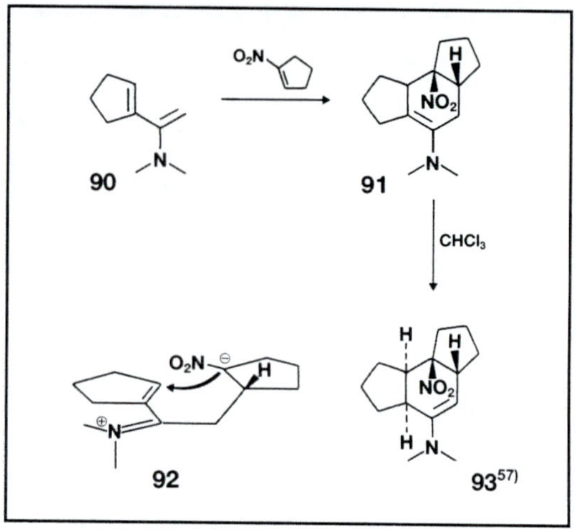

Schema XIII

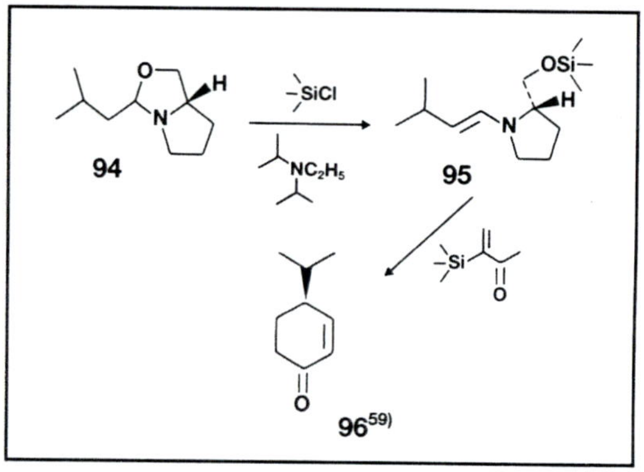

Schema XIV

auch pericyclischer Reaktionsverlauf[56] das Geschehen beenden. Es ist hier jedoch wichtig zu erkennen, daß sowohl die Überführung **84** → **85** im Schema XII als auch die doppelte zum Tricyclus **91** führende *Michael*-Addition[57] im Schema XIII rein formal im Niemandsland zwischen konjugierter Addition und *Diels-Alder*-Cycloaddition angesiedelt sind. In diesen Fallen ist indessen die Zweistufigkeit und somit die Zugehörigkeit zum *Michael*-Territorium leicht an der Entstehung von Zwischenprodukten zu erkennen. So lassen sich z. B. die dem Intermediat **92** entsprechenden Enamine in einigen Fällen isolieren. Ähnlichen Grenzgängern werden wir auch im nächsten Kapitel bei den typischen *Michael*-Cyclisierungen begegnen, und *S. J. Danishefsky*[58] hat kürzlich auch bei katalysierten Cycloadditionen zwischen elektronenreichen 4π-Systemen und Carbonylverbindungen durch Variationen der Edukte und Katalysatoren deutlich den Grenzverlauf zwischen Cycloaddition und dem ionischen Doppelschritt (Aldol-Addition + 1,4-Addition) markiert. Offensichtlich gibt es hier, wie auch bei anderen konzertierten Prozessen, fließende Übergänge.

Das Ausmaß der Stabilisierungsfähigkeit für Ladungen entscheidet somit über die Le-

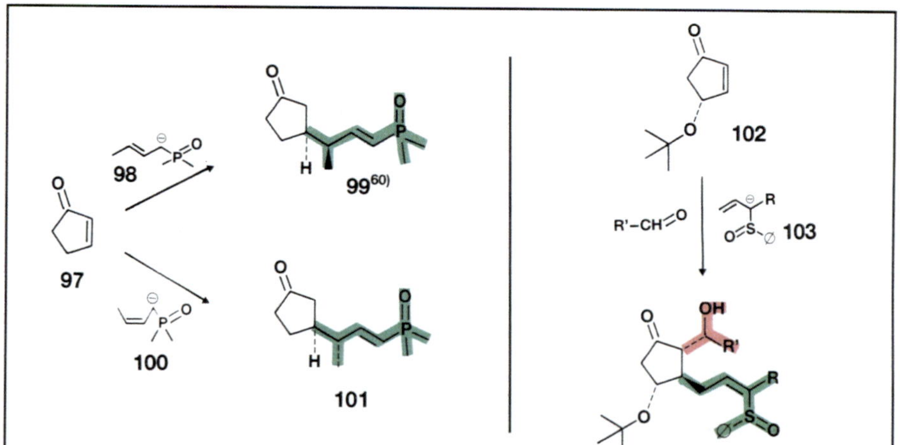

Schema XV

Schema XVI

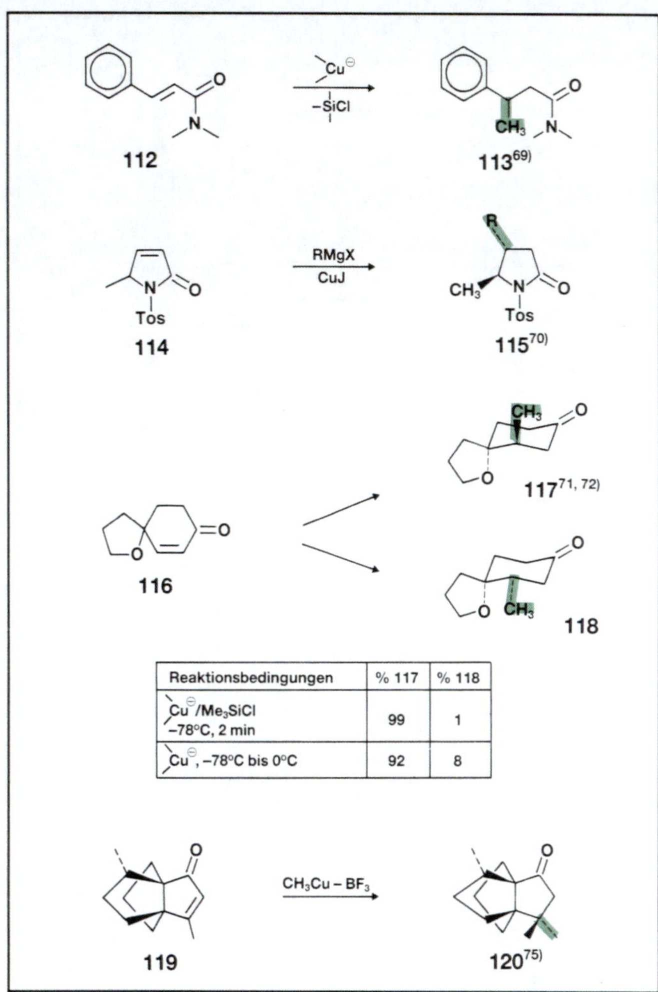

Reaktionsbedingungen	% 117	% 118
Cu⊖/Me₃SiCl −78°C, 2 min	99	1
Cu⊖, −78°C bis 0°C	92	8

Schema XVII

benserwartung ionischer Intermediate. Es ist sehr beruhigend zu sehen, daß „natura non saltat" auch bei mechanistischen Fragestellungen Gültigkeit behält.

In chiraler Umgebung verborgene und erst durch Etherspaltung virulent werdende Enamine wie z. B. **95** können auch für enantioselektive Additionen (s. a. nächstes Kapitel) genutzt werden[59].

Speziell vom stereochemischen Standpunkt besonders interessante wie auch praparativ nützliche Resultate erhält man mit Allylanionen wie **98**, **100**[60] und **103**[61] (Schema XV), aber auch die weiter unten angeführte *Sakurai*-Reaktion (Schema XXI) mit Allylsilanen ist eine äußerst ergiebige Variante. Ganz ungewöhnlich vielfältige Anwendungsmöglichkeiten und aufregende stereochemische Erfolge werden nun aber aus dem Gebiet der symmetrischen und unsymmetrischen Cuprate mitgeteilt, die der konjugierten Addition völlig neue Perspektiven eröffnet haben[62–68]. Nicht genug damit, daß ausgezeichnete Chemoselektivität (s. **110** → keine Butenolidaddition), Regioselektivität (s. **108** → keine 1,6-Addition) und Stereoselektivität (s. bei **105** auch Solvensabhängigkeit) registriert werden, gelingt es doch, darüber hinaus durch geeignete Reagenzvariationen den elektronischen Charakter in weiten Grenzen zu manipulieren (s. Schema XVII). Wie diese Transformationen zusammen mit der Bildung von **111** im Schema XVI demonstrieren, wird eine bemerkenswerte Steigerung der Reaktionsgeschwindigkeit durch Zusatz der *Lewis*-Säure Trimethylchlorsilan erzielt, ja es können mit dieser Kombination selbst α,β-ungesättigte Amide und Lactame umgesetzt werden[69] (s. **112**), bei denen normalerweise vorherige Bildung des N-Tosylderivates nötig ist, wie Beispiel **114** zeigt. Auch der sterische Verlauf ändert sich in Gegenwart dieser *Lewis*-Säure, weil das kinetisch zu erwartende *anti*-Additionsprodukt **117** durch Silylierung festgenagelt wird und nicht in das *syn-anti*-Gleichgewicht (s. **118**) entfliehen[71–73] kann. Setzt man dann gar BF_3 zu, so werden, wie *Y. Yamamoto* kürzlich in einem äußerst informativen Übersichtsartikel zeigte[74], durch diese Maßnahme selbst aus sterischen Gründen unbefriedigend verlaufende Additionen auf Trab gebracht[75, 76] und liefern interessante Reaktionsprodukte[77]. Ja, es kann nach einer neueren Studie von *Y. Yamamoto*[78] sogar die Regioselektivität zu einer quasi-*anti*-

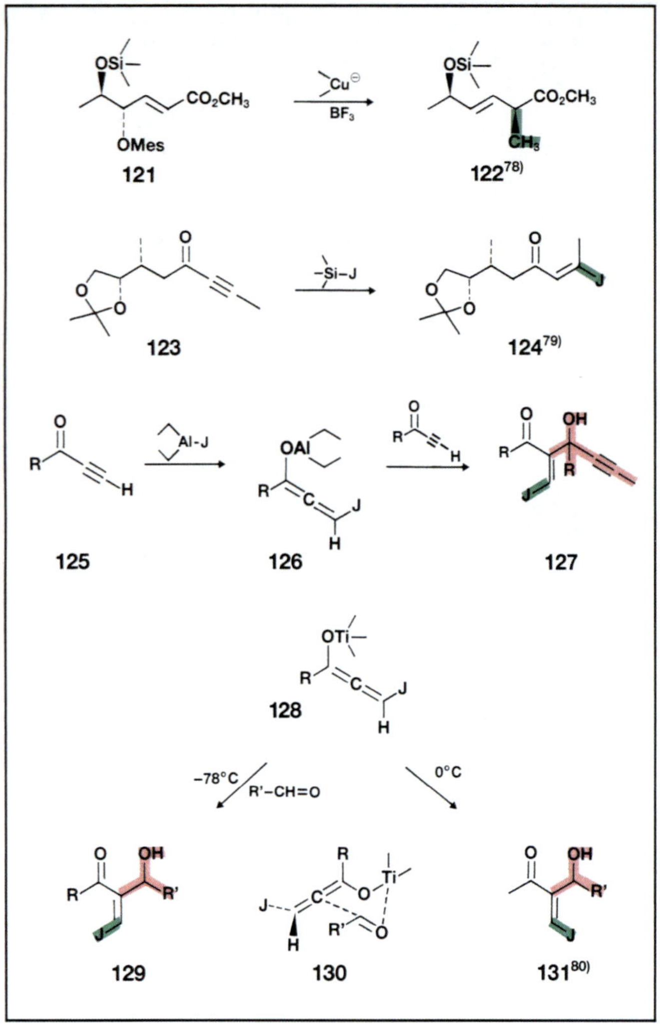

Schema XVIII

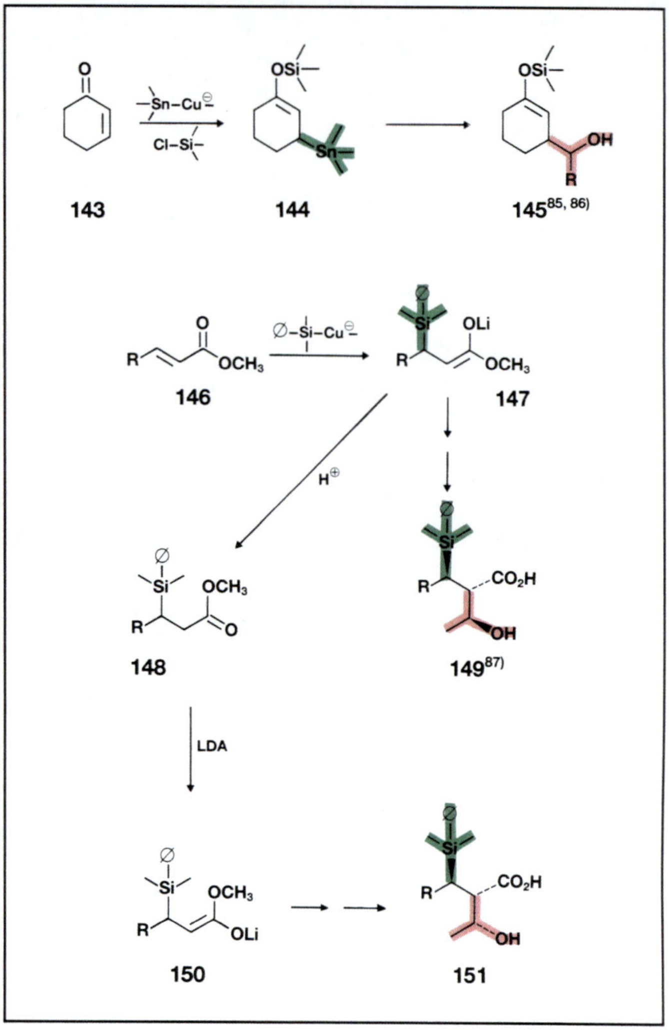

Schema XX

Michael-Addition umgedreht werden, ohne daß Abstriche bei der Stereoselektivität gemacht werden müssen (s. **122**). Eine aus präparativer Sicht höchst willkommene Kooperation von *Lewis*-Säure und Nucleophil fädelten *T. Hino* und *Y. Kishi* jüngst bei der *Lewis*-Säuren-unterstützten Iodid-Addition an aktivierte Dreifachbindungen ein, die zum einen vinyloge Säureiodide definierter Konfiguration liefert (s. **124**), zum anderen aber auch die Chance bietet, die primär gebildeten Allen-Enolate für stereoselektiven Aldolabfang zu nutzen (s. Schema XVIII). In Abhängigkeit von der Reaktionstemperatur kann sowohl das kinetisch kontrollierte Z-Olefin **129** als auch die thermodynamisch stabile *E*-Konfiguration **131** präpariert werden. Die Erklärung für die kinetische Präferenz kann ohne Umschweife auf der Basis der im voranstehenden Kapitel (Aldoladdition) erläuterten Lenkungsprinzipien gegeben werden (s. **130**). Der zu **131** führende Übergangszustand hätte die schwere Hypothek ärgerlicher J ⟷ R′-Interaktionen zu tragen.

Es versteht sich von selbst, daß derartige bei konjugierten Additionen entstehende Enolderivate ganz allgemein für unmittelbar auf dem Fuße folgende elektrophile Folgeprozesse in Frage kommen, und wir werden die große Vielfalt dieser Tandemprozesse im nächsten Kapitel in Augenschein nehmen. Den einfachsten Fall der gezielten oxidativen Weiterverarbeitung beschrieb *S. E. Denmark*[81] (s. **134**) für einige cyclische Derivate.

Die wichtige Rolle des Zweitliganden eines gemischten Cuprats wurde mehrfach diskutiert[64, 67]. Hier mag es genügen zu erwähnen, daß die präparativ nützliche, 1,6-Diketone (s. **138**) hervorbringende Transformation von Acylsilanen[82] nur mit einem Silylacetylid (s. **139**) bewerkstelligt werden kann und daß im Falle des Epoxids **140** eine drastische Änderung des Reaktionsverlaufes mit der Variation des Zweitliganden einhergeht[83].

Besondere Höhepunkte der Konstitutions- und Konfigurationsmanipulation werden erreicht, wenn schließlich selbst Elemente wie Zinn und Silizium als Cupratliganden Nucleophilie entfalten und somit die Umpolung des β-Kohlenstoffatoms ungesättigter Carbonylverbindungen auslösen (s. **144**). Ein Paradebeispiel der Konfigurationsmanipulation bietet hier das von *I. Fleming* eingeführte Silyl-Cuprat-Reagenz[84],

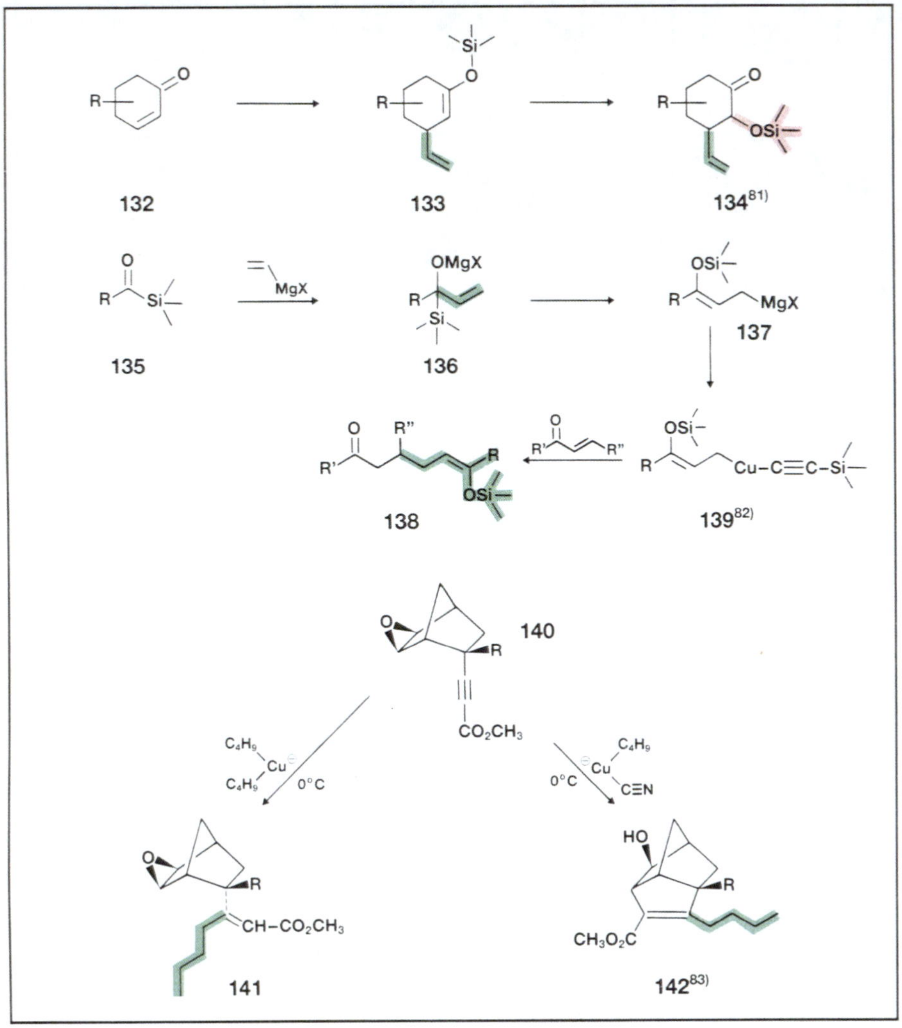

Schema XIX

mit dem hohe Stereoselektivität bei der anschließenden Aldoladdition erzielt werden kann (s. Schema XX). Es sei nur noch am Rande vermerkt, daß die Aldole **149** und **151** über solvolytische Decarboxylierung oder Thermolyse der korrespondierenden β-Lactone glatt in die sterisch einheitlichen *E*- bzw. Allylsilane überführbar sind und daß die durch konjugierte Addition stereoselektiv angebrachten Dimethylphenylsilylgruppen als konfigurativ definierte (Retention) schlafende Hydroxylgruppen anzusehen sind, die jederzeit durch oxidative Desilylierung aufgeweckt werden können. Dem vermuteten radikalischen Reaktionsverlauf dieser Additionen Rechnung tragend, hat *J. L. Luche* kürzlich reduktive 1,4-Additionen mit einem Zn/Cu-Paar sogar in wäßrigem Medium[88] durchgeführt und bei recht simpler Reaktionsführung imponierende Ausbeuten erzielt[89].

Cyclische Stereoselektivität

Bei mehreren der in den Formelschemata X bis XX aufgelisteten *Michael*-Donatoren sind bereits ihre z. T. bemerkenswerte Stereoselektivität sowie die Beeinflußbarkeit des sterischen Verlaufes konstatiert worden. Grund genug, jetzt, nachdem die wichtigsten chemischen Fakten zusammengetragen worden sind, nach der Stereochemie konjugierter Additionen zu fragen. Den einfachsten Fall repräsentieren dabei stets cyclische Systeme, und man ist nicht überrascht, ausgezeichnete lenkende Wirkung durch Nachbarsubstituenten als 1,2-[90] und 1,3-Induktion[45, 91, 92, 93] zu registrieren (s. Schema XXI). Zusätzlich scheint es hier wichtig, auf ein chemisch recht interessantes Beispiel der *Sakurai*-Addition[94, 95] hinzuweisen, der wir vor allem als intramolekularisierte Variante bei stereoselektiven Cyclisierungen wieder begegnen werden (**159**→**160**).

Das Arbeitspferd als Modell einer starren cyclischen Struktur ist auf diesem Feld seit den späten sechziger Jahren das Nitril **161** bzw. die korrespondierenden Carbonylverbindungen. Mit diesen wurde nicht nur die *trans*-Addition, sondern auch der vorwiegend axiale Angriff für das durch kinetisch kontrollierten Reaktionsabschluß gebildete *Michael*-Addukt mehrfach belegt (s. Schema XXII). Diese Aussagen fanden wir bei unserer Akuammigin-Synthese[26] (s. Schema VIII) bestätigt, wobei natürlich zu berücksichtigen ist, daß sich hier, wie auch bei anderen Additionen (s. z. B. **161**), die stabile Konformation der Reaktionsprodukte post festum einstellt, so daß der *Michael*-Donator keineswegs die axiale Anordnung aufrechterhalten muß. Es genügt wohl, festzuhalten, daß die Annäherung des Donors ($D^{\ominus}$, s. Schema XXIII) in aller Regel von der weniger behinderten Seite senkrecht zur Doppelbindung in der *Dunitz-Bürgi*-Einflugschneise erfolgt und das Proton antikoplanar eingefangen wird.

Von konformativ starren Dekalin- und Hydrindan-Derivaten sind natürlich auch unzweideutige Aussagen zu erwarten, und die im Schema XXIV vorgelegten Additionen sollen nicht nur das stereochemische Argument erhärten, sondern gleichzeitig mit weiteren präparativ nützlichen Nucleophilen vertraut machen. So ist die Einführung einer konformativ axial fixierten *tert*-Butylgruppe schon ein rechtes Bubenstück, aber aus der Tatsache, daß *tert*-Butyllithium direkt addiert, zieht man den wohl berechtigten Schluß, daß Radikalanionen involviert sein könnten[102]. Während bei **175**[103], **176**[104] und **178**[105] verkappte Funktionalität eingeschleust wird, liefert Trimethylsilylcyanid direkt das Nitril[106]. Diese Installation von Nitrilgruppen kann auch nach *W. Nagata*[107] mit Diethylaluminiumcyanid oder nach *T. Saegusa*[108] mit *tert*-Butylisonitril bewerkstelligt werden. Den Erwartungen entsprechend eignen sich konformativ fixierte Spirosysteme ebenfalls gut zur Gän-

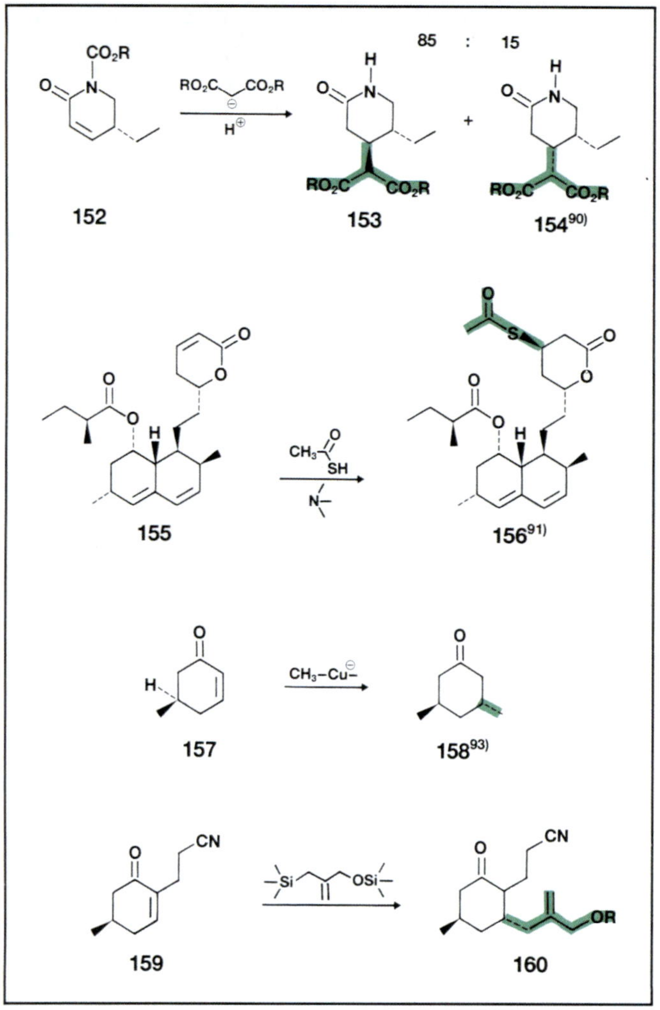

Schema XXI

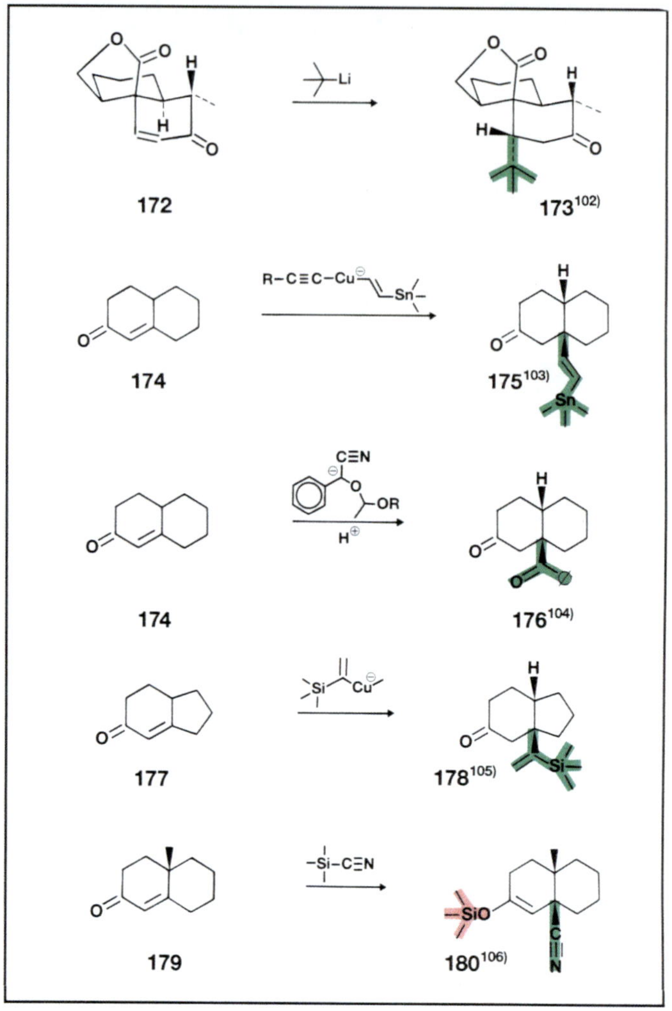

Schema XXIV

gelung des *Michael*-Donators. *P. Deslongchamps* demonstrierte am ungesättigten Spirolacton **181** die *trans*-Addition, wobei in diesem Falle das Enolat durch oxidativen Abfang ruhiggestellt wurde. Die α-ständige Methylgruppe im Nachbarring steht gewiß in zwingendem Verdacht, für diese Lenkung verantwortlich zu sein. Gleichzeitig liegt hier einmal mehr ein schönes Exemplar einer unter direktem Weiterreichen der Ladung verlaufenden Tandemreaktion vor[109].

Besonders komplex und interessant wird die Frage nach der Lenkung am cyclischen System, wenn mehrere und verschiedene Substituenten ihren Einfluß geltend machen können und wenn darüber hinaus sowohl Substrat als auch Reagenz variationsfähig sind. Eine sehr schöne und informative Sequenz verdanken wir hier *P. L. Fuchs*[110, 111] und Mitarbeitern, die das speziell von *G. H. Posner*[112, 113] näher studierte Vinylsulfon als Acceptor operieren ließen. Während die Addition von Alkyllithium an **184** durch hohe *trans*-Selektivität glänzt, überrascht das korrespondierende Cuprat mit ausgezeichneter *cis*-Präferenz (99:1, s. **185**).

Die Rolle der Aminogruppe in diesem Spiel wird besonders durch die Beobachtung

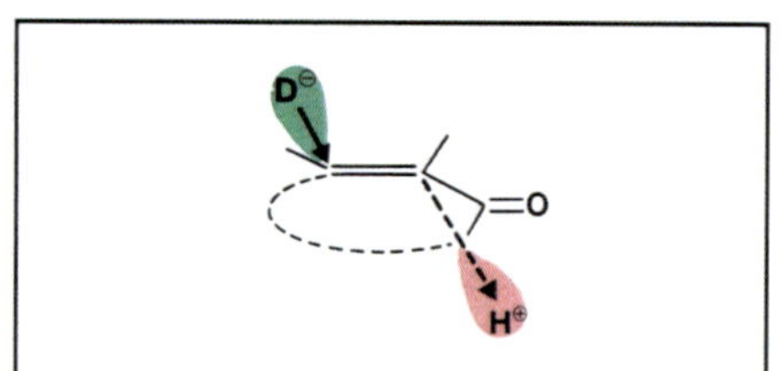

Schema XXIII

deutlich gemacht, daß ein unsubstituiertes, schlichtes Cyclopentenylsulfon derartige Cupratadditionen nur sehr unbefriedigend und unter Bildung diverser Nebenprodukte absolviert. Es kann somit die Vermutung geäußert werden, daß eine Dialkylaminogruppe in einer Cuprataddition aktives Volumen repräsentiert und zur *cis*-Attacke anstiftet. Die Erklärung dieses Resultats wird nicht gerade eben erleichtert durch den Befund, daß auch das entsprechende Quartar-Ammoniumsalz die gleiche *cis*-Selektivität beschert (AT-Komplex?).

Schon jetzt sei darauf hingewiesen, daß die anschließende *Hofmann*-Eliminierung nicht nur leicht den sterischen Ausgang belegende Vinylsulfone (**186**, **188**) liefert, an denen der unterschiedliche Verlauf der konjugierten Addition unmittelbar abgelesen

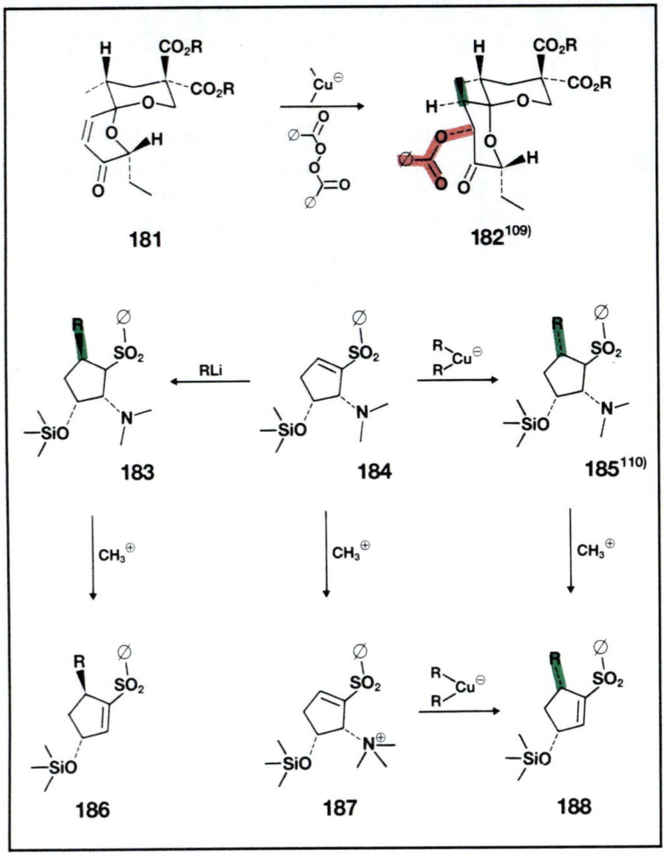

Schema XXV

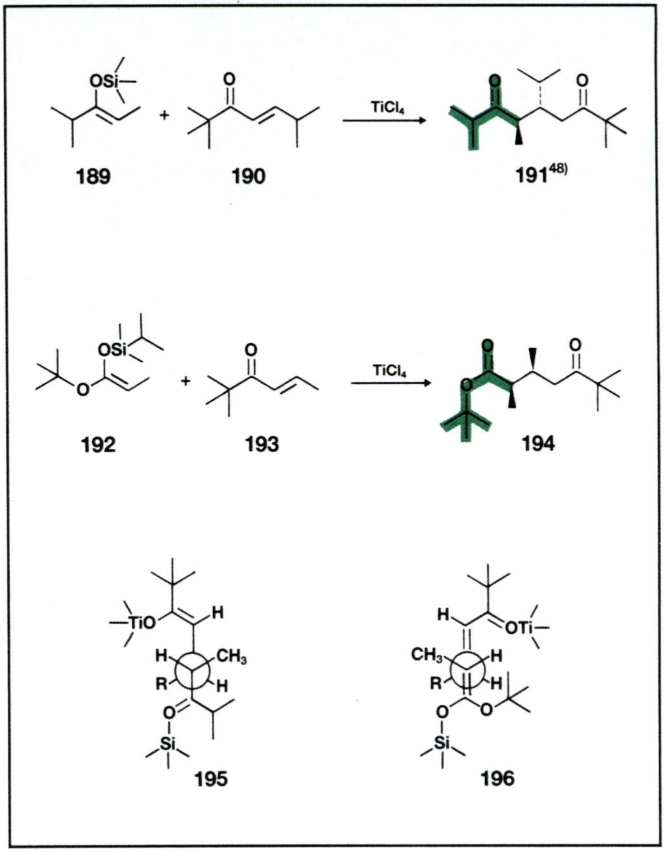

Schema XXVI

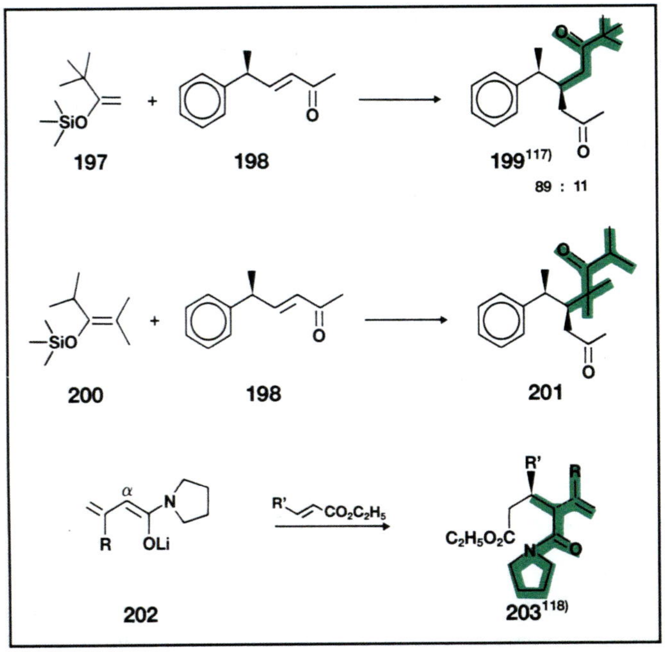

Schema XXVII

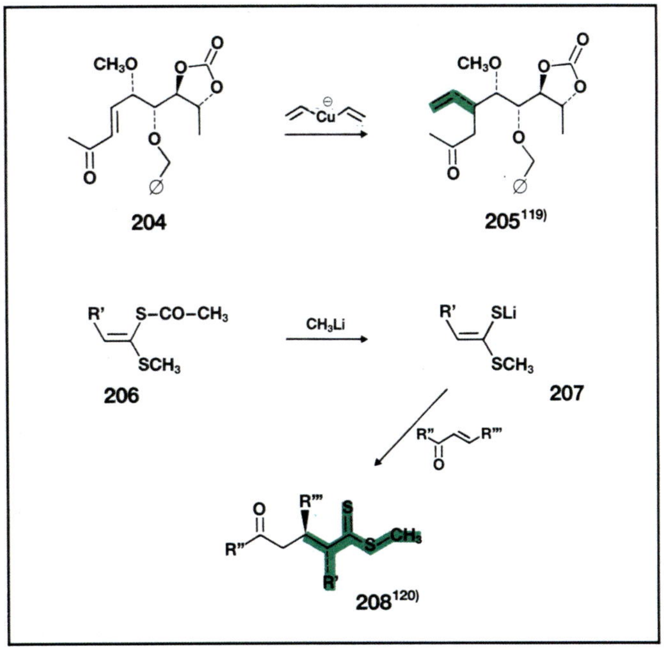

Schema XXVIII

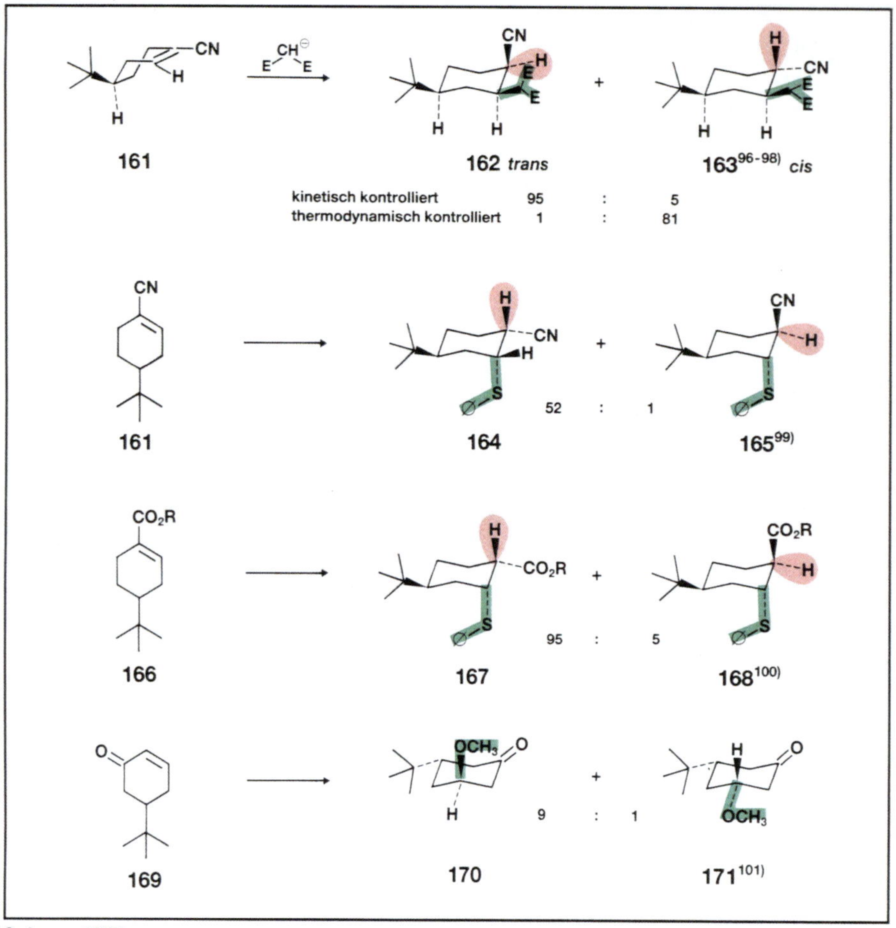

Schema XXII

werden kann, sondern damit gleichzeitig einen neuen *Michael*-Acceptor generiert, der für weitere konjugierte Additionen zur Verfügung steht. Hier prasentiert sich also der Typ des für Additionssequenzen verwendbaren sich regenerierenden Mehrfachacceptors. Kann diese Reetablierung der Doppelbindung unter den Bedingungen der Addition vollzogen werden, so sind interessante Reaktionskaskaden prognostizierbar. Diesen Prozessen wird u. a. im nächsten Kapitel nachgespürt werden.

Acyclische Stereoselektivität

Wie bei allen bisher beschriebenen stereoselektiven Transformationen wird auch bei der *Michael*-Addition die hohe Schule der Diastereoselektivität auf dem Feld der acyclischen Konfigurationslenkung geritten. Einige Beitrage zu dieser Problemstellung liegen bereits vor und sollen im folgenden kurz kommentiert werden (s. Schema XXVI).

Im Rahmen einer umfangreichen systematischen Studie der *Mukaiyama*-Variante konnten *C. H. Heathcock* und Mitarbeiter[48] in einigen Fällen beachtliche *anti*-Selektivität aufdecken (s. **191**), die jedoch im Falle der korrespondierenden Ketenacetale **192** in *syn*-Selektivität umschlägt (s. **194**). Zur Erklärung verweisen die Autoren auf die Modelldeutungen **195** und **196**, wobei der Fall **195** ohne Zweifel zur Minimalisierung aller nichtbindenden Wechselwirkungen führt, wahrend **196** wohl dem hohen Raumbedarf einiger sperriger Gruppen Rechnung tragen soll.

Die ganz allgemeine Beobachtung, daß ein hoher Substitutionsgrad am Donorzentrum hohe Selektivität garantiert[114, 115, 116], ist ebenfalls aus diesen Formulierungen ablesbar, und sie konnte bei einer anschließenden Studie an enantiomerenreinen Acceptoren überzeugend bestätigt werden[117] (s. Schema XXVII). Während das unsubstituierte Enolderivat **197** es nur bis zu einem 89:11-Verhältnis zugunsten der *syn*-Anordnung bringt, glanzt die Dimethylverbindung **200** mit dem reinen Diastereomeren **201**.

Die entscheidende Rolle der Substituenten am Donormolekul offenbart sich am augenfälligsten in einer Studie von *M. Yamaguchi*[118], der Amidderivate vom Typ **202** an substituierte Acrylester addierte. Die verschiedenen Amide lieferten recht unterschiedliche Resultate, wobei das in Schema XXVII angegebene Pyrrolidid mit schoner Zuverlässigkeit bei sehr hoher α-Selektivität eine ausgeprägte threo-Präferenz zeigte. Dank der Tatsache, daß die Estergruppe bei $-40\,°C$ selektiv reduzierbar ist ($LiAlH_4$), eröffnet sich damit eine interessante Route zu definiert konfigurierten δ-Lactonen[118].

Wie am Beispiel **198** bereits belegt, kann ein definiert konfiguriertes γ-Zentrum die 1,4-Addition sehr effizient lenken, und dieses ließ sich auch bei Cupratadditionen, also streng nucleophilem Angriff, verifizieren. So liefert die Vinylcuprataddition an das ungesattigte Keton **204** nur 2 % des korrespondierenden β-Vinylproduktes[119]. Um bei der Analogie zur Aldoladdition zu bleiben, rasch noch ein Blick auf die Enolat-Konfiguration. Auch hier ist es angebracht, diesem Detail höchste Aufmerksamkeit zu schenken, denn *P. Metzner* und Mitarbeiter[120, 120a] zeigten jüngst, daß nur das Ketenacetalderivat **207**, für dessen stereoselektive Bildung sich die Spaltung des Thioacetats **206** anbietet, bei der anschließenden konjugierten Addition mit ausgezeichneter *anti*-Selektivität aufwarten kann. Am Beispiel definiert konfigurierter Lithium-Enolate konnte *C. H. Heathcock* kürzlich ebenfalls Z-Enolaten eine beachtliche *anti*-Präferenz, den entsprechenden *E*-Enolaten hingegen Bevorzugung der *syn*-Konfiguration nachweisen[121].

Traumziel aller stereoselektiven Exerzitien ist natürlich manipulierbare Selektivität, die je nach Wahl zu der einen oder anderen Kombination von Konfigurationen geführt werden kann. Entsprechende Beispiele sind in den Schemata XX, XXV und XXVI bereits angeführt, und ein recht interessanter Beitrag von *M. Isobe*[122] soll diese Problematik ausleuchten. Nachdem Verbindungen vom Typ **209** Methyllithium, offenbar chelatdirigiert, mit ausgezeichneter *syn*-

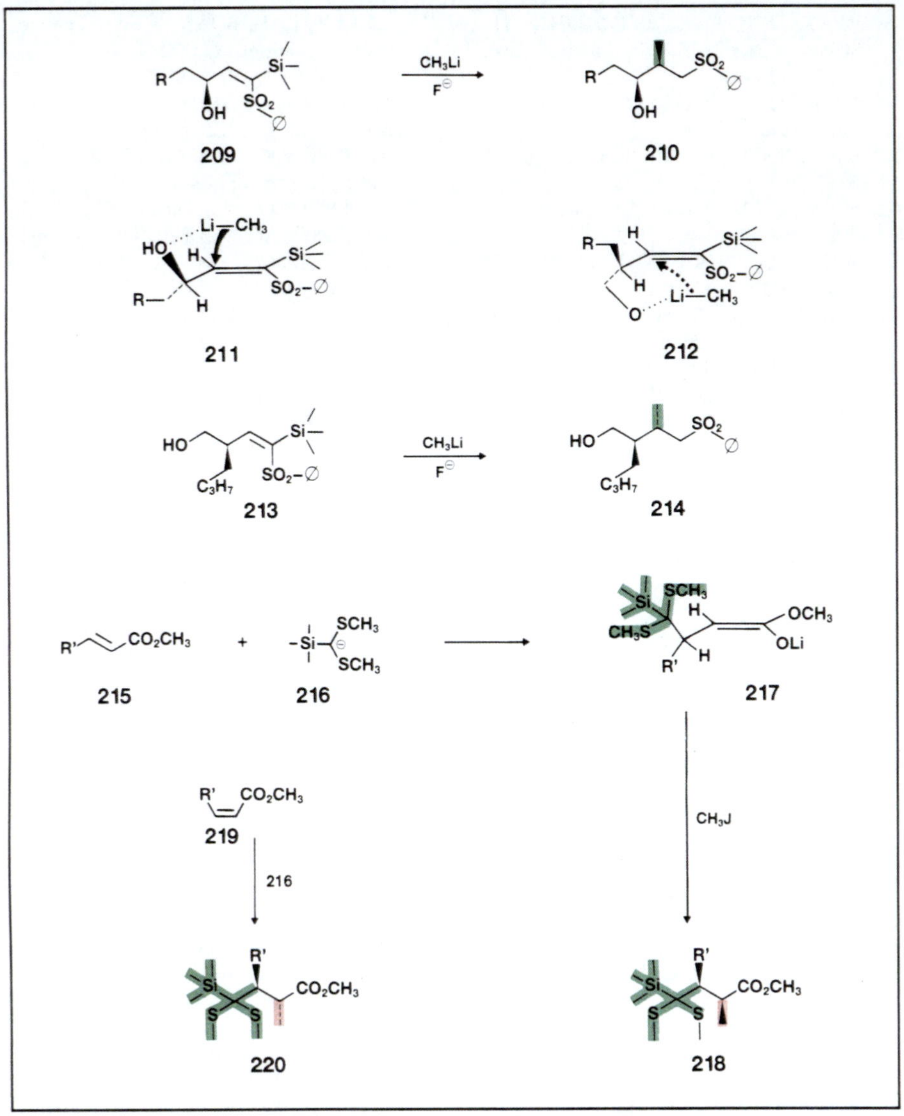

Schema XXIX

Selektivität aufgenommen hatten, lag aufgrund des dazu diskutierten Mechanismus **211** der Schluß nahe, daß eine β-Hydroxylgruppe, den gleichen Vorstellungen folgend die Angriffsrichtung umkehren mußte. In der Tat registrierte man mit **213** wie auch mit anderen komplexeren β-Hydroxy-Verbindungen hohe *anti*-Selektivität, und es ist dabei zu vermerken, daß die freien OH-Gruppen tatsächlich unverzichtbar sind, denn entsprechende Ether geben eine hochst enttäuschende Vorstellung.

Schließlich sei noch mit einer einfachen Addition demonstriert, daß natürlich auch *Michael*-Enolate, die nicht durch Protonierung, sondern mit irgendeinem anderen Elektrophil (in diesem Fall Methyliodid) ruhiggestellt werden, hohe Diastereoselektivitäten bescheren können. Das durch manipulierbaren Raumanspruch und hohe synthetische Flexibilitat ausgezeichnete Nucleophil **216** führt über einen derartigen Tandem-Prozeß (s. z. B. **217**) zu den definiert konfigurierten Estern **218** und **220**[123].

Diese vielversprechende Variante, bei der dem *Michael*-Enolat interessante Folgeaufträge zugewiesen werden, die es dann intermolekular oder intramolekular zu absolvieren hat, werden wir zusammen mit verschiedenen nützlichen Reaktionskombinationen sowie den enantioselektiven Techniken im letzten Kapitel unter die Lupe nehmen.

Literaturverzeichnis

1) BERGMANN, E. D., GINSBURG, D., PAPPO, R.: Org. React. **10**, 182 (1959)
2) KROHNKE, F., ZECHER, W.: Angew. Chem. **74**, 811 (1962)
3) WINTERFELDT, E.: Angew. Chem. **79**, 389 (1967)
4) POSNER, G. H.: Org. React. **19**, 1 (1972)
5) HOUSE, H. O.: „Modern Synthetic Reactions", 2. Ausgabe, W. A. Benjamin, Inc., USA, 1972, S. 595 u. f.
6) RADUNZ, H. E.: Kontakte (Darmstadt) **1977** (1), 3
7) NAGATA, W., YOSHIOKA, M.: Org. React. **25**, 255 (1977)
8) WYNBERG, H.: Rec. Trav. Chim. Pays-Bas **100**, 393 (1981)
9) TOMIOKA, K., KOGA, K. in: „Asymmetric Synthesis" (J. D. Morrison ed.), Academic Press, New York 1983, S. 201
10) POSNER, G. H. in: „Asymmetric Synthesis" (J. D. Morrison ed.), Academic Press, New York 1983, S. 225
11) PEARSON, R. G., SONGSTAD, J.: J. Am. Chem. Soc. **89**, 1827 (1967)
12) ROUX-SCHMITT, M. C., WARTSKI, L., SEYDEN-PENNE, J.: Synth. Commun. **1981**, 85
13) WAKAMATSU, T., HOBARA, S., BAN, Y.: Heterocycles **1982**, 1395
14) TOCHTERMANN, W.: Angew. Chem. **78**, 355 (1966)
15) MUKAIYAMA, T., TAMURA, M., KOBAYASHI, S.: Chem. Lett. **1986**, 1017
15a) MUKAIYAMA, T., TAMURA, M., KOBAYASHI, S.: Chem. Lett. **1986**, 1817
16) WINTERFELDT, E., PREUSS, H.: Chem. Ber. **99**, 450 (1966)
17) WINTERFELDT, E.: Chem. Ber. **97**, 1952 (1964)
18) WENKERT, E. et al.: Canad. J. Chem. **41**, 1844 (1963)
19) MUKAIYAMA, T., YODA, R., KUWAJIMA, I.: Tetrahedron Lett. **1966**, 6347
20) SCHMIDT, D.: Dissertation Universität Hannover 1981
21) RABE, J., HOFFMANN, H. M. R.: Angew. Chem. **95**, 796 (1983); Angew. Chem. Int. Ed. Engl. **22**, 795 (1983)
22) a) SATO, S., MATSUDA, I., IZUMI, Y.: Chem. Lett. **1985**, 1875
b) BURY, A., JOAG, S. D., STIRLING, C. J.: J. Chem. Soc., Chem. Comm. **1986**, 124
23) KLUMP, G. W., MIEROP, A. J. C., VRIELINK, J. J., BRUGMAN, A., SCHAKEL, M.: J. Am. Chem. Soc. **107**, 6740 (1985)
24) KRUITHOF, K. J. H., MATEBOER, A., SCHAKEL, M., KLUMP, G. W.: Rec. Trav. Chim. Pays-Bas **105**, 26 (1986)

25) COOKE jr., M. P.: J. Org. Chem. **51**, 1638 (1986)
26) WINTERFELDT, E., RADUNZ, H. E., KORTH, T.: Chem. Ber. **101**, 3172 (1968)
27) WINTERFELDT, E., GASKELL, A. J., KORTH, T., RADUNZ, H. E., WALKOWIAK, M.: Chem. Ber. **102**, 3558 (1969)
28) KINOSHITA, H., OHNUMA, T., OISHI, T., BAN, Y.: Chem. Lett. **1986**, 927
29) ALTENBACH, H. J., SOICKE, H.: Tetrahedron Lett. **27**, 1561 (1986)
30) VEEN VAN DER, R. H., CERFONTAIN, H.: J. Chem. Soc., Perkin Trans I **1985**, 661
31) SAWADA, S., NAKAYAMA, T., ESAKI, N., TANAKA, H., SODA, K., HILL, R. K.: J. Org. Chem. **51**, 3384 (1986)
32) YOSHIKOSHI, A., MIYASHITA, M.: Acc. Chem. Res. **18**, 284 (1985); weitere Lit. s. dort
33) S. a. BARRETT, A. G. M., GRABOWSKI, G.: Chem. Rev. **86**, 751 (1986)
34) SCHOLLKOPF, U., MEYER, R.: Angew. Chem. **87**, 624 (1975); Angew. Chem. Int. Ed. Engl. **14**, 629 (1975)
35) KOIZUMI, T., TANAKA, N., IWATA, M., YOSHI, E.: Synthesis **1982**, 917; weitere Lit. s. dort
36) JUST, G., CONNOR, B. O.: Tetrahedron Lett. **26**, 1799 (1985)
37) HASHIMOTO, Y., MUKAIYAMA, T.: Chem. Lett. **1986**, 755
38) CHAPMAN, R. F., PHILIPS, N. I. J., WARD, R. S.: Tetrahedron **41**, 5229 (1985)
39) CAMERON, A. G., HEWSON, A. T.: J. Chem. Soc., Perkin Trans. I **1983**, 2979
40) STORK, G., GANEM, B.: J. Am. Chem. Soc. **95**, 6152 (1973)
40a) COOKE, Jr., M. P. WIDENER, R. K.: J. Am. Chem. Soc. **109**, 931 (1987)
41) OHMORI, M., TAKANO, Y., YAMADA, S., TAKAYAMA, H.: Tetrahedron Lett. **27**, 71 (1986)
42) DAVIES, S. G., WALKER, J. C.: J. Chem. Soc., Chem. Commun. **1985**, 209
43) OJIMA, J., KWON, H. B.: Chem. Lett. **1985**, 1327
44) FRISBEE, A. R., NANTZ, M. H., KRAMER, G. W., FUCHS, P. L.: J. Am. Chem. Soc. **106**, 7143 (1984)
45) ERNST, H., OTTOW, E., RECKER, H. G., WINTERFELDT, E.: Chem. Ber. **114**, 1907 (1981)
46) TOMIOKA, K., KOGA, K.: Tetrahedron Lett. **25**, 1599 (1984)
47) BERRADA, S., METZNER, P., RAKOTONIRINA, R.: Bull. Soc. Chim. Fr. **1985**, 881
48) HEATHCOCK, C. H., NORMAN, M. H., UEHLING, D. E.: J. Am. Chem. Soc. **107**, 2797 (1985)
49) REETZ, M. T., HEIMBACH, H., SCHWELLNUS, K.: Tetrahedron Lett. **25**, 511 (1984)
50) HICKMOTT, P. W.: Tetrahedron **38**, 1975 (1982)
51) HICKMOTT, P. W.: Tetrahedron **38**, 3363 (1982)
52) HICKMOTT, P. W.: Tetrahedron **40**, 2989 (1984)
53) WHITESELL, J. K., WHITESELL, M. A.: Synthesis **1983**, 517
54) STEVENS, R. V., HRIB, N.: J. Chem. Soc., Chem. Commun. **1983**, 1423
55) a) KUEHNE, M. E., BORNMANN, W. G., EARLY, W. G., MARKO, J.: J. Org. Chem. **51**, 2913 (1986)
b) WHITESELL, J. K., WHITESELL, M. A.: Synthesis **1983**, 517
c) WENKERT, E.: Acc. Chem. Res. **1**, 78 (1968)
56) KOBAYASHI, T., NITTA, M.: Chem. Lett. **1986**, 1549
57) MEZETTI, A., NITTI, P., PITACCO, G., VALENTIN, E.: Tetrahedron **41**, 1415 (1985)
58) DANISHEFSKY, S. J., LARSON, E., ASKIN, E., KATO, N.: J. Am. Chem. Soc.**107**, 1246 (1985)
59) ITO, Y., SAWAMURA, M., KOMINAMI, K., SAEGUSA, T.: Tetrahedron Lett. **26**, 5303 (1985)
60) BINNS, M. R., HAYNES, R. K., KATSIFIS, A. A., SCHOBER, P. A., VONWILLER, S. C.: Tetrahedron Lett. **26**, 1565 (1985)
61) BINNS, M. R., CHAI, O. L., HAYNES, R. K., KATSIFIS, A. A., SCHOBER, P. A., VONWILLER, S. C.: Tetrahedron Lett. **26**, 1569 (1985)
62) BAHR, G., BURBA, P. in: „Methoden der Organischen Chemie" (Houben-Weyl), Bd. 13/1, Thieme-Verlag Stuttgart
63) NORMANT, J. F.: Synthesis **1972**, 63
64) HOUSE, H. O.: Acc. Chem. Res. **1976**, 59
65) ERDIK, E.: Tetrahedron **24**, 641 (1984)
66) ALEXAKIS, A., COMMERCON, A., COULENTIANOS, C., NORMANT, J. F.: Tetrahedron **24**, 714 (1984)
67) LIPSHUTZ, B. H., WILHELM, R. S., KOZLOWSKI, J. A.: Tetrahedron **24**, 5005 (1984)
67a) LIPSHUTZ, B. H., KOERNER, M., PARKER, D. A.: Tetrahedron Lett. **28**, 945 (1987)
68) DIETER, R. K., SILKS III, L. A.: J. Org. Chem. **51**, 4687 (1986)
69) ALEXAKIS, A., BERLAN, J., BESACE, Y.: Tetrahedron Lett. **27**, 1047 (1986)
70) NAGASHIMA, H., OZAKI, N., WASHIYAMA, M., ITOH, K.: Tetrahedron Lett. **26**, 657 (1985)
71) COREY, E. J., BOAZ, N. W.: Tetrahedron Lett. **26**, 6015 (1985)
72) COREY, E. J., BOAZ, N. W.: Tetrahedron Lett. **26**, 6019 (1985)
73) HORIGUCHI, Y., MATSUZAWA, S., NAKAMURA, E., KUWAJIMA, I.: Tetrahedron Lett. **27**, 4025 (1986)
73a) JOHNSON, C. R., MARREN, T. J.: Tetrahedron Lett. **28**, 27 (1987)
74) YAMAMOTO, Y.: Angew. Chem. **98**, 945 (1986); Angew. Chem. Int. Ed. Engl. **25**, 947 (1986)
75) KARPF, M., DREIDING, A. S.: Helv. Chim. Acta **64**, 1123 (1981)
76) SMITH III, A. B., FERRIS, P. J.: J. Org. Chem. **47**, 1845 (1982)
77) KOCOKSKY, P., DVORAK, D.: Tetrahedron Lett. **27**, 5015 (1986)
78) IBUKA, T., NAKAO, T., NISHI, S., YAMAMOTO, Y.: J. Am. Chem. Soc. **108**, 7420 (1986)
79) CHEON, S. H., CHRIST, W. J., HAWKINS, L. D., JIN, H., KISHI, Y., TANIGUCHI, M.: Tetrahedron Lett. **27**, 4759 (1986)
80) TANIGUCHI, M., HINO, T., KISHI, Y.: Tetrahedron Lett. **27**, 4767 (1986)
81) JONES, T. K., DENMARK, S. E.: J. Org. Chem. **50**, 4037 (1985)
82) ENDA, J., MATSUTANI, T., KUWAJIMA, J.: Tetrahedron Lett. **25**, 5307 (1984)
83) LEWIS, D. E., RIGBY, H. L.: Tetrahedron Lett. **26**, 3437 (1985)
84) FLEMING, I., KILBURN, J.: J. Chem. Soc., Chem. Commun. **1986**, 305; weitere Lit. s. dort
85) CHENARD, B. L., LAGANIS, E. D., DAVIDSON, F., RATJANBABU, T. V.: J. Org. Chem. **50**, 3666 (1985)
86) CHENARD, B. L.: Tetrahedron Lett. **27**, 2805 (1986)
87) FLEMING, I., SARKAR, A. K.: J. Chem. Soc., Chem. Commun. **1986**, 1199
88) Uber Org. chem. Reaktionen in waßrigem Medium allgemein s. REISSIG, H. U.: Nachr. Chem. Techn. **34**, 1169 (1986)
89) LUCHE, J. L.: Tetrahedron Lett. **27**, 3149 (1986)
90) FUJII, T., YOSHIFUJI, S., IKEDA, K.: Heterocycles **1976**, 183
91) BARTMANN, W., BECK, G., GRANZER, E., JENDRALLA, H., KEREKJARTO VON, B., WESS, G.: Tetrahedron Lett. **27**, 4709 (1986)
92) MARSHALL, J. A., ANDREWS, R. C.: Tetrahedron Lett. **27**, 5197 (1986)
93) ALLINGER, N. L.: Tetrahedron Lett. **7**, 1269 (1966)
94) HOSOMI, A., SAKURAI, H.: J. Am. Chem. Soc. **99**, 1673 (1977)
95) HEATHCOCK, C. H., SMITH, K. M., BLUMENKOPF, T. A.: J. Am. Chem. Soc. **108**, 5022 (1986)
96) ABRAMOVITCH, R. A., STRUBLE, D. L.: Tetrahedron Lett. **7**, 289 (1966)

97) ABRAMOVITCH, R. A., STRUBLE, D. L.: Tetrahedron **24**, 357 (1968)
98) ABRAMOVITCH, R. A., SINGER, S. S., ROGIC, M. M., STRUBLE, D. L.: J. Org. Chem. **40**, 34 (1975)
99) ABRAMOVITCH, R. A., ROGIC, M. M., SINGER, S. S., VENKATESWARAN, N.: J. Am. Chem. Soc. **91**, 1571 (1969)
100) ABRAMOVITCH, R. A., SINGER, S. S.: J. Org. Chem. **41**, 1712 (1976)
101) CHAMBERLAIN, P., WITHAM, G. J.: J. Chem. Soc., Perkin Trans. 2 **1972**, 130
102) GOLDSMITH, D. J., THOTTATHIL, J. K.: J. Org. Chem. **47**, 1382 (1982)
103) COREY, E. J., WOLLENBERG, R. H.: J. Am. Chem. Soc. **96**, 5581 (1974)
104) ROUX-SCHMITT, M. C., NEURON, N., SEYDEN-PENNE, J.: Synthesis **1983**, 494
105) BOEKMANN, R. K., BRUZA, K. J.: Tetrahedron Lett. **15**, 3365 (1974)
106) UTIMOTO, K., WAKABAYASHI, Y., HORIE, T., INOUE, M., SHISHIYAMA, Y., OBAYASHI, M., NOZAKI, H.: Tetrahedron **39**, 967 (1983)
107) NAGATA, W., YOSHIOKA, M., TERASAWA, T.: J. Am. Chem. Soc. **94**, 4672 (1972)
108) ITO, Y., KATO, H., IMAI, H., SAEGU-
109) BERNET, B., BISHOP, P. M., CARON, M., KAWAMATA, T., ROY, B. L., RUEST, L., SAUVÉ, G., SOUCY, P., DESLONGCHAMPS, P.: Canad. J. Chem. **63**, 2810 (1985)
110) HUTCHINSON, D. K., HARDINGER, S. A., FUCHS, P. L.: Tetrahedron Lett. **27**, 1425 (1986)
111) HUTCHINSON, D. K., FUCHS, P. L.: Tetrahedron Lett. **27**, 1429 (1986)
112) POSNER, G. H., BRUNELLE, D. J.: Tetrahedron Lett. **14**, 938 (1973)
113) POSNER, G. H.: J. Org. Chem. **38**, 2747 (1973)
114) FLIPPIN, L. A., ONAN, K. D.: Tetrahedron Lett. **26**, 973 (1985)
115) FLIPPIN, L. A., DOMBOSKI, M. A.: Tetrahedron Lett. **26**, 2977 (1985)
116) UENISHI, J., TOMAZANE, H., YAMAMOTO, M.: J. Chem. Soc., Chem. Commun. **1985**, 717
117) HEATHCOCK, C. H., UEHLING, D. E.: J. Org. Chem. **51**, 279 (1986)
118) YAMAGUCHI, M., HAMADA, M., KAWASAKI, S., MINAMI, T.: Chem. Lett. **1986**, 1085
119) ROUSH, W. R., LESUR, B. M.: Tetrahedron Lett. **24**, 2231 (1983); weitere Lit. s. dort
120) KPEGBA, K., METZNER, P., RAKOTONIRINA, R.: Tetrahedron Lett. **27**, 1505 (1986)
120a) BERRADA, S., METZNER, P.: Tetrahedron Lett. **28**, 409 (1987)
121) OARE, D. A., HEATHCOCK, C. H.: Tetrahedron Lett. **27**, 6160 (1986)
122) ISOBE, M., ISHIKAWA, Y., FUNABASHI, Y., MIO, S., GOTO, T.: Tetrahedron **42**, 2863 (1986)
123) KAWASAKI, H., TOMIOKA, K., KOGA, K.: Tetrahedron Lett. **26**, 3031 (1985)

Kapitel 7
Konjugierte Additionen, Teil II

Die im Kapitel 6 in ihrer ganzen Anwendungsbreite zusammen mit den stereochemischen Konsequenzen erläuterten konjugierten Additionen repräsentieren sicher eine der mildesten und vielfältigsten Techniken zur regioselektiven Generierung definierter Enolate bzw. ihrer Analoga. Da in diesem Kapitel die wichtigsten inter- wie intramolekularen Folgeprozesse dieses Primärenolats mitgeteilt werden sollen, scheint es sinnvoll, zunächst die einfachste der intramolekularen konjugierten Additionen, also die *Michael*-Cyclisierung, zu untersuchen. Da nucleophiler Angriff auf sp^2-Zentren im Spiel ist, wird, wie bei den Carbonyladditionen, wegen des strikten Anflugreglements mit einigen Tabus zu rechnen sein, die in der Tat von *J. E. Baldwin* systematisch definiert werden konnten[1-6]. Die klare Präferenz einer *5-exo-trig*-Cyclisierung (**2**→**4**) *versus* der *5-endo-trig*-Variante gehört sicher zu den einprägsamsten Erlebnissen in diesem Revier, und man ist gut beraten, bei vermeintlichen Verletzungen dieser Spielregel höchst wachsam und kritisch zu sein. So ist die erfolgreiche Cyclisierung des ungesättigten Ketons **5** unter sauren Bedingungen wohl am besten mit einer der Cyclisierung vorgeschalteten und mit der Ketalhydrolyse ursächlich verknüpften Isomerisierung zu erklären (**7**→**8**), die dann den Reaktionskanal für den *exo*-Prozeß öffnet.

Die erfolgreiche Cyclisierung des *exo*-Methylenlactams **9** zum entsprechenden Perhydroisochinolon **10** hingegen liefert nicht nur einen Beleg für den *6-endo-trig*-Prozeß, sondern zusätzlich auch ein Argument für die Interpretation, daß der Mißerfolg beim konstitutionell recht ähnlichen ungesättigten Lactam **11**[11] wohl nicht nur auf die üblichen Einflugschwierigkeiten zurückzuführen ist. Berücksichtigt man bei der Erklärung die Tatsache, daß sowohl in der 15,20-*trans*-Serie (s. **13**) wie auch bei den entsprechenden 15,20-*cis*-Vorstufen die angestrebten Lactone vom Typ **12** problemlos durch konventionelle Lactonisierung erreicht werden können[11], so wird angesichts der Beobachtung, daß die so gewonnenen Lactone durchaus stabile und leicht isolierbare Reaktionsprodukte sind, ganz klar, daß wohl eine zusätzliche Teufelei am Werke ist. Einmal mehr erweist sich hier, wie bei den intramolekularen Cycloadditionen (s. Teil 2, 33), die Estergruppe als unbefriedigendes Verknüpfungsglied. Die für den Additionsschritt notwendige (*S*)-*cis*-Konformation **11A** wird wohl auch hier der für die Cyclisierung untauglichen (*S*)-*trans*-Konformation **11B** weichen müssen.

Wie empfindlich jedoch auch auf kleine Veränderungen reagiert wird, geht aus der trotz Estergruppe durchführbaren *exo*-Cyclisierung **14**→**15**[12] hervor, sowie aus der Tatsache, daß der amidverknüpfte Ketoalkohol **16** unter gar keinen Umständen die 6-*endo*-Cyclisierung absolviert, das durch Wasserabspaltung darstellbare Olefin **17** hingegen in passabler Ausbeute zum Ringschluß zu bewegen ist[13]. Schließlich sollte jedoch nicht verschwiegen werden, daß auch bei einem nicht mit der Esterhypothek belasteten Edukt (s. **19**) für die *7-endo-trig*-Cyclisierung Fehlanzeige registriert wird[14], wobei hier allerdings die Allylsituation möglicherweise ein Bein stellt.

Diese Beobachtungen lehren, daß neben den *Baldwin*-Regeln auch konstitutionelle Details zu beachten sind. Jedenfalls scheint *7-endo-trig* ein Problemkind zu sein, und dieser Verdacht erhält zusätzliche Nahrung aus einer sehr sorgfältigen Studie der *endo-Michael*-Cyclisierung, die neben vielen Aussagen zur Stereoselektivität auch die ausgeprägte Substituentenabhängigkeit des *7-endo-trig*-Prozesses offenlegt[15].

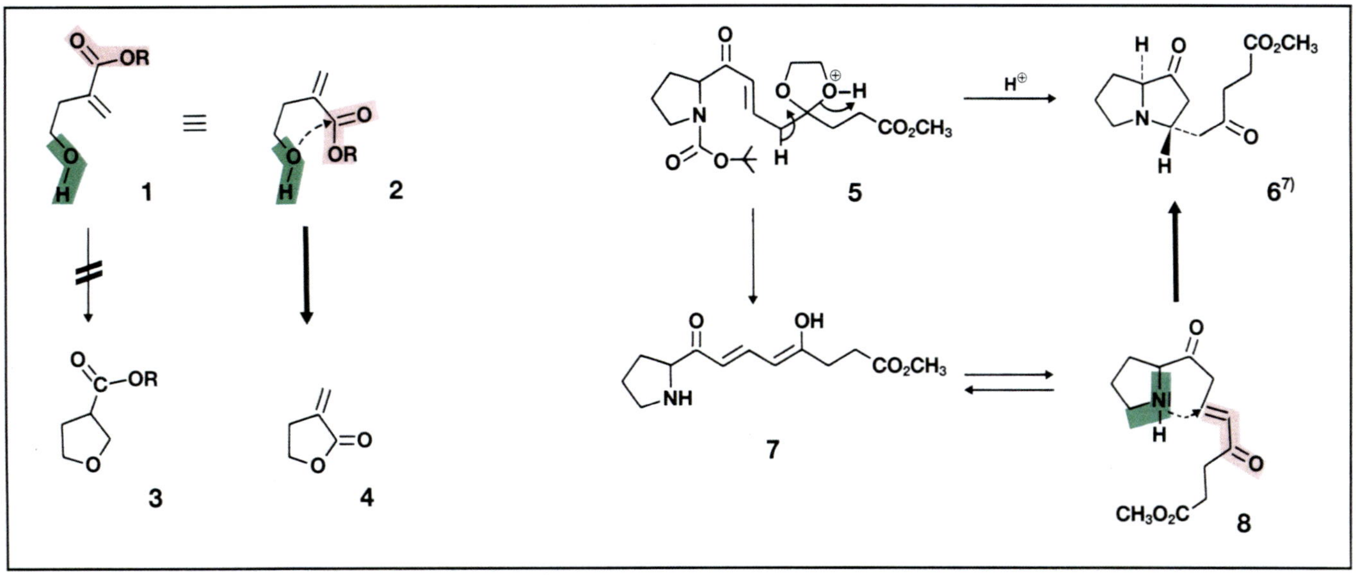

Schema I

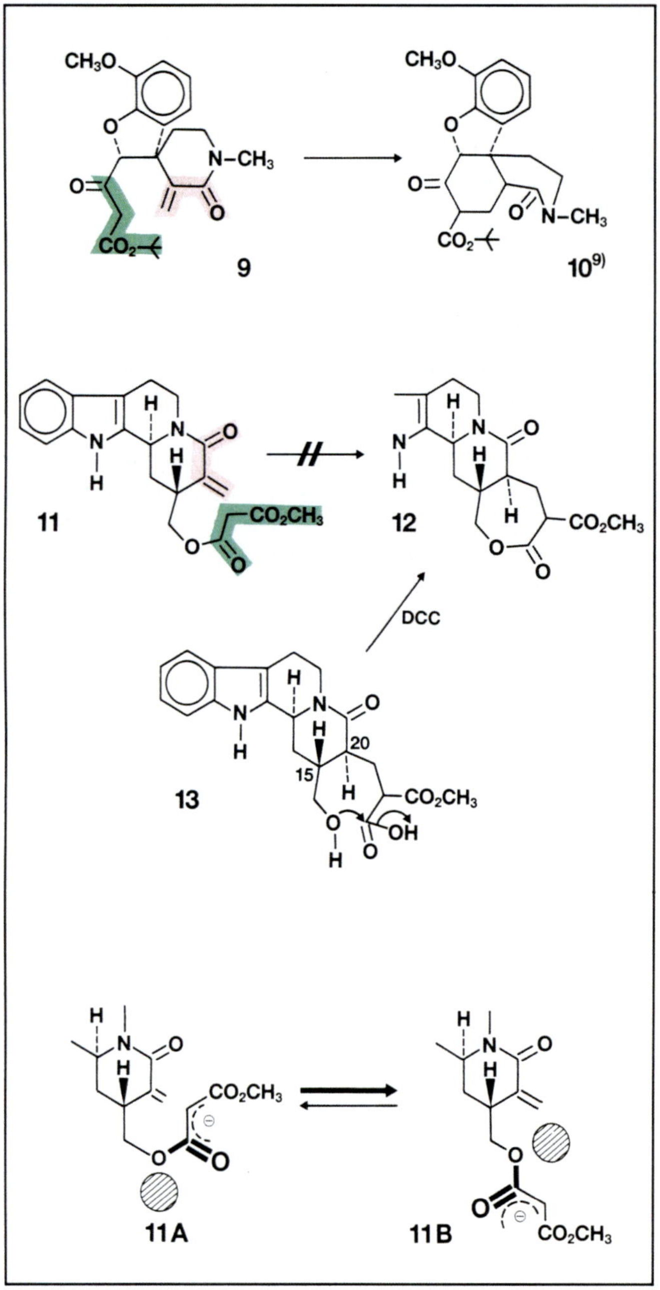

Schema II

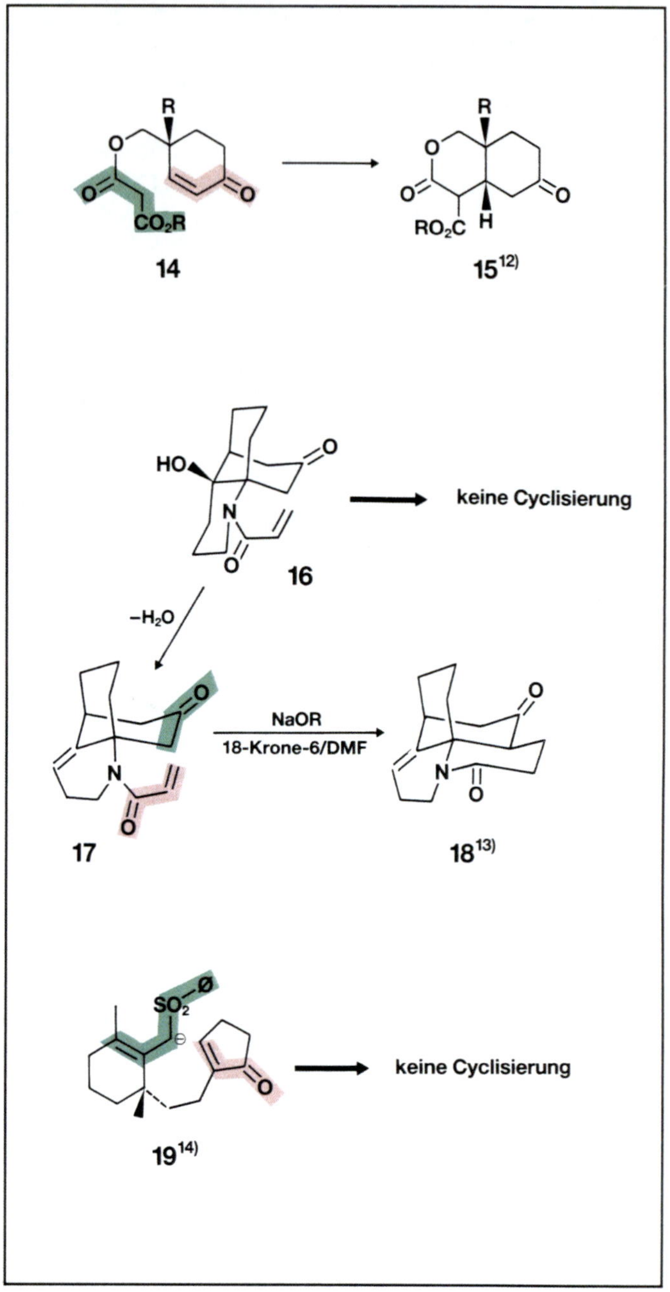

Schema III

Obwohl **20** bei ausgezeichneter Stereoselektivität in guter Ausbeute das *cis*-Hydroazulen **21** liefert, signalisieren die Homologen **22** und **25**, daß hier durchaus mit Stolperdrähten zu rechnen ist. Während die unsubstituierte Vorstufe **20** stolze 88 % des *cis*-Anellierungsproduktes generiert, fällt die Ausbeute beim methylsubstituierten *E*-Olefin **22** deutlich ab, um beim entsprechenden *Z*-Olefin trotz ungewöhnlich langer Reaktionszeiten bei kümmerlichen 2 % steckenzubleiben.

Werden entsprechende Octanon-Anellierungen angestrebt, so muß man sich selbst bei den ungesättigten Vorstufen vom Typ **20** mit Ausbeuten um 20 % zufriedengeben. Die Einbeziehung der entsprechenden Acetylenverbindungen bescherte dann eine fulminante Überraschung, als die Cyclopentenon-Anellierung glatt unter Bildung von **27** absolviert wurde. Nachdem die korrespondierenden Olefine, konsequent das *Baldwin*-Reglement befolgend, strikt den Cyclisierungsschritt verweigert hatten, sorgt dieses Resultat zunächst für gehörige Verwirrung. *P. Deslongschamps* empfiehlt, zur Deutung von den vertrauten Allenenolaten Abstand zu nehmen und die Cyclisierung über einen „Seiteneinstieg" in das nicht mit der Carbonylgruppe überlappende Orbital unter Bil-

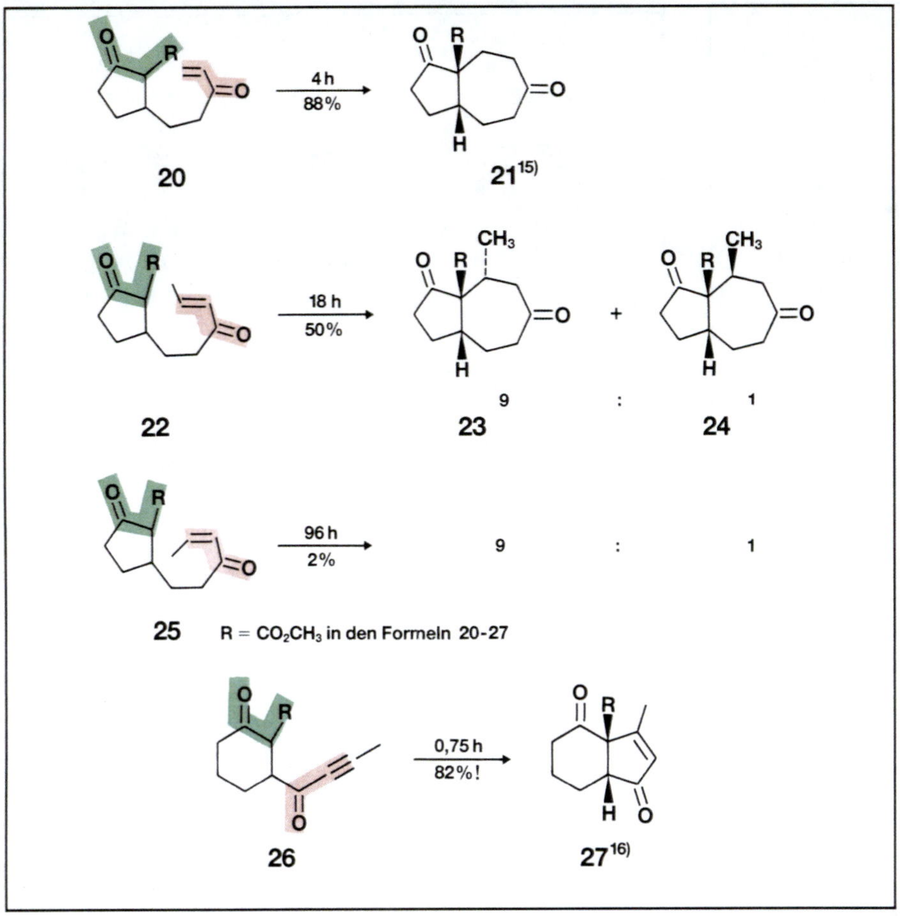

R = CO_2CH_3 in den Formeln 20-27

Schema IV

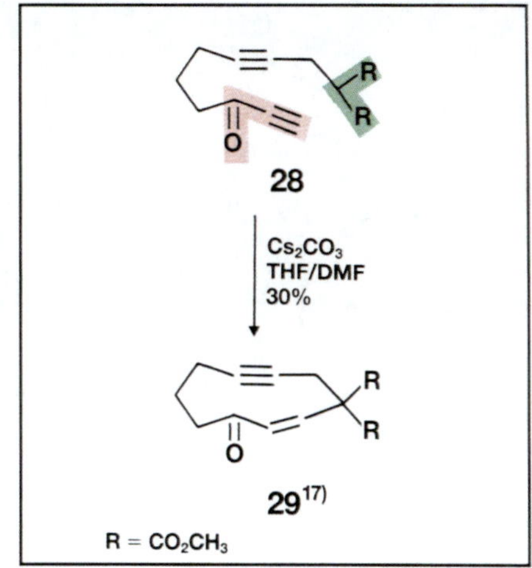

Schema V

dung eines cyclischen Vinylanions zu verstehen. Dieses erfreuliche Resultat ermuntert nun natürlich, bei den Acetylenverbindungen nachzukarten, denn bei Cyclisierungen mit mittleren Ringen sind ja sp^2- bzw. sp-hybridisierte Zentren stets hochwillkommene Ringglieder, leisten sie doch wichtige Beiträge zur Freihaltung des Innenraumes und somit zur Minimalisierung ärgerlicher, den Cyclisierungsschritt behindernder, nicht bindender transanularer Interaktionen. In der Tat gelang es anschließend, die hier gemachten Erfahrungen zur gezielten Synthese cyclischer Acetylenverbindungen (s. z. B. **29**) zu nutzen[17]. Bei allen hier mitgeteilten Cyclisierungen wurde, um der Vergleichbarkeit der Resultate willen, vernünftigerweise an einem Protonenacceptor festgehalten (Cs_2CO_3) und nur die Katalysatormenge variiert. Auch das Solvenssystem hielt man innerhalb relativ enger Polaritätsgrenzen. Kommt es nun zur Manipulation der Stereoselektivität, so ist man nicht überrascht festzustellen, daß sowohl das Gegenkation sowie die Polarität des Solvenssystems, also die Rigidität der sich daraus ergebenden Chelatisierungsklammer, ein gewichtiges Wörtchen mitzureden haben. *G. Stork* hat hier Pionierarbeit geleistet, und das Beispiel im Schema VI lehrt, wie weit man es treiben kann[18]. Wünscht man, ähnlich wie bei der *Robinson*-Anellierung (s. u.), einen Aldol-Prozeß an den Triebwagen der *Michael*-Addition anzukoppeln, so ist nach *Storks* Beobachtungen Zirkonalkoholat die beste Adresse (s. **33**→**34**)[19-21].

Was der C-C-Verknüpfung recht, sollte der Hetero-Atom-Addition billig sein, und einige neuere Anwendungen (s. Schema VII) sollen zeigen, daß nicht nur recht interessante Konstitutionen sowie definierte Konfigurationen erreicht werden, sondern daß geeignete Manipulation der funktionellen Gruppen beachtliche konfigurative Flexibilität beschert (s. Schema VIII). Diktiert bei **35** die cyclische, keine Alternativen bietende Struktur die Produktbildung und erfolgt die Spirocyclisierung zu **38** weisungsgemäß vornehmlich unter *trans*-diaxialer Addition (4:1), so sind es bei **39** und **42** die sterisch vorteilhaften Übergangszustände **39A** und **42A**, die das Geschehen bestimmen. In beiden Fällen wird die C-H-Bindung eines sekundären Zentrums als der kleinere Rest in Richtung auf die Acceptorgruppe gedreht, während der jeweils größere Substituent – bei **39A** eine Ethergruppe und bei **42A** ein Alkylrest (R!) – in den freien Raum orientiert bleibt. Beim Spiroketon **43** kann dann noch das wohlvertraute Nachspiel der α-Carbonyläquilibrierung folgen.

S. Itos höchst informative Studie an **45** und **47** lehrt, daß bei **45** die γ-ständige Urethangruppe unter starker Bevorzugung des Diastereomeren **46** (20:1) klar das Wettrennen um den Acceptor gewinnt. Wird diese Funktion jedoch durch Silylierung kaltgestellt, so schlägt die Stunde der δ-ständigen Urethangruppe, die dann mit hoher Stereoselektivität (36:1) den epimeren Ester **48** hervorbringt – manipulierte Selektivität! Die im Schema IX angeführten, willkürlich aus der neuen Literatur herausgegriffenen Beispiele **49** bis **67** illustrieren den beachtlichen präparativen Spielraum der *Michael*-Cyclisierung und zeigen, daß respektheischende Problemlösungen vorliegen. Auf Grund der klar definierbaren Ansprüche an den Übergangszustand haben diese Reaktionen nicht nur das Privileg hoher Regiose-

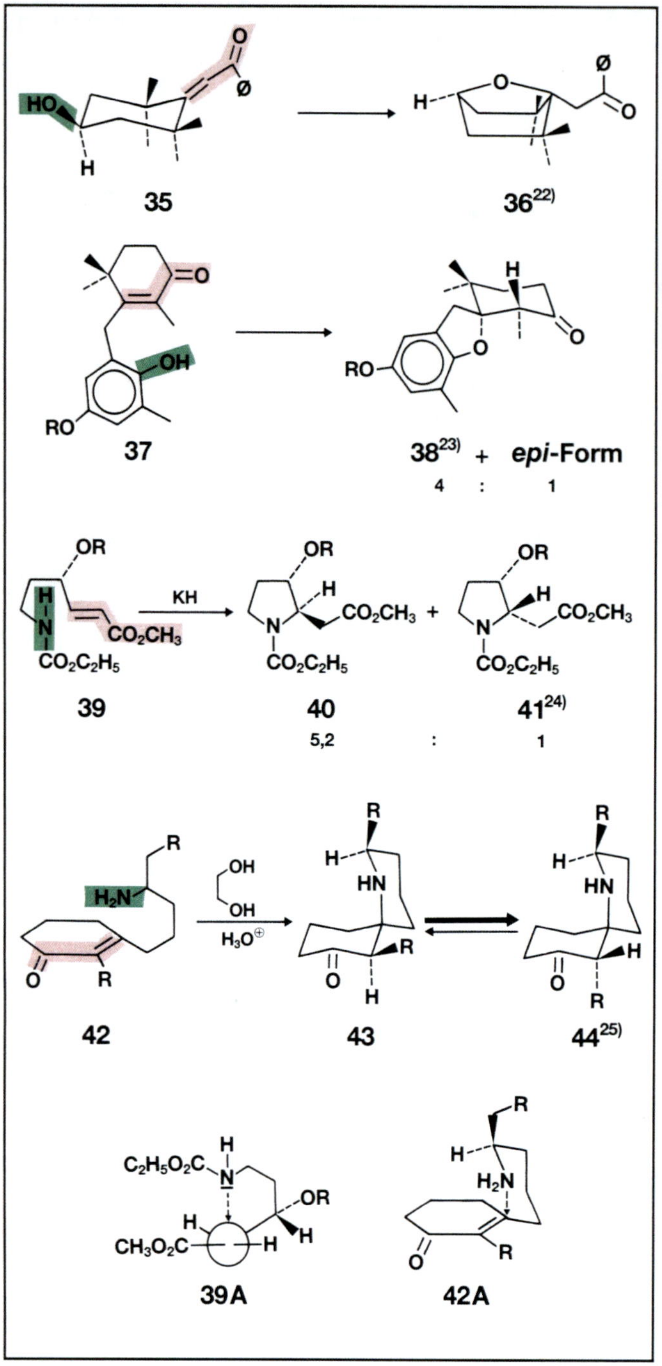

Schema VII

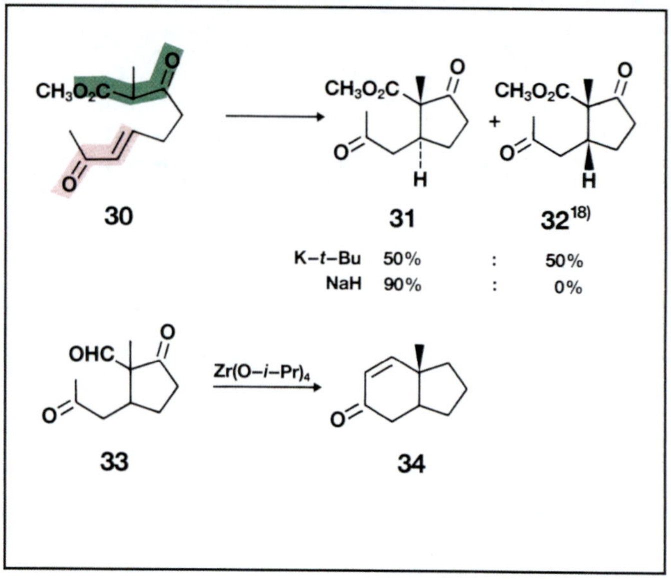

Schema VI

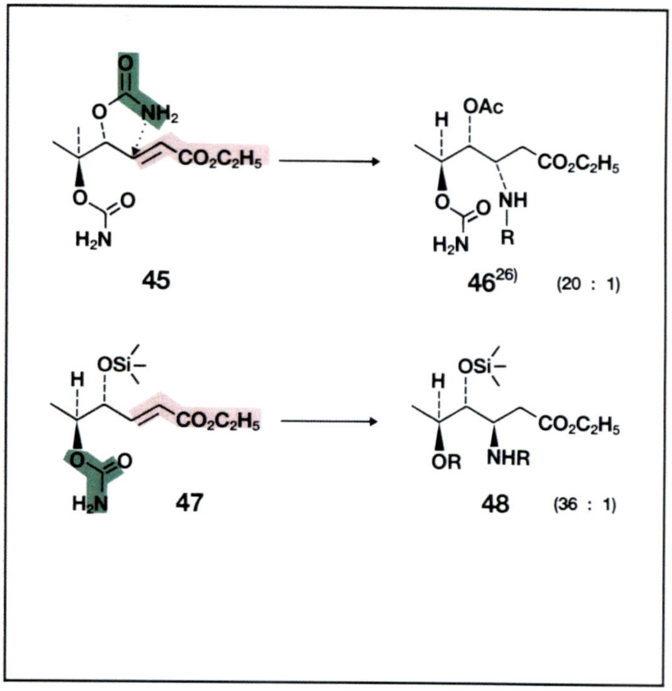

Schema VIII

lektivität (s. z. B. 65→66; 67→68), sondern bisweilen auch den wertvollen Bonus des wählbaren sterischen Ausganges (s. 49→50).

Ähnlich wie bei den intermolekularen konjugierten Additionen entwickelt sich natürlich auch bei der intramolekularen Version der Zweig der *Lewis*-Säuren-katalysierten Prozesse, wie man sie beispielsweise bei den Iodestern vom Typ **69** antrifft[37].

Die vom stereochemischen Standpunkt sicher interessanteste und vielseitigste Variante ist jedoch zweifellos die intramolekulare *Sakurai*-Reaktion[38]. Anellierte[38, 39] wie auch spirocyclische[40] Systeme sind unter milden Bedingungen stereoselektiv zu erreichen, und da der Katalysator wie auch der Terminator variiert werden können (z. B. Zinn statt Silizium), eröffnet sich ein Füllhorn regioselektiver[41, 42, 43] und diastereoselektiver[44, 45] Cyclisierungen. Schon bei diesen ersten Bemühungen erkannte man die alles entscheidende Rolle des Katalysators. Anschließende systematische Stu-

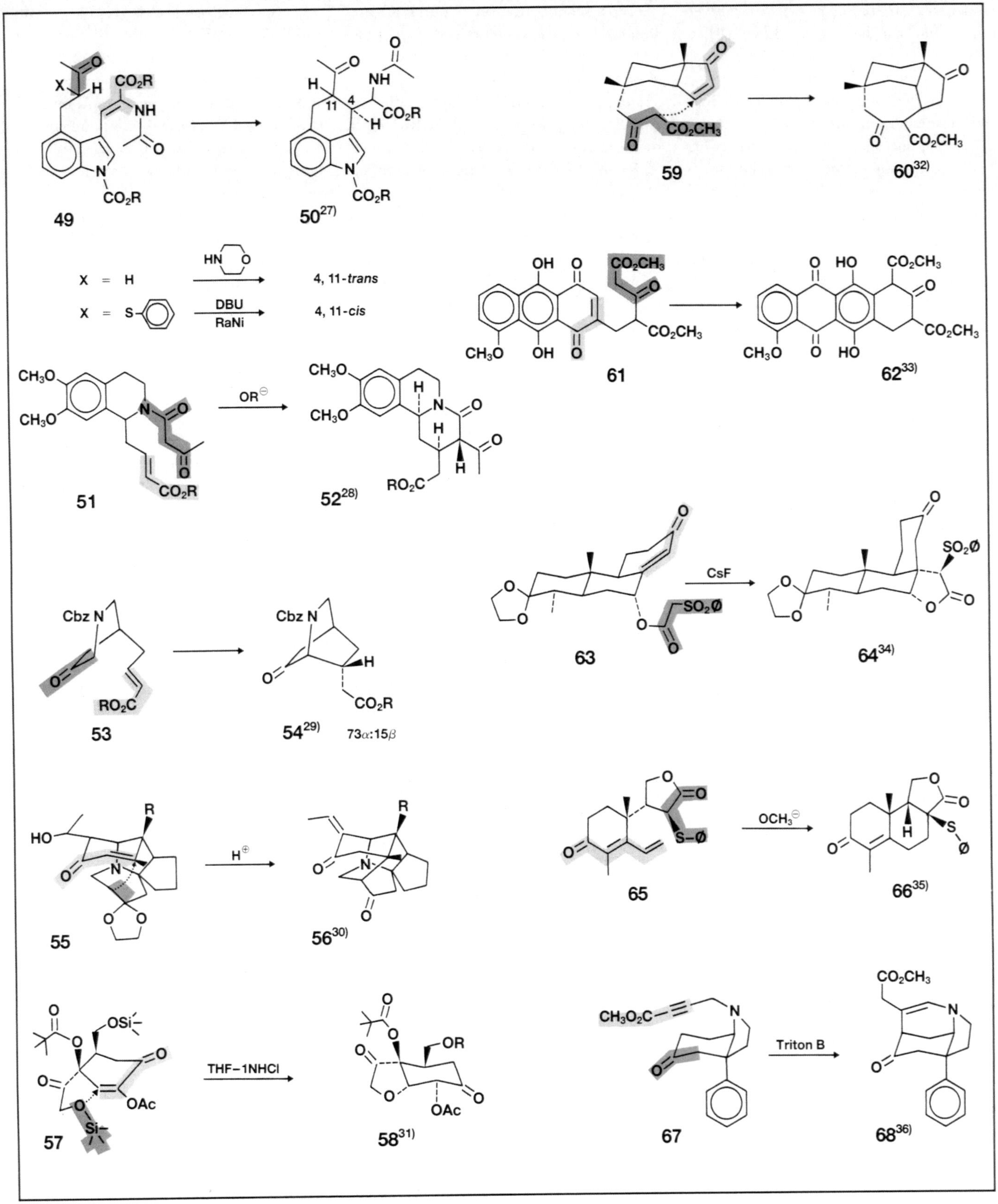

49 → $50^{27)}$

X = H → (HN morpholine) 4, 11-*trans*

X = S-Ph → DBU, RaNi → 4, 11-*cis*

59 → $60^{32)}$

61 → $62^{33)}$

51 → $OR^{\ominus}$ → $52^{28)}$

63 → CsF → $64^{34)}$

53 → $54^{29)}$ 73α:15β

55 → $H^{\oplus}$ → $56^{30)}$

65 → $OCH_3^{\ominus}$ → $66^{35)}$

57 → THF–1NHCl → $58^{31)}$

67 → Triton B → $68^{36)}$

Schema IX

dien demonstrieren seinen bemerkenswerten Einfluß auf die Regioselektivität[46] sowie interessante Möglichkeiten zur Manipulation der Diastereoselektivität.

Da auch hier sehr wahrscheinlich Chelatisierungsphänomene am Werke sind, war es angezeigt, auch den Terminator zu variieren, und mit dieser Maßnahme konnte *D. Schinzer* die Stereoselektivität tatsächlich nahezu umkehren[47]. Bei diesen vielfältigen Manipulationsmöglichkeiten kann man frohgetrost hohe Wetten abschließen, daß hier noch ein Schatz stereoselektiver Cyclisierungsreaktionen zu heben ist. Bei den bisher betrachteten Reaktionen wurde nach Vollzug der konjugierten Addition das so gebildete Enolation generell durch Protonierung oder Alkylierung abgelöscht. Arbeitet man nun aber unter aprotischen Bedingungen, so steht die negative Ladung für diverse andere Folgeprozesse zur Verfügung. Umprotonierungen können beiden α-Carbonylzentren Nucleophilie verleihen bzw. Eliminierungen auslösen (s. Schema XII) und damit weitere intermolekulare oder intramolekulare konjugierte Additionen in Gang bringen. Aber auch Aldol-Reaktionen, *Dieckmann*-Cyclisierungen sowie diversen Substitutionsreaktionen ist Tür und Tor geöffnet, und außerdem bietet das über ein Eliminierungsnachspiel reinstallierte 2π-System des α,β-ungesättigten Ketons vielfältige Ansatzpunkte für die Sequenz abschließende Cycloadditionen (s. Schema XII). Die *Michael*-Addition übernimmt bei dieser Tandem-Chemie nur die Rolle des trojanischen Pferdes, das die Ladung in das Molekül hineintragt, und dort kann sie dann eine Kaskade chemischer Ereignisse auslösen, bis sie durch das Ausklinken einer Fluchtgruppe oder den Einfang eines internen oder externen Elektrophils zur Ruhe kommt. Da die jeweiligen Ereignisse unmittelbar aufeinander folgen und auch zwangsläufig räumlich nur durch einige Bindungslängen voneinander getrennt sind, werden sie sich gegenseitig sterisch lenken und auch zur Regioselektivität anhalten.

Der Einfachheit halber seien zunächst Fälle betrachtet, bei denen mehrere *Michael*-Additionen aufeinander folgen. In einer relativ frühen Studie der Dimerisierung α,β-ungesättigter Ketone, die auch dem stereochemischen Aspekt Rechnung trägt[48], wird die Produktkonfiguration **83** durch Kernresonanzdaten belegt, und es spricht hier vieles für thermodynamisch kontrollierten Reaktionsabschluß.

Doppelte intermolekulare *Michael*-Additionen repräsentieren ideale Routen zu definiert funktionalisierten Bicyclooctanen (s. **85** und **87**), aber wie man sieht, muß der *Michael*-Acceptor gebührend auf das Ereignis vorbereitet werden. Entweder muß, wie bei **84**, das Schwefelatom als Ladungsstabilisator den Additionsschritt treiben[49], oder man erhöht durch geschickten Einbau des Cyclopropanringes die Tendenz des β-Kohlenstoffatoms, den sp^3-hybridisierten Zustand zu erreichen und zu bewahren[50, 51]. Bei der speziell von *I. Kametani* näher untersuchten intramolekularen Variante[52–54] wird wieder erkennbar, wie hauchdünn die Trennwand zur Diensynthese ist (s. **88**). Am Beispiel der Verbindungen vom Typ **89** wurde jedoch gezeigt, daß der basenkatalysierte Doppelschritt eine viel bessere Stereoselektivität zeigt, als die thermische Cycloaddition des korrespondierenden Enolsilylethers. Es ist also hier die stufenweise ionische Bindungsknüpfung interessanterweise dem konzertierten Prozeß in der Selektivität überlegen. Wie die Bildung von **91** lehrt, taugen auch die *Mukaiyama*-Bedingungen für doppelt und dreifach genähte *Michael*-Additionen[55]. Startet man nämlich das Geschehen mit Doppelacceptoren, wie z. B. **93**[56] oder **95**[57], so können auch Dreifachadditionen ausgelöst werden, und bei der von *F. M. Dean*[58] studierten Chinondimerisierung ist sogar eine Kaskade von 4 konjugierten Additionen im Spiel. Nach Anfertigung des Manuskriptes wurde noch eine 5-Ring-Anellierung mitgeteilt, die ebenfalls einen Tandem-Prozeß repräsentiert[59].

Die beiden Dreifachadditionen zu **94** und **96** vermitteln *prima facie* den Eindruck so hoher Effizienz und Eleganz, daß, um Euphorie entgegenzuwirken, wohl einige ernüchternde Kommentare angebracht sind. Das Zusammenknäulen des Moleküls zu einem polycyclischen Reaktionsprodukt, wie z. B. **94**, schränkt gegen Ende dieses Prozesses die Freiheitsgrade so weit ein, daß die für die Überlappung notwendige Geometrie häufig nicht leicht erreicht werden kann. Der letzte Bindungsschluß (**C**) beim Diketon **94** ist hier höchst informativ. Wie ein Modell lehrt (s. **97**), stehen zu diesem Zeitpunkt die Orbitale des Acceptors und Donators nahezu senkrecht zueinander. Schlechte Aussichten für eine konjugierte Additon. In der Tat ist der gewünschte Bindungsschluß nur mit starken *Lewis*-Säuren zu erzwingen, die das β-Kohlenstoffatom nahe an den Zustand des planaren Kations heranlocken, aber selbst dann bleiben die Ausbeuten recht bescheiden. Beim Bicyclus **96** belegt die durch Kernresonanzspektroskopie und Röntgenstrukturanalyse abgesicherte *endo*-1,3-*cis*-Konfiguration den durch Chelatisierung eng verklammerten Übergangszustand **98**, der erwartungsgemäß höchst umprotonierungssensibel ist. Das Nucleophil darf deshalb keine weiteren aziden C-H-Bindungen mitbringen. Transprotonierung würde sofort die Chelatisierungsvertäuung lösen und dem Intermediat damit den Weg zum bicyclischen Reaktionsprodukt verlegen. Kein Wunder also, daß die in Lit.[57] angeführten C-Donatoren allesamt dem Typ des tertiären Esters entsprechen.

Auf dem Fuße folgende konjugierte Addition ist indessen nur eine Spielart für das Weiterreichen des Primärenolats. Diverse elektrophile Löschvorgänge können prinzipiell konzipiert werden, und in der wohletablierten *Robinson*-Anellierung[60] liegt wohl der prominenteste und in größter Breite eingesetzte Vertreter der *Michael*-Aldol-Sequenz vor[61–71]. Hat sie schon in der *Hajos-Wiechert*-Reaktion ein Glanzstück vollbracht, so wird sie neuerdings *via* doppelte konjugierte Addition unter gleichzeitigem Einbau der Stereoidseitenkette zum Tragen gebracht (**99**→**100**)[72, 73]. Auch hier reißt der von *G. Stork* empfohlene silylierte *Michael*-Acceptor[74–76] die Gleichgewichte auf die Produktseite.

In der Prostaglandinreihe hat die *Michael*-Aldol-Kombination ebenfalls zu Aufsehen erregenden Resultaten geführt[77, 78]. Weitere die präparative Vielfalt dokumentierende intramolekulare Varianten sind im Schema XV aufgelistet, und es sollte hier die gemeinhin beachtliche Stereoselektivität registriert werden, die bei **104**, **106** und **112** offensichtlich auf Chelatisierung, bei der letzten Sequenz (**113**→**114**) jedoch auf 1,3-Induktion zurückzuführen ist. Sie findet ihren Abschluß durch *Pictet-Spengler*-

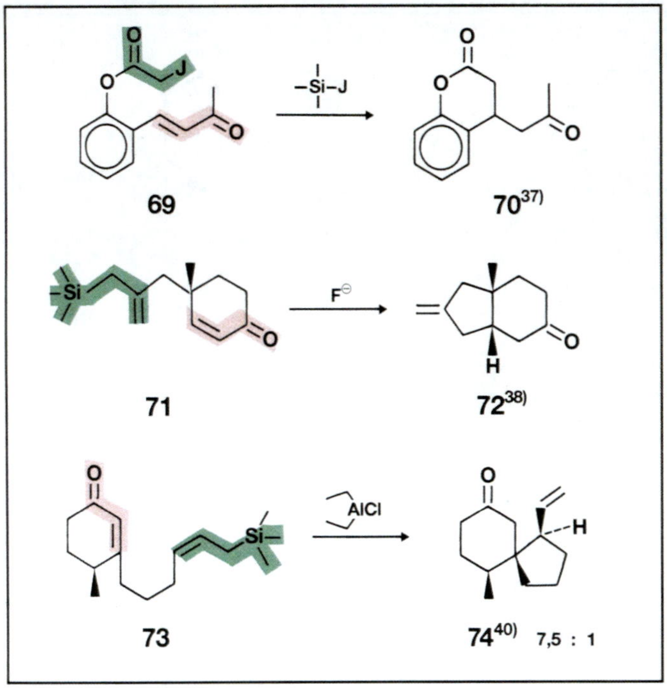

−Si−J

69

70[37]

F⊖

71

72[38]

AlCl

73

74[40] 7,5 : 1

Schema X

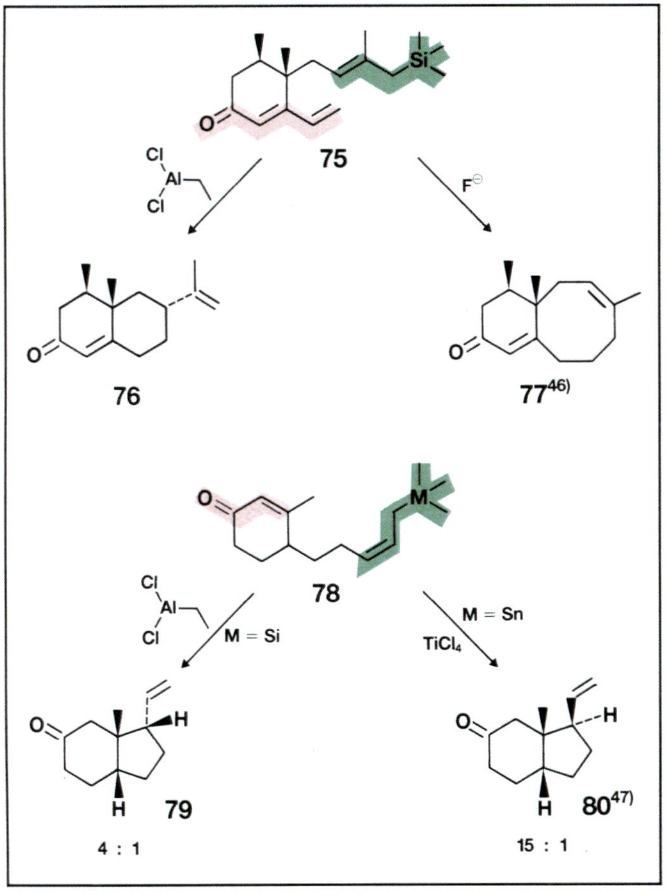

Y

$D_1^{\ominus}$

D_1

$O^{\ominus}$

$E^{\oplus}$

$D_2^{\ominus}$

D_2

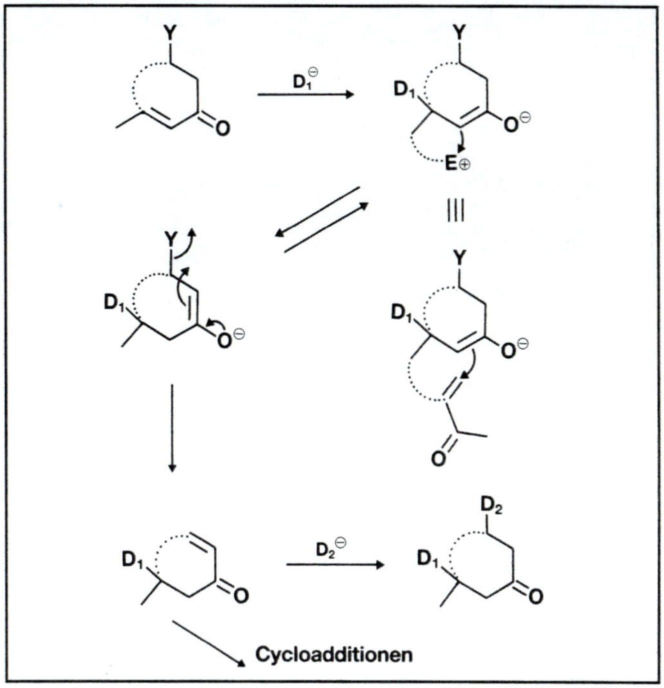

Cycloadditionen

Schema XII

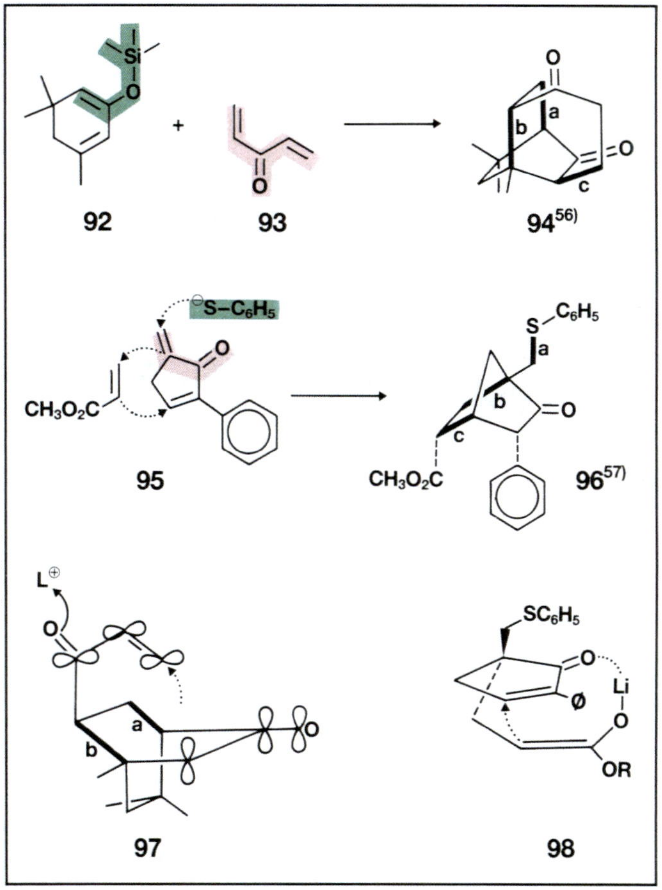

Si

75

Cl Al Cl

F⊖

76

77[46]

M

78

M = Si

M = Sn

$TiCl_4$

79

80[47]

4 : 1

15 : 1

Schema XI

Si O

92

+

93

94[56]

a b c

$^{\ominus}S-C_6H_5$

CH_3O_2C

95

$S-C_6H_5$

96[57]

$L^{\oplus}$

97

SC_6H_5

Li

OR

98

Schema XIV

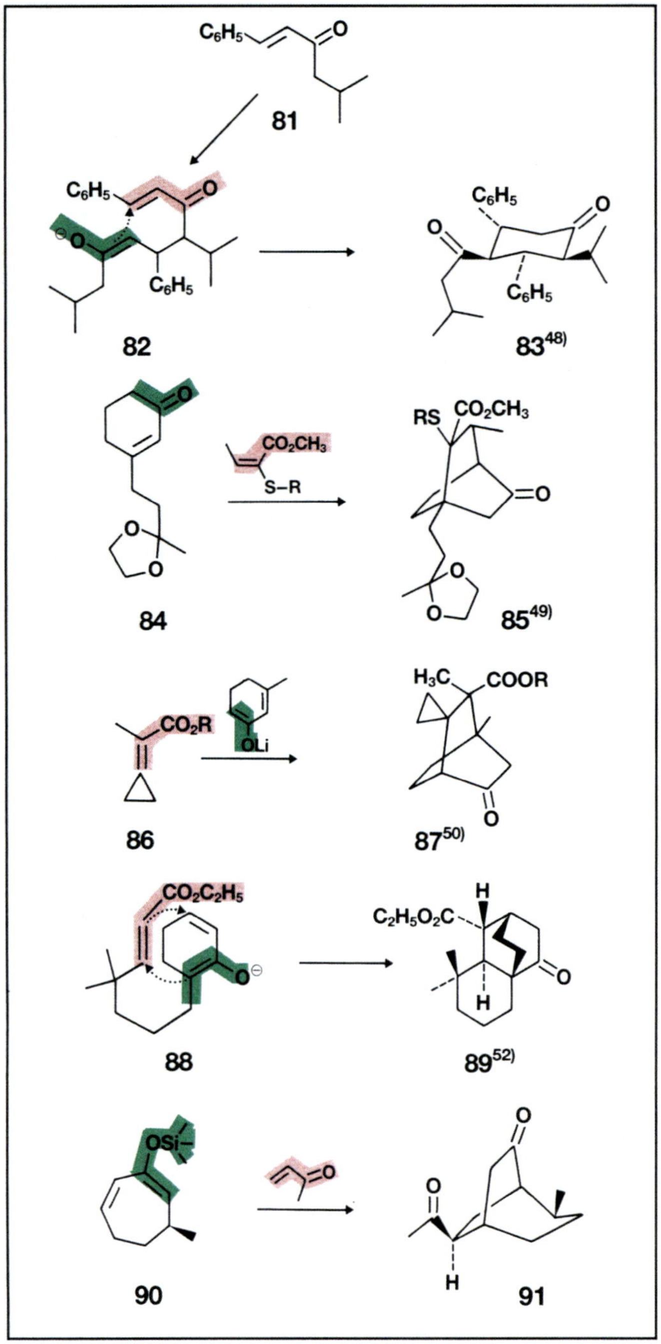

C_6H_5 O
81
C_6H_5 O
82
C_6H_5 O C_6H_5
83[48]
84
CO_2CH_3 S–R
RS CO_2CH_3
85[49]
CO_2R OLi
86
H_3C COOR
87[50]
$CO_2C_2H_5$
88
$C_2H_5O_2C$ H H
89[52]
OSi
90
91

Schema XIII

99
Cu O–R Si
H OR
100[72,73]

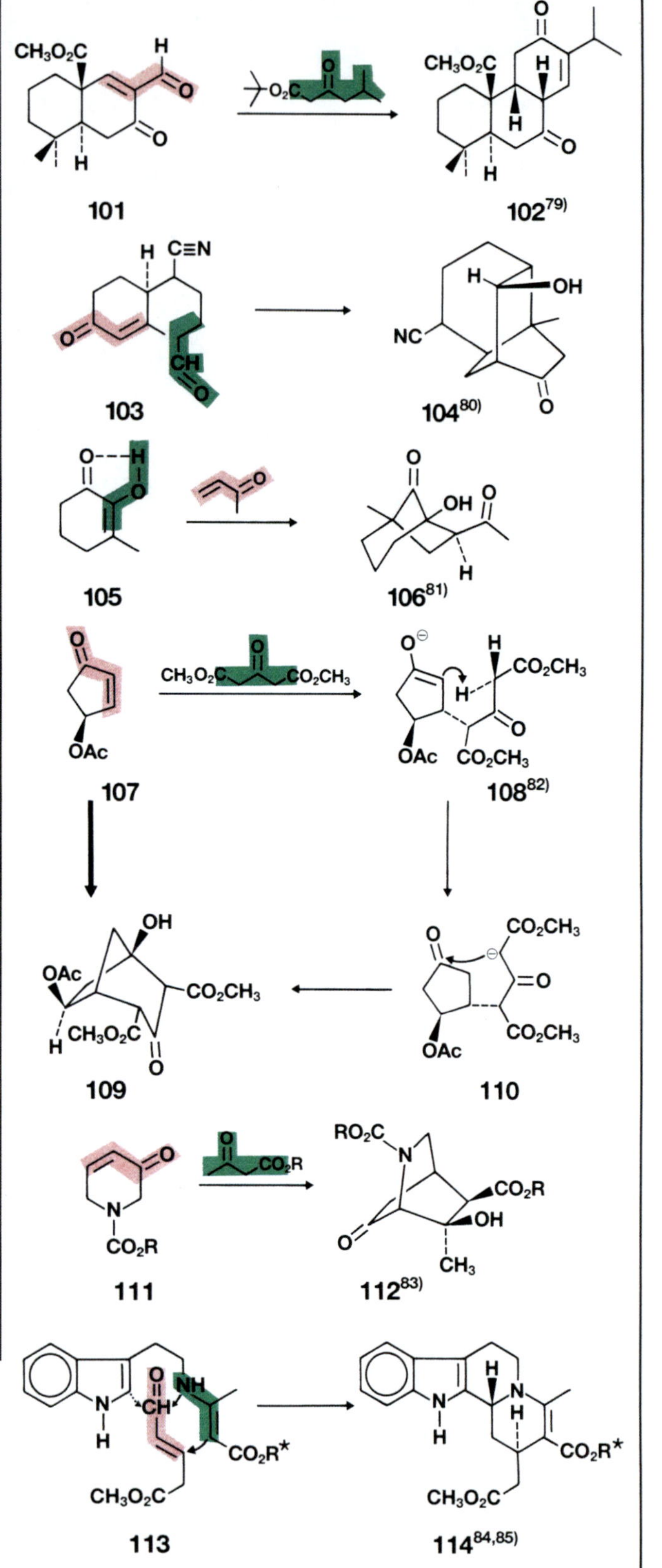

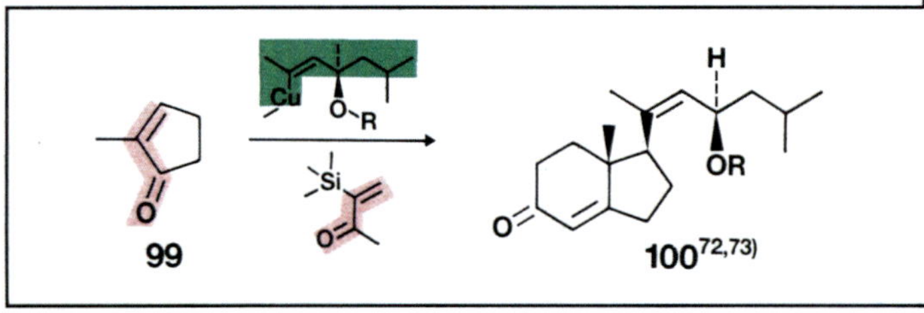

Schema XV

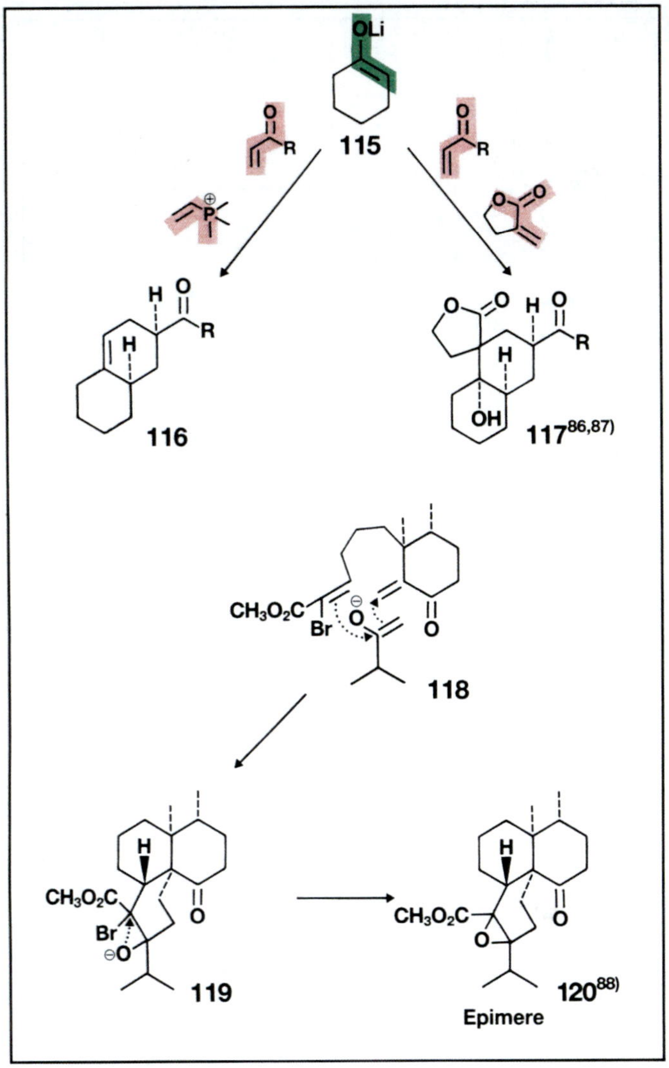

Schema XVI

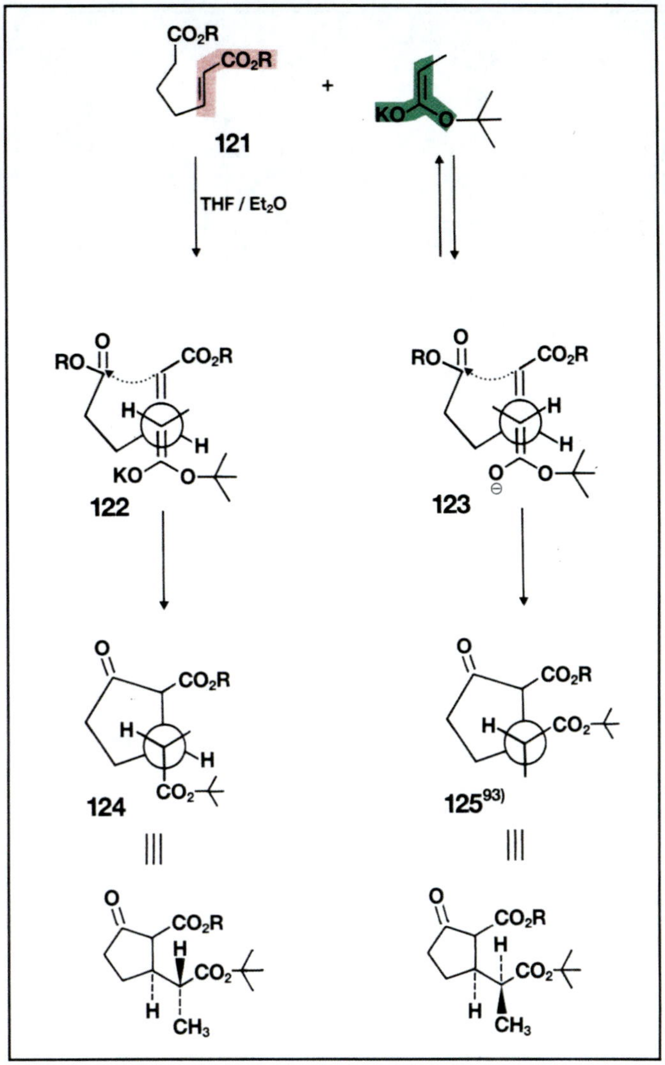

Schema XVII

Cyclisierung und kann bei Verwendung bestimmter optisch aktiver Alkohole (R*) zur Bereitung enantiomerenreiner Produkte verwendet werden[84, 85].

Faszinierende Möglichkeiten bieten von *G. H. Posner*[86, 87] und *S. Danishefsky*[88] ersonnene Kaskaden, bei denen sich die Ladung mit Hilfe sequentieller konjugierter Additionen durch das Molekül tastet, bis sie auf ein geeignetes, die Sequenz abbrechendes Elektrophil stößt. Während bei **119** nucleophile Substitution – nämlich Epoxidbildung – die Ladung aus dem Molekül drängt, macht sie sich in einer anderen interessanten Variante *via* Aziridinausbildung aus dem Staube[89].

Es fällt nicht schwer einzusehen, daß die verschiedenartigsten aktivierten Carbonylgruppen[90] als Elektronenfalle fungieren können. Vom stereochemischen Standpunkt erheischt die *Michael-Dieckmann*-Kombination[91–93] besondere Aufmerksamkeit (s. Schema XVII), da sie, sterische Hinderung im Übergangszustand vermeidend, kinetisch kontrolliert mit guter Selektivität zu **124** führt. Öffnet man dagegen durch Zusatz von HMPT das Hintertürchen der Rückreaktion, so kann *via* **123** das thermodynamisch stabile Cyclisierungsprodukt **125** erreicht werden. Die Retroreaktion ist nämlich bei **125** durch eine merklich höhere Aktivierungsbarriere abgeblockt, weil die Estergruppe durch rasche Rotation aus der Überlappungsebene herauswandert (s. **125**).

In einer sehr pfiffigen Acylierungs-Eliminierungs-Folge konnte *I. Ross Kelly* das Primarenolat *via* **127** zu einer offensichtlich sehr breit nutzbaren Pyridinsynthese[94] verwenden, und japanische Autoren gelangten durch Nitrilattacke zu Aminopyridinen[95]. Bleibt nur noch zu erwähnen, daß die *Mukaiyama*-Variante auch auf diesem Feld ihre Meriten hat. Wie aus einer Studie in *Ghosez'* Laboratorium hervorgeht, bietet sie gute Möglichkeiten für eine sehr milde (–78 °C) Fünfringanellierung[96].

Mehrfach haben wir jetzt schon Flucht-

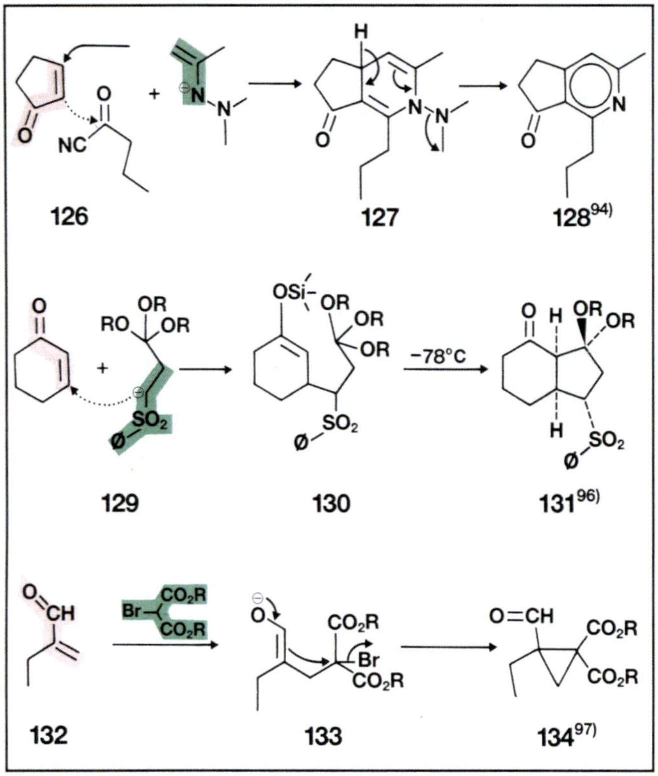

126 127 $128^{94)}$

129 130 $131^{96)}$

−78°C

132 133 $134^{97)}$

CO_2R Br CO_2R

Schema XVIII

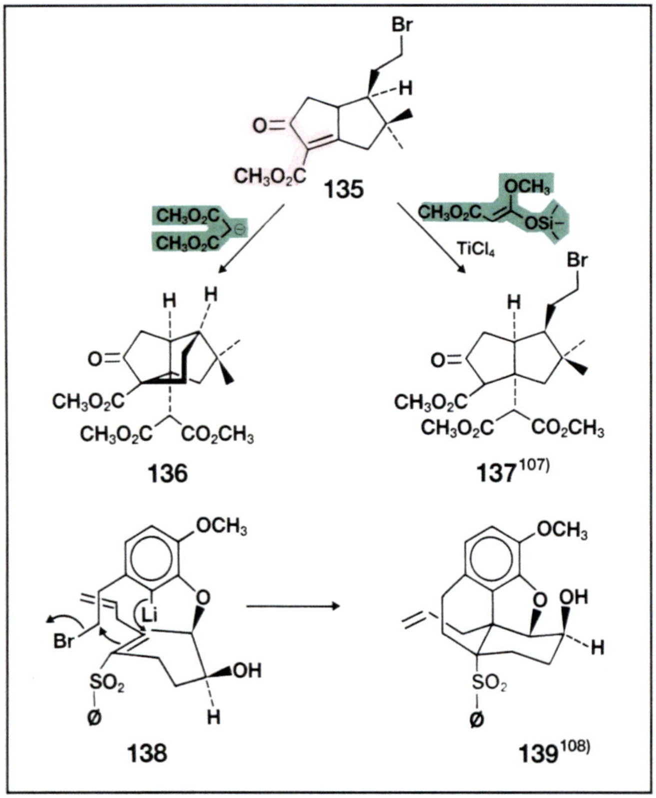

140 141

$142^{112)}$

143 $E = CO_2R$ 144

145 146 $147^{113)}$

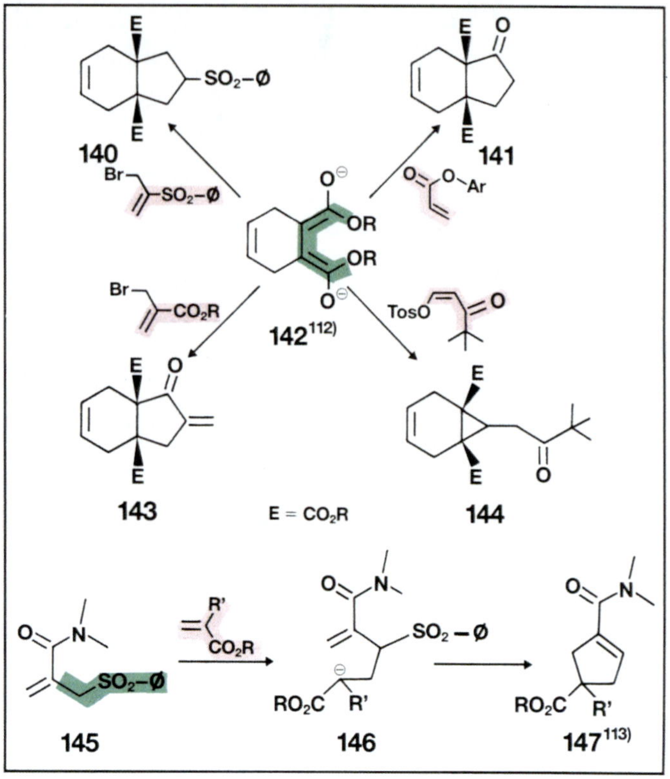

Schema XX

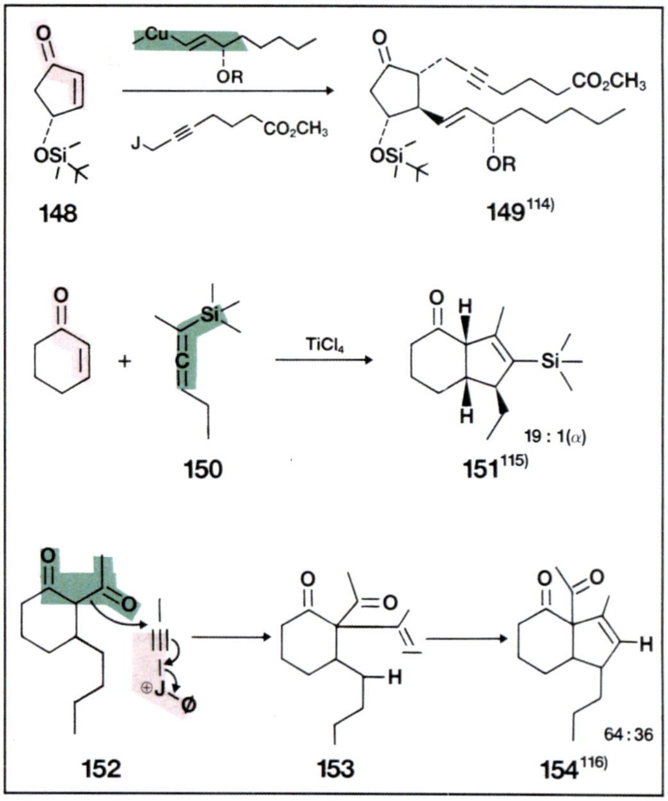

135

TiCl₄

136 $137^{107)}$

138 $139^{108)}$

148 $149^{114)}$

150 TiCl₄ $151^{115)}$ 19 : 1(α)

152 153 $154^{116)}$ 64 : 36

Schema XXI

Schema XIX

gruppen sich mit der Ladung davonmachen gesehen, und die oben erwähnte Epoxidbildung zeigt, daß die intramolekulare Tandem-Reaktion auch vor Bildung kleiner Ringe nicht zurückschreckt. Tatsächlich sind auf dieser Basis einfache Cyclopropansynthesen entwickelt worden, bei denen außer den Halogeniden[97–100] (s. z. B. **134** in Schema XVIII) auch Nitrit[101, 102] und Sulfinat[103] als Fluchtgruppe beschäftigt wurden. Kommt es zur Bildung von Fünf-[104, 105] und Sechsringen[104, 106], so wird es bisweilen sogar schwierig sein, den Substitutionsschritt hintanzuhalten (s. Schema XIX). Bei Malonatadditionen an **135** mußte *S. Danishefsky*[107] auf die *Mukaiyama*-Variante ausweichen, um die unerwünschte Sechsringbildung zu **136** zu vermeiden, während *P. L. Fuchs* diese hohe Cyclisierungstendenz schlau nutzte und, ausgehend vom Li-Salz **138**, konjugierte Addition und Cyclisierungstandem einträchtig auf ein interessantes Morphinintermediat (**139**) zustreben ließ[108].

Intramolekulare Alkylierungssequenzen dieser Art sind reichlich durchgeführt worden[104, 109, 110], und an zwei neueren Donatorsystemen[109] soll die Vielfalt der Möglichkeiten demonstriert werden (s. Schema XX).

Das durch die Studien von *P. Garrat* bequem zugängliche Dianion **142** entpuppt sich als ein Generalschlüssel, mit dem sowohl in den Alkylierungs- (**140, 143**) wie auch in den Acylierungsbereich (**141**) eingedrungen werden kann, und mit einem Vinyltosylat wird sogar die Doppeladdition zu einem Cyclopropan zu Wege gebracht (s. **144**). In allen Anellierungsprodukten dieses Typs bietet sich zusätzlich die Doppelbindung im Sechsring zu jedem späteren Zeitpunkt für stereoselektive oxidative Transformationen an. Auch die Ozonspaltung zu difunktionalisierten Folgeprodukten ist leicht realisierbar und erweitert den synthetischen Spielraum.

Bei der Cyclopentenbildung aus dem Allylsulfon **145** ist wohl als Schlußpunkt eine Sn'-Substitution zu formulieren[113].

Der spektakulärste und eleganteste Wurf auf dem Feld der intermolekularen Alkylierung gelang wohl *R. Noyori* bei seiner einstufigen Prostaglandinsynthese[114] (Schema XXI). Sowohl Allyl- als auch Propargylreste konnten eingefangen werden, und die dabei erzielten Ausbeuten dokumentieren einmal mehr die Bedeutung der Allylreaktivität.

Zum Ausklang sei noch auf zwei interessante Spielarten hingewiesen, die sich beide neuartiger und ungewöhnlicher Acceptoren bedienen. Bei der ersten[115] versichert man sich zunächst der Mithilfe einer Trimethylsilylgruppe zur Polarisierung kumulierter Doppelbindungen und fängt anschließend das unter Silylwanderung *in situ* entstehende Vinylkation unter Cyclisierung zu **151** ab. Nicht nur einen exotischen Acceptor, sondern auch die keineswegs als Tandemprozeß alltägliche Carbeninsertion wählten japanische Autoren, als sie kürzlich auch Alkinyl-Iodonium-Salze für eine Cyclopenten-Anellierung einsetzten[116]. Diese zweite mechanistisch höchst bemerkenswerte Version hat indessen gegenüber dem Vinylsilanprozeß den Makel unbefriedigender Stereoselektivität zu tragen.

Stößt man nun die Enolatladung mittels einer β-ständigen Fluchtgruppe aus, so wird, wie in einem frühen Beispiel demonstriert[117], die repitierende konjugierte Addition durchführbar (s. Schema XXII). Im einfachsten Fall werden die für diesen Prozeß geeigneten *Michael*-Acceptoren dem Typ **158** entsprechen[117–123], bei dem Y einen elektronenziehenden Substituenten und X eine Fluchtgruppe repräsentiert. Am ungesättigten Keton **159** wurde von *N. H. Cromwell*[118] die kinetisch kontrollierte Bildung des Allylamins **160** sichergestellt und damit der Stein ins Rollen gebracht.

Eine nützliche Erweiterung bietet sich bei Systemen vom Typ **161** (Schema XXII), denn hier wird das Enolat durch einen Umprotonierungsprozeß (s. **162**⇉**163**) auf das alternative α-Carbonylzentrum gelenkt und kann dort dann eine β-Eliminierung auslösen. Damit schlüpfen diese Verbindungen in die Rolle synthetischer Stellvertreter der häufig schlecht darstellbaren und schwer handhabbaren kreuzkonjugierten Divinyl-Ketone.

Im Prinzip kann dieses Reglement in cyclischen wie acyclischen Vorläufern durchexerziert werden. Am präparativ reizvollen Acetoxycyclopentenon **166** sind wir derzeit damit beschäftigt, das synthetische Potential dieser Sequenz auszuloten. Eine besondere Motivation rührt daher, daß enantiomerenreines Acetat **166** – und es gibt derzeit bereits mehrere Wege dorthin[124] – im Primärschritt Chiralitätstransfer beschert und nach der Eliminierung ein Produkt liefert, dessen Konfiguration (**169**) formal retentiver Substitution entspricht (s. Schema XXIII). Damit sind Dutzende von optisch aktiven Additions- und Anellierungsprodukten in Reichweite, und im Schema XXIII ist am Beispiel des Acetondicarbonesters erkennbar, welche zusätzlichen interessanten Verbreiterungen der Produktpalette durch einfache Variation der Reaktionsbedingungen erzielbar sind. Hier und im Schema XXIV sind der Zugang zu nützlichen Strukturen sowie deren grobe chemische Entwicklungslinien skizziert. In allen Fällen wird die durch den Sekundärprozeß etablierte Doppelbindung (s. **169**) einem günstig postierten Elektrophil ausgeliefert. Ein solcher Hinterhalt könnte aber natürlich auch durch ein geschickt angeordnetes 4π-System gelegt werden, das dann die α,β-ungesättigten Carbonylgruppe durch intramolekulare Diensynthese oder 1,3-dipolare Cycloaddition abfängt. An den Cyclopentenonen **185** und **186** konnten wir kürzlich strenge Abhängigkeit der Stereoselektivität von der Kettenlänge des Verbindungsgliedes demonstrieren[129] (s. Schema XXV). Während die Fünfringkette bei **186** exclusiv das *endo*-Produkt **188** hervorbringt, bildet sich der entsprechende Sechsring **187** ausschließlich über den *exo*-Übergangszustand[129]. Beide Cycloaddukte strotzen vor synthetischer Flexibilität. Kann die Doppelbindung via Ozonspaltung oder Hydroxylierung bzw. Epoxidierung als Sprungbrett für Ringspaltung oder stereoselektive wie regioselektive Funktionalisierung dienen und die Ketogruppe ihre empfindliche Flanke für stereoselektive und regioselektive *Baeyer-Villinger*-Oxidation darbieten (s. **189** und **190**), so hält sich die Malonatgruppe für Decarboxylierung, Spirocyclisierung sowie Installation eines α,β-ungesättigten Esters bereit. Die Exploration dieses sicher sehr ergiebigen Feldes hat gerade erst begonnen[119], und es soll im Schema XXVI nur gezeigt werden, auf wie vielfältige Weise konjugierte Additionen den Einstieg für gezielte und stereoselektive intramolekulare Cycloadditionen sichern können. Einige

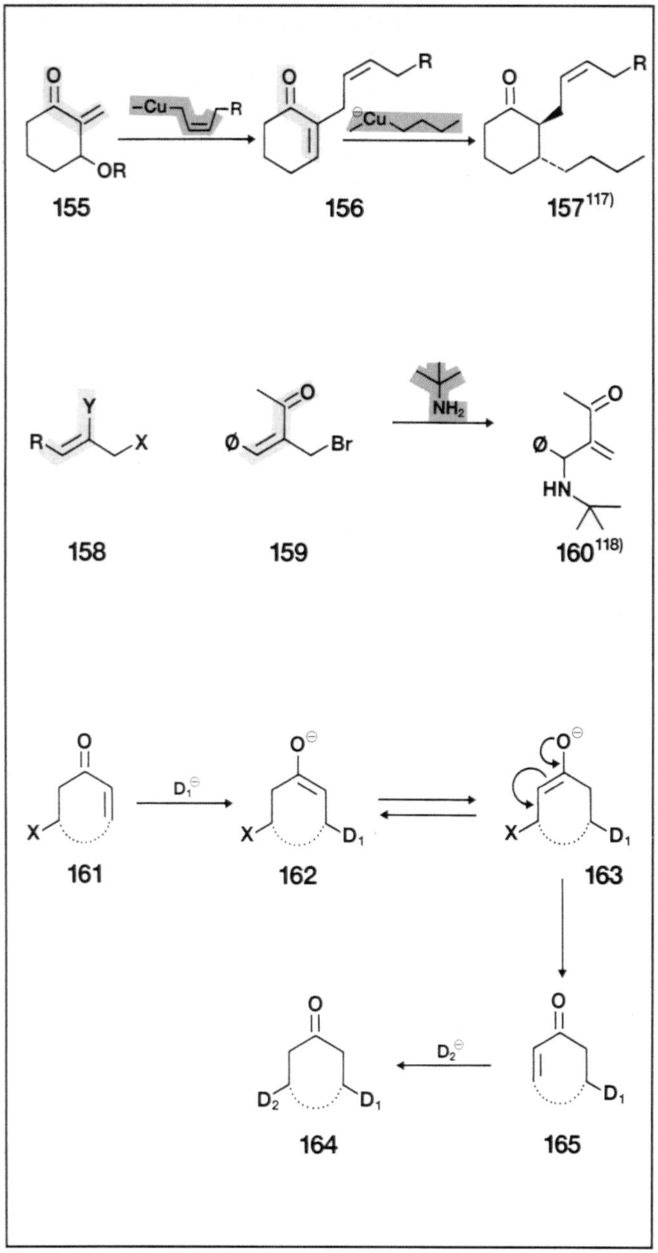

Schema XXII

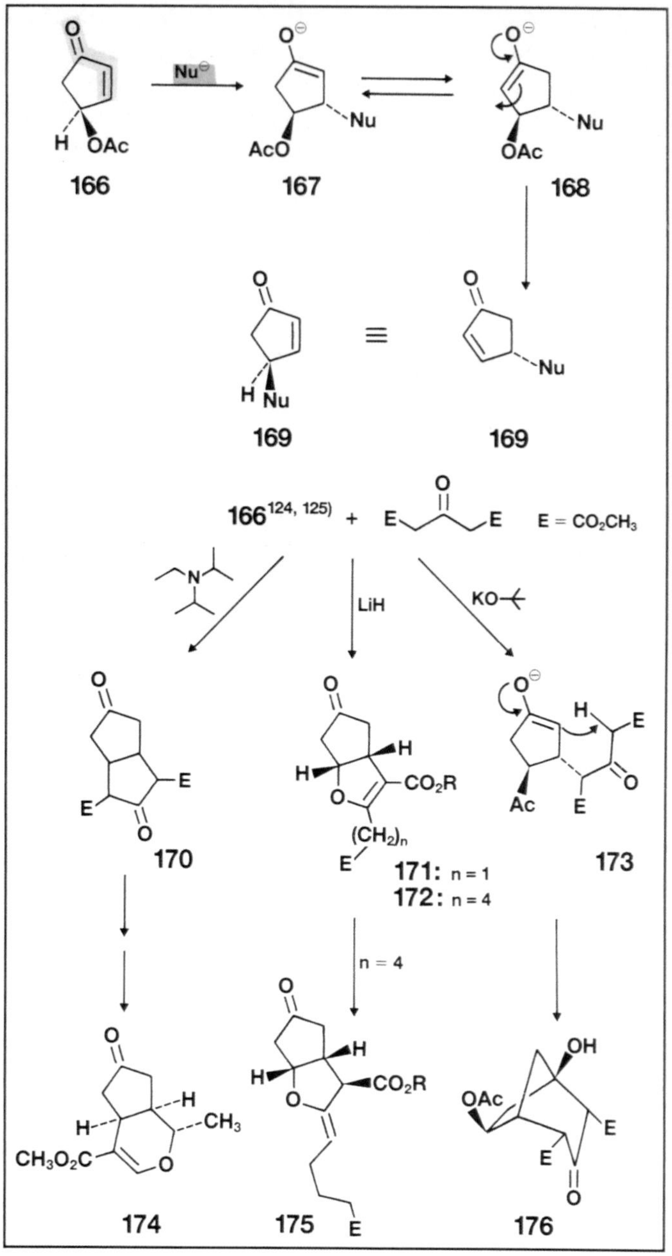

Schema XXIII

Kommentare sind zur Erlauterung des stereochemischen Ausgangs doch wohl notwendig. So zeigt die Addition an das Chinon **191** eine bemerkenswerte Abhängigkeit vom Nucleophil. Bei Verwendung der Trimethylzinn-Verbindung resultiert ein nahezu 1:1-Gemisch der *Z/E*-Isomeren **193** und **194**, schaltet man jedoch eine Transmetallierung mit Zinntetrachlorid vor, so wird der Weg in die unerwünschte Sackgasse **193** nahezu vollstandig blockiert, und man erhält ein profitables 96:4-Verhaltnis zugunsten der Daunomycinvorstufe **194**. Aus dem Cycloaddukt **197** kann *post festum* auf eine hochselektive intermediare Bildung des *E/E*-Butadiens und anschließend *endo*-Cycloaddition geschlossen werden (66%), denn das korrespondierende *E/Z-endo*-Produkt wird nur in 4-proz. Ausbeute isoliert[131]. Beim letzten Beispiel – der funktionalisierenden Anellierung durch Nitron-Cycloaddition – sollte registriert werden, daß von der intermolekularen *Sakurai*-Reaktion stereochemisch wohl nichts Großartiges zu erwarten ist, daß aber die Aktivierung der $C-H_A$-Bindung durch die benachbarte Carbonylgruppe bzw. das Nitron die Option für stereoselektive Cycloaddition offenhält.

Enantioselektive Prozesse

Die aus dem Vorangegangenen ablesbare enorme praparative Bedeutung der konju-

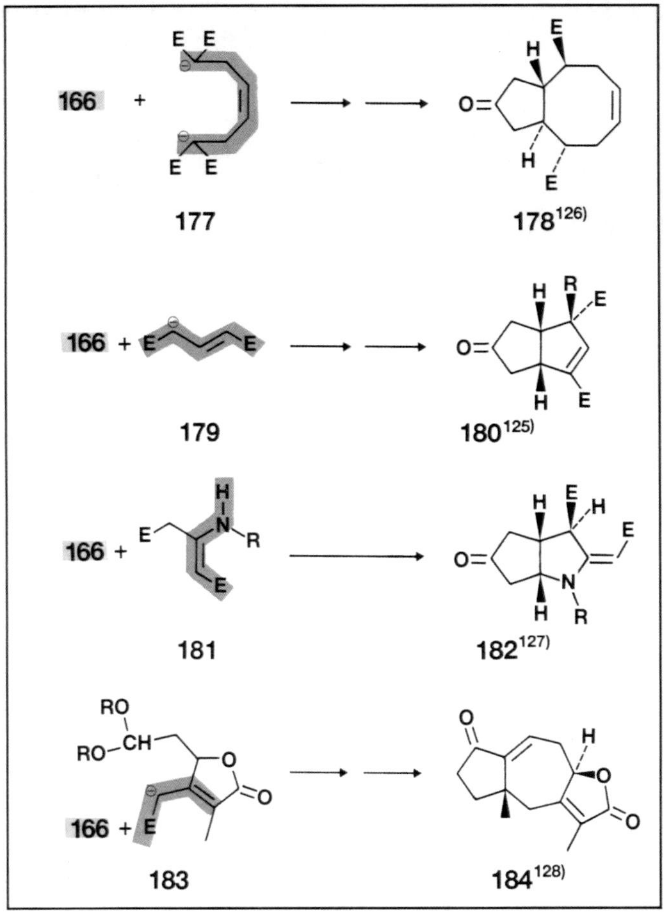

Schema XXIV

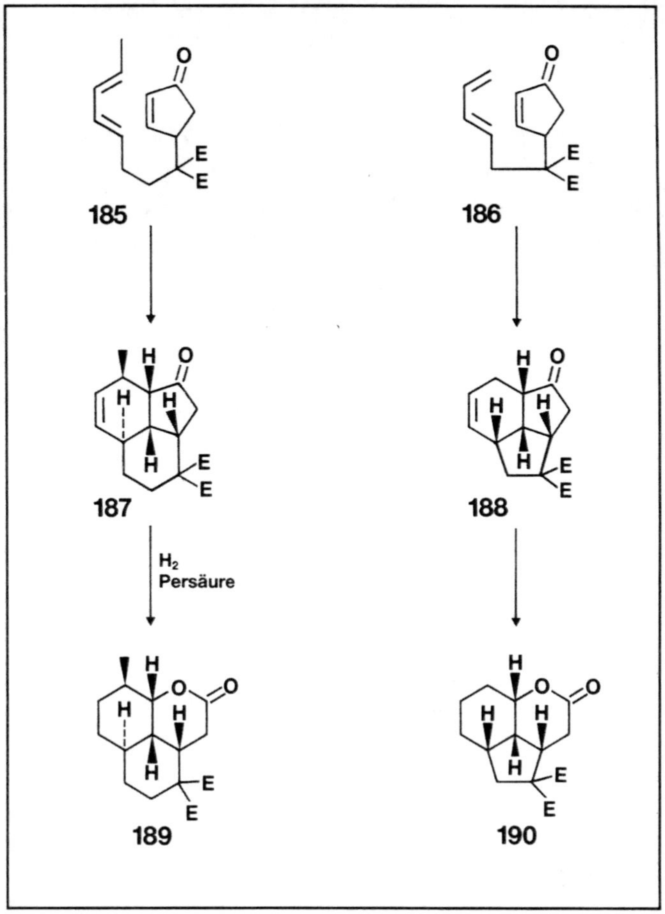

Schema XXV

gierten Additionen, zusammen mit der bemerkenswerten Variabilität von Donor und Acceptor sowie dem strengen Reglement fur den Landeanflug des Nucleophils und der damit verbundenen hohen Diastereoselektivität, schreien nach asymmetrischer Induktion zur Generierung enantiomerenreiner Additionsprodukte.

Seit Beginn der siebziger Jahre widmen sich dann auch methodisch arbeitende Gruppen mit steigender Tendenz dieser Aufgabe. Da die frühen Ergebnisse in Übersichtsartikeln niedergelegt sind[133–135], konnen wir uns hier auf einige neue Beispiele konzentrieren, die den derzeitigen Stand und die aussichtsreichen Marschrichtungen illustrieren sollen. Immerhin sind Diastereoselektivitäten von >95% bei einigen sorgfältig geplanten Testfällen keine Seltenheit mehr, speziell dann, wenn Sorge getragen wird, daß die Lenkung des Nucleophils aus einer Position in unmittelbarer Nahe des Tatorts ausgelöst wird und die Reaktionspartner in ein Chelatisierungskorsett gepreßt oder wenigstens durch Wasserstoffbrücken miteinander vertäut sind. Im Prinzip kann diese chirale Information auf drei verschiedenen Wegen in den Übergangszustand eingebracht werden, nämlich über den Acceptor als Ester[136, 137] oder Amid mit optisch aktiven Alkoholen bzw. Aminen, über den Donor mit Hilfe eines entsprechenden Enamin- oder Enolderivats und schließlich über den Katalysator. Bei den Acceptoren repräsentieren chirale Sulfoxide noch einen interessanten und außerst nutzlichen Spezialfall, da hier die Acceptorgruppe selbst eine definierte Konfiguration haben kann – eine Eigenschaft, die der Carbonylgruppe wegen der sp^2-Hybridisierung versagt ist.

Auf dem Feld der vom Campher hergeleiteten chiralen Ester tummeln sich *G. Helmchen*[138, 139] und *W. Oppolzer*[140–142] mit eindrucksvollen Diastereoselektivitäten (s. Schema XXVII). In beiden Fällen blockieren geschickt plazierte Sulfonamidgruppen eine Seite der aktivierten Doppelbindung bei nucleophilem wie auch elektrophilem Angriff (s. **208**) gleichermaßen. Daß Chelatisierung bei der Fixierung dieser Sulfonklammer möglicherweise eine Rolle spielt, signalisiert die Beobachtung, daß im Falle von **203** hohe Diastereoselektivität nur mit der Magnesiumverbindung bei inverser Reaktionsführung und einem üppigen Überschuß des metallorganischen Reagenzes erzielt werden kann.

Bei den chiralen Amiden werden natürlich gern wohlfeile Amine[143], vorzugsweise Prolinderivate[144, 145], bemüht. Eine wichtige Voraussetzung für präparativ nutzbare Diastereoselektivität liegt indessen offensichtlich in der Verbesserung der Acceptorqualität durch Einsatz einer Imid-[146] oder imidanalogen[147] Gruppe. Während *K. Koga*

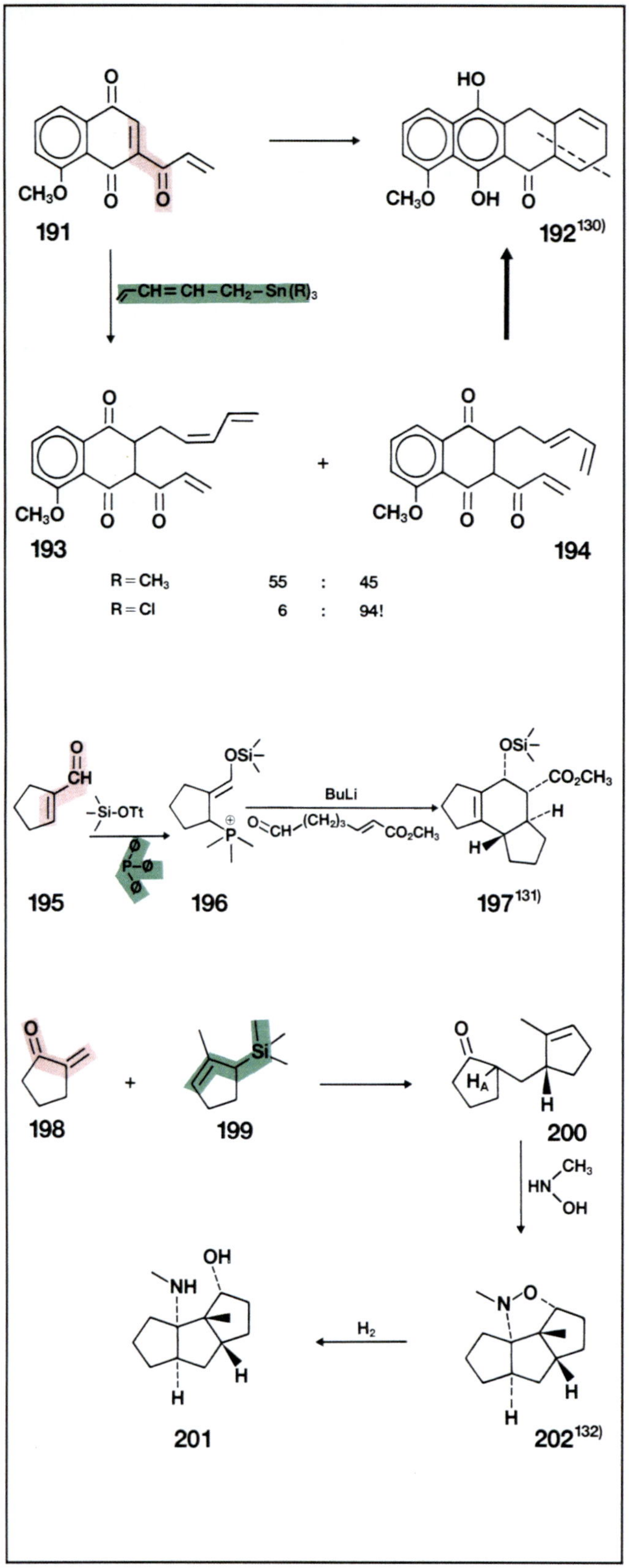

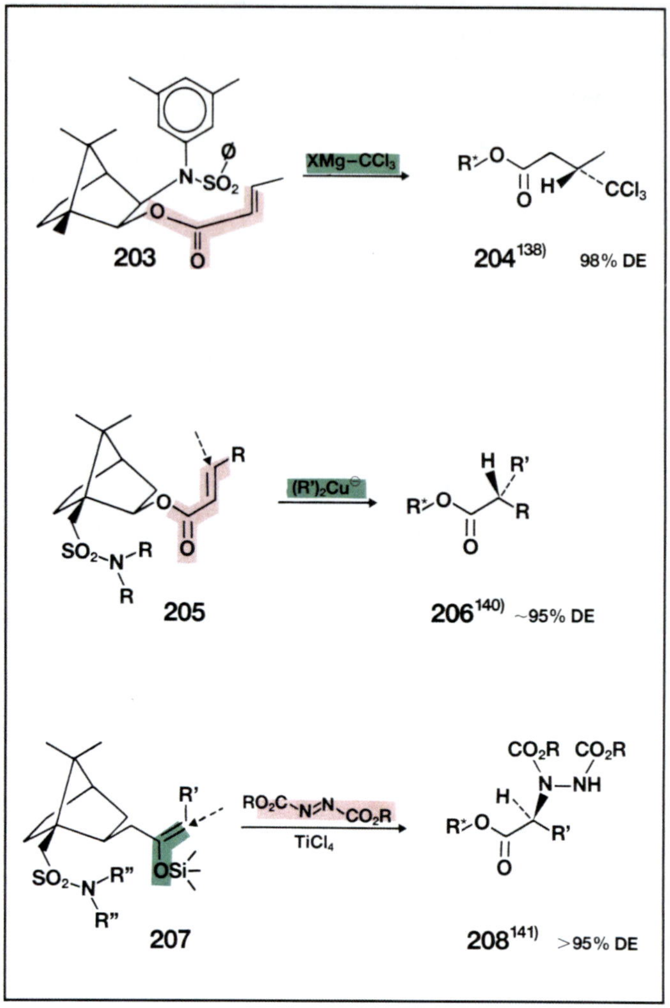

Schema XXVII

Schema XXVI

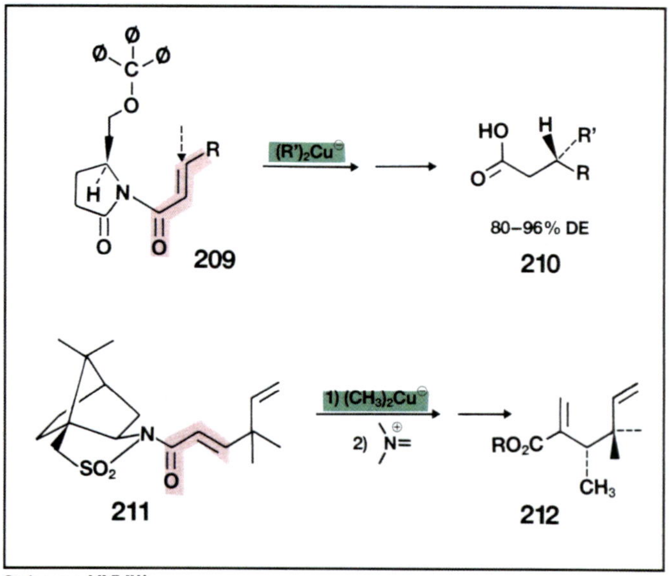

Schema XXVIII

mit der feisten Triphenylethergruppe Seitenselektivität erzwingt, schnurt *W. Oppolzer* zu einem elektronisch aktivierten und gleichzeitig konformativ fixierten Acylsulfonamid zusammen und gelangt auf diese Weise zu respektabler Diastereoselektivität fur diverse konjugierte Additionen.

Bei allen diesen Carbonsaureabkommlingen handelt es sich aber schließlich um klassische Acylderivate im Gegensatz zu den recht bizarren Eisen-Acyl-Komplexen **213**, mit denen *S. G. Davies*[149] und gleichzeitig auch *L. S. Liebeskind*[150] ungewöhnlich hohe Diastereoselektivitaten erzielten (s. Schema XXIX).

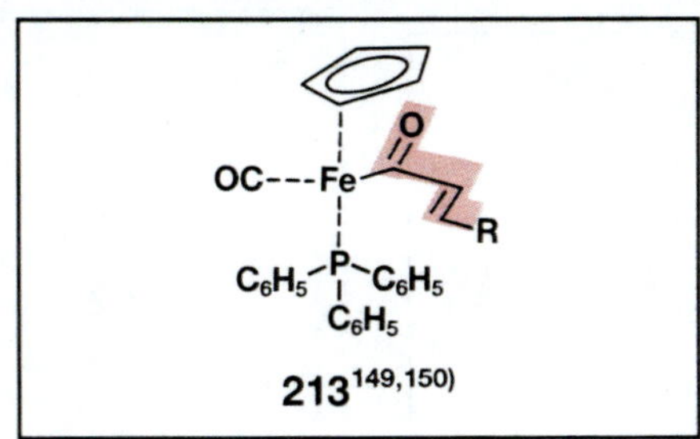

Schema XXIX

Die spezielle Situation der Sulfoxide ladt naturlich in der Acceptor- wie auch Donatorserie zu Experimenten mit enantiomerenreinen Verbindungen ein, und in der Tat liegen bereits breite Erfahrungen und eindrucksvolle Resultate vor, die in mehreren Ubersichtsartikeln nachgelesen werden konnen[151-153]. Eine sehr gute Vorstellung von den Lenkungsmoglichkeiten dieses chiralen Acceptors vermittelt die von *G. H. Posner* als Schlusselschritt einer Östron-Synthese konzipierte *Michael*-Addition an das Cyclopentenonsulfoxid **215**[154] (Schema XXX). Bei Verwendung des hohen Raumanspruch einbringenden Bromenolats **214** kann das wichtige Intermediat **216** nach Oxidation zum Sulfon, reduktiver Entfernung des Halogens und bastenkatalysierter Epimerisierung mit 95% Diastereomerenuberschuß präpariert werden.

Im Rahmen einer theoretischen Studie unter Berücksichtigung berechneter Energieminima für die Vinylsulfoxid-Konformation kommen *S. D. Kahn* und *W. J. Hehre*[155] zu dem Schluß, daß konjugierte Additionen an diesen Acceptor über die Konformation **217** und *anti* zum freien Elektronenpaar verlaufen sollten. Fur einige experimentelle Fälle scheint dieses Reglement auch tatsachlich zu gelten, aber naturlich ist hier, wie auch bei fruher erwahnten Reaktionen, die Bedeutung der Chelatisierung (Gegenkation im Donor!) sowie die Moglichkeit zur Wasserstoffbrückenbildung bei der Beschreibung des Mechanismus nicht zu unterschatzen.

Angesichts dieser hohen Selektivität der Acceptor-Sulfoxide ist man nicht überrascht, sie auch in großer Zahl als Donatoren am Werke zu sehen[156-158]. Zum detaillierten Studium muß auf die hier angegebenen Arbeiten und die dort mitgeteilte Literatur verwiesen werden. Erwahnt sei jedoch die fur die stereoselektive Synthese sehr wichtige Stereospezifitat dieses Prozesses, denn bei Verwendung *E*-konfigurierter Allylsulfoxide (s. **218**) beobachtete *R. K. Haynes* eine starke Praferenz für das Diastereomere **220**, wahrend die *Z*-Verbindung **219** vorwiegend **221** generierte. Dieser Arbeitsgruppe gelang auch eine bemerkenswert einfache Darstellung eines enantiomerenreinen Auxiliars, bei der wahlweise beide Antipoden gezielt angesteuert werden können – ein äußerst nützliches Resultat, da es konfigurative Flexibilität beschert. Es wird dazu das leicht erreichbare Isoborneol-Derivat **222** mit *meta*-Chlorperbenzoesäure exclusiv in das sterisch einheitliche Sulfoxid **223** überfuhrt (Röntgenstrukturanalyse!), das dann beim Schmelzen epimerisiert und das diastereomere Sulfoxid **224** kristallin aus der Schmelze abscheidet. Durch diesen Separationsprozeß wird das Gleichgewicht auf die Seite von **224** gezogen.

Waren im ersten Teil der Acceptor bzw. seine nähere räumliche Umgebung die Trager der chiralen Information, so wurde in anderen Fällen die Nachbarschaft des β-Kohlenstoff-Atoms für diese Aufgabe ausgewählt – angesichts der Tatsache, daß hier ja schließlich der Angriff stattfindet, eine naheliegende Maßnahme. Es muß gewiß auch hier wieder sichergestellt werden, daß die sterische Kulisse nach der Vorstellung leicht wieder abgeraumt werden kann. Die im Schema XXXI gezeigten neueren Verfahren[159, 160] tragen nicht nur diesem Wunsch Rechnung, sondern liefern in der Tat auch praktisch nutzbare Enantiomerenüberschüsse. Zur Addition an das Nitroenamin **225** muß noch angemerkt werden, daß es sich dabei um eine Additions-Eliminierungs-Sequenz handelt, und die bemerkenswert hohen Enantiomerenuberschüsse bei Verwendung des Zinkenolats nahm man zum Anlaß, den Additionsschritt in Abhangigkeit vom Gegenkation zu studieren. Für Li-Enolate konnte die Existenz eines Addukt-Gleichgewichtes erkannt werden, dessen weiteres Schicksal durch die Aufarbeitungsbedingungen bestimmt ist, die Zinkenolate hingegen bilden das Addukt irreversibel, und das Produkt resultiert somit unter kinetischer Kontrolle. Im Falle der Lenkung durch eine Acetalgruppe (s. **227**) werden entscheidende Grenzen durch die racemisierungsfreie Regenerierbarkeit der Aldehydgruppe gesetzt. Tatsächlich muß zur Erreichung dieses Ziels ein Umweg via Umacetalisierung zum Thioacetal und anschließende alkylierende Hydrolyse in Kauf genommen werden.

Sind *Michael*-Additionen an α,β-ungesattigte Ketone oder Aldehyde zu absolvieren, so ist man sicher gut beraten, die Konfigurationslenkung dem Donor aufzuhalsen, weil bei diesen Acceptoren das Auxiliar im allgemeinen nur mit Kopfständen in der Nähe der Reaktionszentren anzuheften ist. Wird als Donor ein deprotoniertes Carbonsäure-

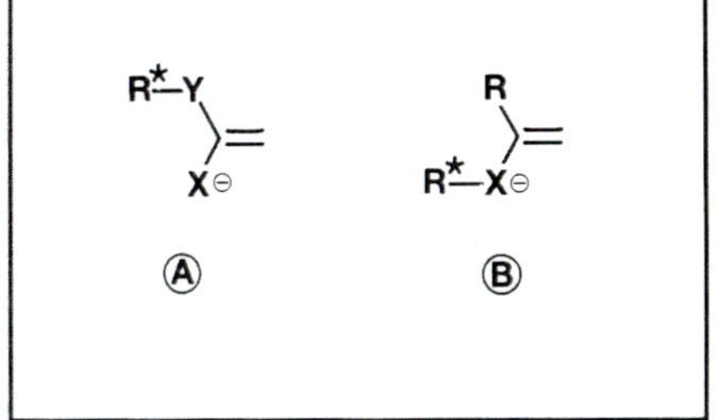

Schema XXXII

derivat verwendet, dann kann die Konfigurationslenkung durch eine entsprechende Ester- oder Amidgruppe[161, 162] ausgelöst werden (Typ A, Schema XXXII), während bei Verwendung von deprotonierten Keton- oder Aldehydderivaten gern dem Enamin-Anion[163-167] der Vorzug gegeben wird, weil dann der Konfigurationsdirigent am Stickstoffatom plaziert werden kann. Im Schema XXXIII sind einige moderne und offenbar recht effiziente Verfahren aufgelistet. Die schon mehrfach erwähnte Chelatversteifung wird bei den Komplexen

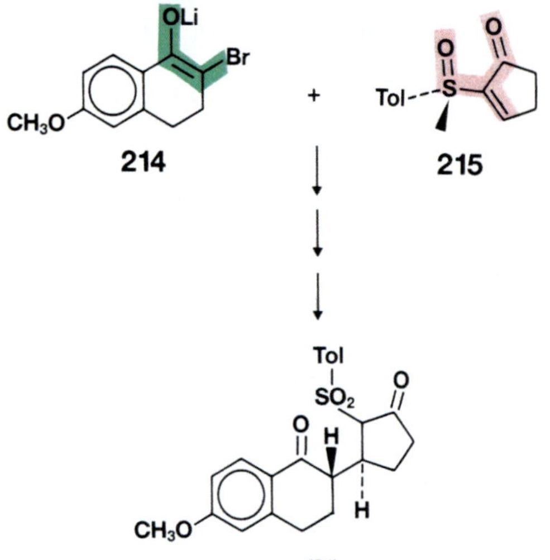

OLi
Br
CH_3O
214
+
Tol
S
O
215
Tol
SO_2
O
O
H
H
CH_3O
216[154]
Nu
S
O
R
217[155]
O
S
Ø
C_5H_{11}
218
O
S
Ø
C_5H_{11}
219[156,157]
O
O
220
221
H
H
C_5H_{11}
O
S
Ø
MCPA
S
OH
222
O
S
OH
223
O
S
OH
224

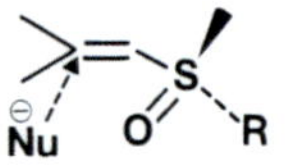

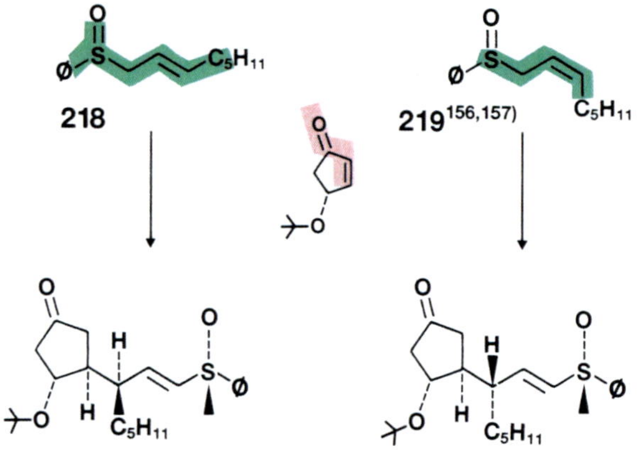

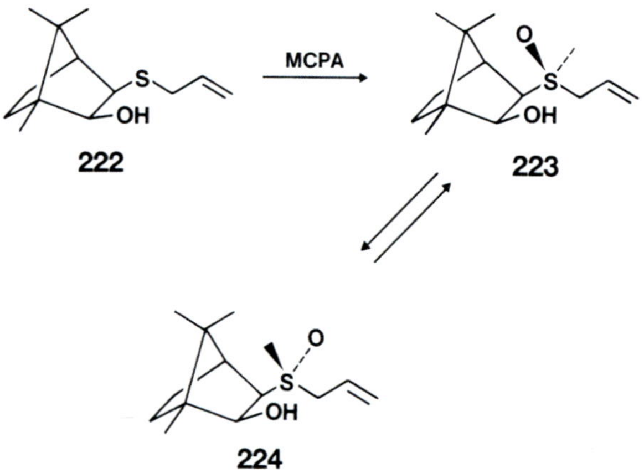

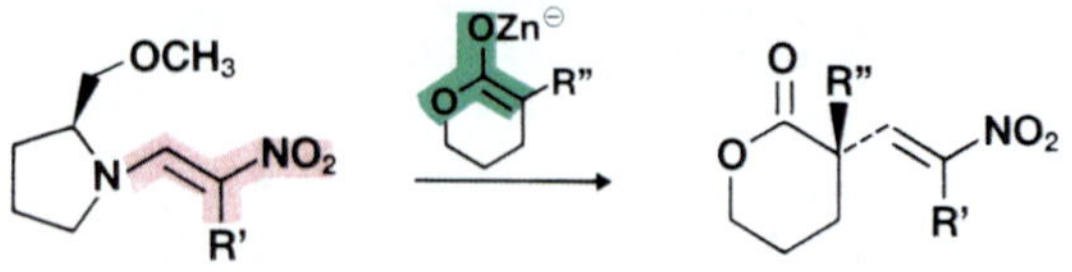

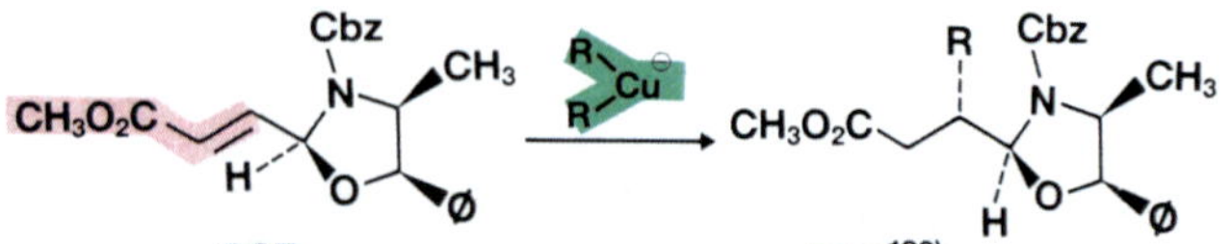

OCH_3
N
NO_2
R'
225
OZn
O
R"
O
O
R"
NO_2
R'
226[159]
Cbz
N
CH_3
CH_3O_2C
H
O
Ø
227
R
Cu
R
R
Cbz
N
CH_3
CH_3O_2C
H
O
Ø
228[160]

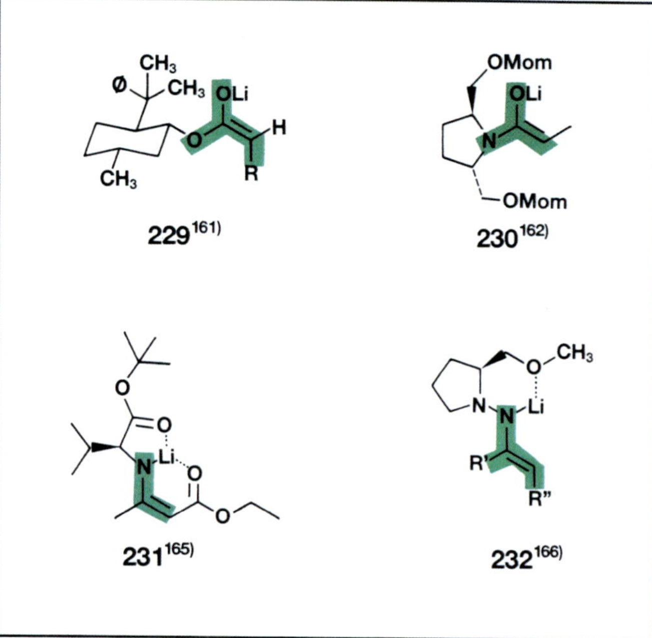

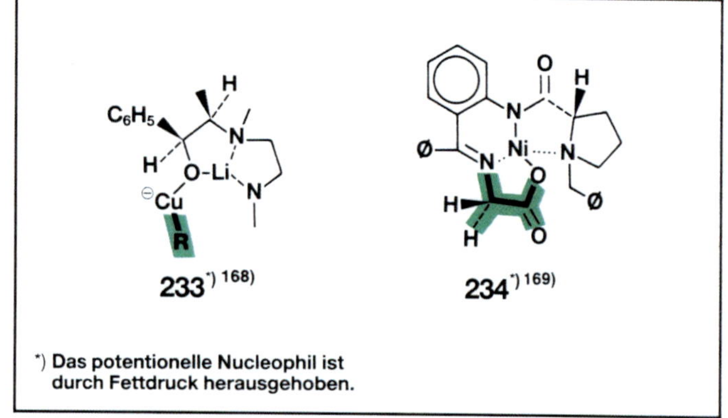

*) Das potentionelle Nucleophil ist durch Fettdruck herausgehoben.

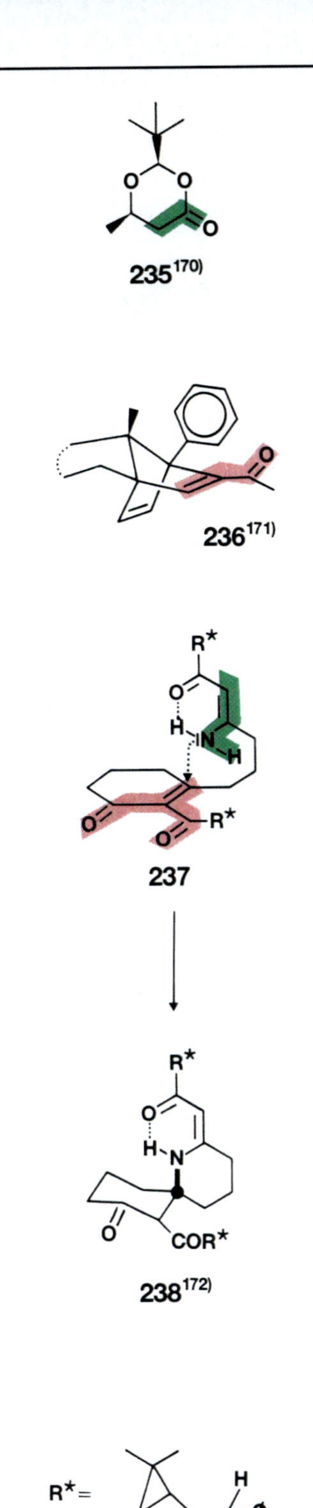

Schema XXXV

233[168)] und 234[169)] besonders deutlich sichtbar, und die konformative Rigidität dieser geschickt verklammerten Donatoren ist von hoher Bedeutung für ihre stereochemische Leistungsfähigkeit. Hier liegt sicher ein vielseitiges und faszinierendes Entwicklungsfeld der Anionenchemie. Durch Variation des Gegenkations und gezielte Auswahl der optisch aktiven chelatisierenden Komplexliganden lassen sich nucleophiltypische, gut sitzende chirale Mäntelchen schneidern, in die man Nucleophile dann sorgfältig hineinknöpfen kann – für jede Aufgabe die geeignete Kluft!

Die Komplexe **233** und **234** sind eindrucksvolle Vertreter dieses Trends, und man ist nicht verwundert zu erkennen, daß der noch strammer organisierte und disziplinierte Komplex **234** die höhere Enantiomerenreinheit beschert, wobei allerdings seine Anwendungsbreite auch enger begrenzt ist.

Derartige cyclische Fixierungen der Reaktionspartner lassen sich auch durch andere leicht wieder brechbare Bindungen herbeiführen. Beim Donor-Baustein **235** nutzte *D. Seebach*[170)] die leicht hydrolisierbare Acetalgruppe, und als Acceptor wurde in unserem Labor ein rein thermisch wieder spaltbares (Retro-Dien-Reaktion) Cycloaddukt **236** erprobt[171)]. Hier können ganze Reaktionssequenzen durchexerziert werden, bevor man das Zielmolekül durch Thermolyse wieder freisetzt.

Besonders hohe Erwartungen kann man hegen, wenn sowohl *Michael*-Donor als auch *Michael*-Acceptor chirale Information einbringen, und der Prozeß darüber hinaus noch intramolekularisiert ist. Diese Randbedingungen verhalfen bei der von uns studierten Spirocyclisierung zum Grundgerüst des Histrionicotoxins zu ganz ausgezeichneter Diastereoselektivität (s. **238**) und machen enantiomerenreine Spiropiperidine dieses Typs leicht zugänglich[172)].

Angesichts der Tatsache, daß Basenkatalyse ein wichtiges Charakteristikum der klassischen *Michael*-Addition ist, liegt es nahe, auch hier das Traumziel der enantioselektiven Katalyse anzupeilen. Höchst ermutigende Beiträge sollten diesem Feld Schubkraft verleihen. Während *D. Cram* dem Kalium-*tert*-butylat eine chirale Krone aufsetzte[173)], waren *R. S. E. Conn* und Mitarbeiter mit einem Phasentransfer-Prozeß in Gegenwart von Chinchonidinium-Derivaten erfolgreich[174)]. Beide Prozesse sind Resultat einer weitgehend empirischen Entwicklung und werden in ihren Grundlagen wohl noch nicht recht verstanden. Aber auch in anderen Bereichen der diastereoselektiven und enantioselektiven Synthese haben wir in diesem Punkt noch viele Defizite, und die Tatsache, daß wir dort kühner und selbstbewußter Übergangszustände und Lenkungsmechanismen zu Papier bringen, sollte darüber nicht hinwegtäuschen.

Am Ende dieser Serie wirbt der Autor noch einmal um freundliches Verständnis bei allen Kollegen, deren Beiträge wegen der bewußten Begrenzung auf nur wenige exemplarische Fälle nicht detailliert gewürdigt werden konnten, und bedankt sich gleichermaßen bei allen, die durch Zuspruch ermuntert und durch konstruktive Kritik begleitet haben.

Euch ist bekannt, was wir bedürfen,
wir wollen stark Getränke schlürfen.
Nun braut mir unverzüglich dran,
was heute nicht geschieht, ist morgen nicht getan,
und keinen Tag soll man verpassen.
Das Mögliche soll der Entschluß
beherzt sogleich beim Schopfe fassen.

Literaturverzeichnis

1) BALDWIN, J. E.: J. Chem. Soc., Chem. Commun. **1976**, 734
2) BALDWIN, J. E., CUTTING, J., DUPONT, W., KRUSE, L., SILBERMAN, L., THOMAS, R. C.: J. Chem. Soc., Chem. Commun. **1976**, 736
3) BALDWIN, J. E.: J. Chem. Soc., Chem. Commun. **1976**, 738
4) BALDWIN, J. E., REISS, J. A.: J. Chem. Soc., Chem. Commun. **1977**, 77
5) ANSELME, J. P.: Tetrahedron Lett. **18**, 3615 (1977)
6) ROSENBERG, S. H., RAPOPORT, H.: J. Org. Chem. **50**, 3979 (1985)
7) HEATHCOCK, C. H., VON GELDERN, T. W.: Heterocycles **25**, 75 (1987)
8) WELLER, D. D., RAPOPORT, H.: J. Am. Chem. Soc. **98**, 6650 (1976)
9) MOSS, W. H., GLESS, R. D., RAPOPORT, H.: J. Org. Chem. **46**, 5064 (1981)
10) ERNST, H., OTTOW, E., RECKER, H.-G., WINTERFELDT, E.: Chem. Ber. **114**, 1907 (1981)
11) FRIE, M.: Dissertation Universitat Hannover, 1985

12) ISOBE, M., ITO, H., KAWAI, T., GOTO, T.: Tetrahedron Lett. **18**, 703 (1977)
13) KIM, S. W., BANDO, Y., HORII, Z.: Tetrahedron Lett. **19**, 2293 (1978)
14) BELMONT, D. T., PAQUETTE, L. A.: J. Org. Chem. **50**, 4102 (1985)
15) BERTHIAUME, G., LAVALLE, J. F., DESLONGCHAMPS, P.: Tetrahedron Lett. **27**, 5451 (1986)
16) LAVALLE, J. F., BERTHIAUME, G., DESLONGCHAMPS, P., REIN, F. G.: Tetrahedron Lett. **27**, 5455 (1986)
17) DESLONGCHAMPS, P., ROY, B. L.: Canad. J. Chem. **64**, 2068 (1986)
18a) STORK, G., WINKLER, J. D., SACCOMANO, N. A.: Tetrahedron Lett. **24**, 465 (1983)
18b) STORK, G., SACCOMANO, N. A.: Tetrahedron Lett. **28**, 2087 (1987)
18c) STORK, G., LIVINGSTON, D. A.: Chem. Lett. **1987**, 105
19) STORK, G., SHINER, C. S., WINKLER, J. D.: J. Am. Chem. Soc. **104**, 310 (1982)
20) STORK, G., WINKLER, J. D., SHINER, C. S.: J. Am. Chem. Soc. **104**, 3767 (1982)
21) NEGESHI, E.: Aldrich Chim. Acta **18**, 31 (1985)
22) REDDY, S. M., WALBORSKY, H. M.: J. Org. Chem. **51**, 2605 (1986)
23) SPANEVELLO, R., GONZALEZ-SIERRA, M., RUVEDA, E. A.: Synth. Commun. **16**, 7496 (1986)
24a) SHISHIDO, K., SUKEGAWA, Y., FUKUMOTO, K., KAMETANI, T.: Heterocycles **24**, 641 (1986)
24b) SHISHIDO, K., SUKEGAWA, Y., FUKUMOTO, K., KAMETANI, T.: J. Chem. Soc., Perkin Trans. I **1987**, 993
25) GLANZMANN, M., KARALAI, CH., OSTERSEHLT, B., SCHON, U., FRESE, CH., WINTERFELDT, E.: Tetrahedron **38**, 2805 (1982)
26) HIRAMA, M., SHIGEMOTO, T., YAMAZAKI, Y., ITO, S.: J. Am. Chem. Soc. **107**, 1797 (1985)
27) KOZOKOWSKI, A. P., GRECO, M. N.: J. Am. Chem. Soc. **106**, 6873 (1984)
28) HIRAI, Y., HAGIWARA, A., YAMAZAKI, T.: Heterocycles **24**, 571 (1986)
29) IMANISHI, T., YAGI, N., HANAOKA, M.: Chem. Pharm. Bull. **33**, 4202 (1985)
30) HEATHCOCK, C. H., DAVIDSEN, S. K., MILLS, S., SANNER, M. A.: J. Am. Chem. Soc. **108**, 5650 (1986)
31) IRELAND, R. E., OBRECHT, D. M.: Helv. Chim. Acta **69**, 1273 (1986)
32) BARALDI, G. P., BARCO, A., BENETTI, S., POLLINI, G. P., POLO, E., SIMONI, P.: J. Org. Chem. **50**, 23 (1985)
33) KROHN, K., BALTUS, W.: Synthesis **1986**, 942
34) SURYAWANSHI, S. N., FUCHS, P. L.: J. Org. Chem. **51**, 902 (1986)
35) KRAFFT, M. E., KENNEDY, R. M., HOLTON, R. A.: Tetrahedron Lett. **27**, 2087 (1986)
36) QUESADA, M. L., KIM, D., KILAN, S., JEONG, N. S., WANG, Y. H., KIM, M. Y., KIM, J. W.: Heterocycles **25**, 75 (1987)
37) DEMIR, A. S., GROSS, R. S., DUNLAP, N. K., HASHEMI, A. B., WATT, D. S.: Tetrahedron Lett. **27**, 5567 (1986)
38) MAJETICH, G., DESMOND, R., CASARES, A.: Tetrahedron Lett. **24**, 1913 (1983); altere Lit. siehe dort
39) TOKOROYAMA, R., SUKAMOTO, M., LIO, H.: Tetrahedron Lett. **25**, 5067 (1984)
40) SCHINZER, D.: Angew. Chem. **96**, 292 (1984)
41) MAJETICH, G., HULL, K., DEFAUW, J., DESMOND, R.: Tetrahedron Lett. **26**, 2747 (1985)
42) MAJETICH, G., HULL, D., DESMOND, R.: Tetrahedron Lett. **26**, 2751 (1985)
43) MAJETICH, G., HULL, K., DEFAUW, J., SHAWE, T.: Tetrahedron Lett. **26**, 2755 (1985)
44) MAJETICH, G., HULL, K., SHAWE, T.: Tetrahedron Lett. **26**, 4711 (1985)
45) SCHINZER, D., SOLYOM, S., BECKER, M.: Tetrahedron Lett. **26**, 1831 (1985)
46) MAJETICH, G., BEHNKE, M., HULL, K.: J. Org. Chem. **50**, 3615 (1985)
47) SCHINZER, D.: Privatmitteilung
48) NIELSEN, A. T., MOORE, D. W.: J. Org. Chem. **34**, 444 (1969)
49) HAGIWARA, H., UDA, H.: J. Chem. Soc., Perkin Trans. I **1986**, 629
50) SPITZNER, D., SWOBODA, H.: Tetrahedron Lett. **27**, 1281 (1986)
51) SEYDEN-MAHDAVI, F., TEICHMANN, S., DE MEIJERE, A.: Tetrahedron Lett. **27**, 6185 (1986)
52) IHARA, M., TOYOTA, M., ABE, M., ISHIDA, Y., FUKUMOTO, K., KAMETANI, T.: J. Chem. Soc., Perkin Trans. I **1986**, 1543
53) IHARA, M., TOYOTA, M., FUKUMOTO, K., KAMETANI, T.: Tetrahedron Lett. **27**, 1537 (1986)
54a) IHARA, M., TOYOTA, M., FUKUMOTO, K., KAMETANI, T.: J. Chem. Soc., Perkin Trans. I **1986**, 2151
54b) NAGAOKA, H., KOBAYASHI, K., MATSUI, T., YAMADA, Y.: Tetrahedron Lett. **28**, 2021 (1987)
55a) URECH, R.: Aust. J. Chem. **39**, 433 (1986)
55b) IHARA, M., KATOGI, M., FUKUMOTO, K., KAMETANI, T.: J. Chem. Soc., Chem. Commun. **1987**, 721
56) HAGIWARA, H., OKANO, A., UDA, H.: J. Chem. Soc., Chem. Commun. **1985**, 1047
57) THANUPRAN, CH., THEBTARANONTH, CH., THEBTARANONTH, Y.: Tetrahedron Lett. **27**, 2295 (1986)
58) a) DEAN, F. M., HOUGHTON, L. E., NAYYIHR-MAZHIR, R., THEBTARANONTH, CH.: J. Chem. Soc., Chem. Commun. **1979**, 159
b) GRIECO, P. A., GARNER, P., YOSHIDA, K., HUFFMAN, J. C.: Tetrahedron Lett. **24**, 3807 (1983)
59) BUNCE, R. A., WAMSLEY, E. J., PIERCE, J. D., SHELLHAMMER, A. J., DRUMRIGHT, R. E.: J. Org. Chem. **52**, 464 (1987)
60) Houben-Weyl, Methoden d. Organ. Chemie (VII/2b), 1666 (1976), Georg-Thieme-Verlag Stuttgart
61) NAF, F., DECORZANT, R., THOMMEN, W.: Helv. Chim. Acta **58**, 1808 (1975)
62) ITOH, A., OZAWA, S., OSHIMA, K., NOZAKI, H.: Tetrahedron Lett. **21**, 361 (1980)
63) ITOH, A., OZAWA, S., OSHIMA, K., NOZAKI, H.: Bull. Chem. Soc. (Jap.) **1981**, 274
64) CAMERON, A. G., HEWSON, A. T.: J. Chem.Soc., Perkin Trans. I **1983**, 2979
65) FODOR, G., ARNOLD, R., MOHACSI, T., KARLE, J., FLIPPEN-ANDERSON, J.: Tetrahedron Lett. **39**, 2137 (1983)
66) KATO, M., SAITO, H., YOSHIKOSHI, A.: Chem. Lett. **7**, 213 (1984)
67) LEONARD, W. R., LIVINGHOUSE, T.: J. Org. Chem. **50**, 730 (1985)
68) MEYER, W. L., BRANNON, M. J., MERRITT, A., SEEBACH, D.: Tetrahedron Lett. **27**, 1449 (1986)
69) KOBAYASHI, S., MUKAIYAMA, T.: Chem. Lett. **9**, 1805 (1986)
70) KOBAYASHI, S., MUKAIYAMA, T.: Chem. Lett. **9**, 221 (1986)
71a) MUKAIYAMA, T., KOBAYASHI, S.: Heterocycles **1987**, 205
71b) COOPER, M. M., HUFFMANN, J. W.: J. Chem. Soc., Chem. Commun. **1987**, 248
71c) KOĆOR, M., BERSZ, B.: Tetrahedron **43**, 2129 (1987)
72) TAKAHASHI, T., OKUMOTO, H., TSUJI, J., HARADA, N.: J. Org. Chem. **49**, 948 (1984)
73) TAKAHASHI, T., OKUMOTO, H., TSUJI, J.: Tetrahedron Lett. **25**, 1925 (1984)
74) STORK, G., GANEM, B.: J. Am. Chem. Soc. **95**, 6152 (1973)
75) OKUMOTO, H., TSUJI, J.: Synth. Commun. **12**, 1015 (1982)
76) ENDA, J., KUWAJIMA, J.: Chem. Commun. **1984**, 1589
77) NOYORI, R., SUZUKI, M.: Angew. Chem. **96**, 854 (1984)
78) NOKAMI, J., ONO, T. WAKABAYASHI, S.: Tetrahedron Lett. **26**, 1985 (1985)

79) MORI, K., MORI, H.: Tetrahedron Lett. **42**, 5531 (1986)
80) NIWA, H., HASEGAWA, T., BAN, N., YAMADA, K.: Tetrahedron Lett. **25**, 2797 (1984)
81) UTAKA, M., FUJII, Y., TAKEDA, A.: Chem. Lett. **8**, 1123 (1985)
82) HARRE, M., WINTERFELDT, E.: Chem. Ber. **115**, 1437 (1982)
83) IMANISHI, T., SHIN, H., KANAOKA, M., MOMOSE, T., IMANISHI, I.: Heterocycles **14**, 1111 (1980)
84) BOHLMANN, C., BOHLMANN, R., GUITIAN-RIVERA, E., VOGEL, C., MANANDHAR, M. D., WINTERFELDT, E.: Liebigs Ann. Chem. **1985**, 1752
85) WINTERFELDT, E., FREUND, R.: Liebigs Ann. Chem. **1986**, 1262
86) POSNER, G. H., SHU-BIN LU, ASIRVATHAM, E.: Tetrahedron Lett. **27**, 659 (1986)
87) POSNER, G. H., SHU-BIN LU, ASIRVATHAM, E., SILVERSMITH, E. F., SHULMAN, E. M.: J. Am. Chem. Soc. **108**, 511 (1986)
88) DANISHEFSKY, S., CHAKALAMANNIL, S., HARRISON, P., SILVESTRI, M., COLE, P. H.: J. Am. Chem. Soc. **107**, 2474 (1985)
89) CORY, R. M., RITCHIE, B. M.: J. Chem. Soc., Chem. Commun. **1983**, 1244
90a) TANAKA, T., OKAMURA, N., BANNAI, K., HAZATO, A., SUGIURA, S., TOMIMORI, K., MANABE, K., KUROZURI, S.: Tetrahedron Lett. **42**, 6747 (1986)
90b) CORRIU, R. J. P., MOREAU, J. J. E., VERNET, C., Tetrahedron Lett. **28**, 2963 (1987)
91) HANG-CHAN, T., PRASAD, C. V. C.: J. Org. Chem. **52**, 110 (1987)
92) SCHLESSINGER, R., LIN, P., POSS, M.: Heterocycles **1987**, 315
93a) YAMAGUCHI, M., HASEBE, K., TANAKA, S., MINAMI, T.: Tetrahedron Lett. **27**, 959 (1986)
93b) NUGENT, W. A., HOBBS, F. W.: J. Org. Chem. **51**, 3376 (1986)
94) ROSS KELLY, T., ECHAVARREN, A., WHITING, A., WEIBEL, F. R., MIKI, Y.: Tetrahedron Lett. **27**, 6049 (1986)
95) IGARASHI, S. M., NAKANO, Y., TAKEZAWA, K., WATANABE, T., SATO, S.: Synthesis **1987**, 68
96) De LOMBAERT, S., NEMERY, I., ROEKENS, B., CARRETERO, J. C., KIMMEL, T., GHOSEZ, L. Tetrahedron Lett. **27**, 5099 (1986)
97) BECKER, R., BENZ, G., ROSENTRETER, U., WINTERFELDT, E.: Chem. Ber. **112**, 1879 (1979)
98) LITTLE, R. D., DAWSON, J. R.: Tetrahedron Lett. **21**, 2609 (1980)
99) COOKE, Jr., M. P., YAN JAW, J.: J. Org. Chem. **51**, 758 (1986)
100) JOUCLA, M., ELGOUMZIL, M., FOUCHET, B.: Tetrahedron Lett. **27**, 1677 (1986)
101) KRIEF, A., CHABOTEAUX, G., MATHY, P., SEVERIN, M., DE VOS, M. J.: J. Chem. Soc., Chem. Commun. **1985**, 1693
102) CORY, R. M., ANDERSON, P. C., BAILEY, M. D., MC LAREN, F. R., RENNEBOG, R. M., YAMAMOTO, B. R.: Canad. J. Chem. **63**, 2618 (1985)
103) CORY, R. M., RENNEBOOG, R. M.: J. Org. Chem., **49**, 3898 (1984)
104) YAMAGUCHI, M., TSUKAMOTO, H., HIRAO, I.: Tetrahedron Lett. **26**, 1723 (1985)
105a) PIERS, E., KARUNARATNE, V.: J. Chem. Soc., Chem. Commun. **1983**, 935
105b) GOLOLOBOV, Y. G., NESMEYANOV, A. N., LYSENKO, V. P., BOLDESKUL, I. E.: Tetrahedron **43**, 2609 (1987)
106) PIERS, E., ANISSAYEUNG, B. W.: J. Org. Chem. **49**, 4567 (1984)
107) DANISHEFSKY, S., VAUGHAN, K., GADWOOD, R. C., TSUZUKI, K.: Tetrahedron Lett. **21**, 2625 (1980)
108) TOTH, J. E., FUCHS, P. L.: J. Org. Chem. **52**, 473 (1987)
109) GARRAT, P. J., ZAHLER, R.: Tetrahedron Lett. **20**, 73 (1979)
110) BILYARD, K. G., GARRAT, P. J., ZAHLER, R.: Synthesis **1980**, 389
111) GARRAT, P. J., PORTER, J. R.: J. Org. Chem., **51**, 5450 (1986); weitere Lit. siehe dort
112) COREY, E. J., WEI-GUO SU, HOUPIS, I. N.: Tetrahedron Lett. **27**, 5951 (1986)
113) BEAK, P., BURG, D. A.: Tetrahedron Lett. **27**, 5911 (1986)
114) SUZUKI, M., YANAGISAWA, Y., NOYORI, R.: J. Am. Chem. Soc. **107**, 3348 (1985)
115) DANHEISER, R., CARINI, D., FINK, D. M., BASAK, A.: Tetrahedron **39**, 935 (1983)
116) OCHIAI, M., KUNISHIMA, M., NAGAO, Y., FUJI, K., SHIRO, M., FUJITA, E.: J. Am. Chem. Soc. **108**, 8281 (1986)
117) TAKAHASHI, T., HORI, K., TSUJI, J.: Tetrahedron Lett. **22**, 119 (1981)
118) EAGEN, M. C., CROMWELL, N. H.: J. Org. Chem. **39**, 3863 (1974)
119) SEEBACH, D., KNOCHEL, P.: Helv. Chim. Acta **67**, 261 (1984); weitere Lit. siehe dort
120) SEEBACH, D., CALDERARI, G., KNOCHEL, P.: Tetrahedron **21**, 4861 (1985)
121) KNOCHEL, P., NORMANT, J. F.: Tetrahedron Lett. **26**, 425 (1985)
122) AUVRAY, P., KNOCHEL, P., NORMANT, J. F.: Tetrahedron Lett. **26**, 2329 (1985)
123) AUVRAY, P., KNOCHEL, P., NORMANT, J. F.: Tetrahedron Lett. **27**, 5095 (1986)
124) HARRE, M., RADDATZ, P., WALENTA, R., WINTERFELDT, E.: Angew. Chem. **94**, 496 (1982)
125) KNOLKER, H.-J., WINTERFELDT, E.: Liebigs Ann. Chem. **1986**, 465
126) BERTRAM, H.-J., JANSEN, M., PETERS, K., MEIER, A., WINTERFELDT, E.: Liebigs Ann. Chem. **1986**, 456
127) BOHNENPOLL, M.: Dissertation Universität Hannover, 1985
128) PETROV, O.: Dissertation Universität Hannover, 1986
129) HAUFE, R.: Dissertation Universität Hannover, 1985
130) NARUTA, Y., NISHIGAICHI, Y., MARUYAMA, K.: Chem. Lett. **9**, 1703 (1986)
131) KOZIKOWSKI, A. P., HOJUNG, S.: Tetrahedron Lett. **27**, 3227 (1986)
132) FUNK, R. L., BOLTON, G. L.: J. Org. Chem. **49**, 5021 (1984)
133) AP SIMON, J. W., COLLIER, T. L.: Tetrahedron **42**, 5157 (1986)
134) TOMIOKA, K., KOGA, K., in: „Asymmetric Synthesis“ (J. D. Morrison Hrsg.), Vol. II, Academic Press, New York, S. 201 (1983)
135) MARTENS, J.: Chem. Ztg. **110**, 169 (1986)
136) D'ANGELO, J., MADDALUNO, J.: J. Am. Chem. Soc. **108**, 8112 (1986)
137) TOMIOKA, K., KAWASAKI, H., KOGA, K.: Tetrahedron Lett. **26**, 3027 (1985)
138) HELMCHEN, G., WEGNER, G.: Tetrahedron Lett. **26**, 6047 (1985)
139) HELMCHEN, G., WEGNER, G.: Tetrahedron Lett. **26**, 6051 (1985)
140) OPPOLZER, W., MORETTI, R., BERNARDINELLI, G.: Tetrahedron Lett. **27**, 4713 (1986)
141) OPPOLZER, W., MORETTI, R.: Helv. Chim. Acta **69**, 1923 (1986)
142) OPPOLZER, W., STEVENSON, T.: Tetrahedron Lett. **27**, 1139 (1986)
143) MUKAIYAMA, T., IWASAWA, N.: Chem. Lett. **4**, 913 (1981); weitere Lit. siehe dort
144) JACKSON, A. H., PANDEY, R. K., ROBERTS, E.: J. Chem. Soc., Chem. Commun. **1985**, 470
145) SOAI, K., OOKAWA, A.: J. Chem. Soc., Perkin Trans. I **1986**, 759
146) TOMIOKA, K., SUENAGA, T., KOGA, K.: Tetrahedron Lett. **27**, 369 (1986)
147) OPPOLZER, W., SCHNEIDER, P.: Helv Chim. Acta **69**, 1817 (1986)
148) OPPOLZER, W., POLI, G.: Tetrahedron Lett. **27**, 4720 (1986)

149) DAVIES, S. G., WALKER, J. C.: J. Chem. Soc., Chem. Commun. **1985**, 209
150) LIEBENSKIND, L. S., WELKER, M. E.: Tetrahedron Lett. **26**, 3079 (1985)
151) JOHNSON, C. R.: Acc. Chem. Res. **6**, 341 (1973)
152) SOLLADIE, G.: Synthesis **1981**, 185
153) POSNER, G. H., in: „Asymmetric Synthesis" (J. D. Morrison Hrsg.), Vol. II, Academic Press, New York, 225 (1983); weitere Lit. siehe dort
154a) POSNER, G. H., SWITZER, CH.: J. Am. Chem. Soc. **108**, 1239 (1986)
154b) POSNER, G. H.: Acc. Chem. Res. **20**, 72 (1987)
155) KAHN, S. D., HEHRE, W. J.: J. Am. Chem. Soc. **108**, 7399 (1986)
156) BINNS, M. R., HAYNES, R. K., KATSIFIS, A. A., SCHOBER, P. A., VONWILLER, S. C.: Tetrahedron Lett. **26**, 1565 (1985); weitere Lit. siehe dort
157a) BINNS, M. R., LEE CHAI, O., HAYNES, R. K., KATSIFIS, A. A., SCHOBER, P. A., VONWILLER, S. C.: Tetrahedron Lett. **26**, 1569 (1985)
157b) HUA, D. H., VENKATARAMAN, S. COULTER, M. J., SINAI-ZINGDE, G.: J. Org. Chem. **52**, 719 (1987)
158a) HUA, D. H., SINAI-ZINGDE, G., VENKATARAMAN, S.: J. Am. Chem. Soc. **107**, 4088 (1985); weitere Lit. siehe dort
158b) KOSUGI, H., KITAOKA, M., TAGAMI, K., TAKAHASHI, A., UDA, H.: J. Org. Chem. **52**, 1078 (1987)
159) FUJI, K., NODE, M., NAGASAWA, H., NANIWA, Y., TERADA, S.: J. Am. Chem. Soc. **108**, 3855 (1986)
160) BERNARDI, A., CARDANI, S., POLI, G., SCOLASTICO, C.: J. Org. Chem. **51**, 5041 (1986)
161) COREY, E. J., PETERSON, R. T.: Tetrahedron Lett. **26**, 5025 (1985)
162) YAMAGUCHI, M., HASEBE, K., TANAKA, S., MINAMI, T.: Tetrahedron Lett. **27**, 959 (1986)
163) PFAU, M.: J. Am. Chem. Soc. **107**, 203 (1985)
164) SCHOLLKOPF, U., PETTIG, D., BUSSE, U., EGERT, E., DYRBUSCH, M.: Synthesis **1986**, 737
165) TOMIOKA, K., YASUDA, K., KOGA, K.: Tetrahedron Lett. **27**, 4611 (1986)
166) ENDERS, D., PAPADOPOULOS, K., RENDENBACH, B. E. M.: Tetrahedron Lett. **27**, 3491 (1986)
167) ENDERS, D., RENDENBACH, B. E. M.: Tetrahedron **42**, 2235 (1986)
168) COREY, E. J., NAEF, R., HANNON, F. J.: J. Am. Chem. Soc. **108**, 7114 (1986)
169) BELOKON, Y. N., BULYCHEV, A. G., RYZHOV, M. G., VITT, S. V., BATSANOV, A. S., STRUCHKOV, Y. T., BAKHMUTOV, V. I., BELIKOV, V. M.: J. Chem. Soc., Perkin Trans. I **1986**, 1865
170) SEEBACH, D., ZIMMERMANN, J.: Helv. Chim. Acta **69**, 1147 (1986)
171) SCHOMBURG, D., THIELMANN, M., WINTERFELDT, E.: Tetrahedron Lett. **27**, 5833 (1986)
172) RIMPLER, CH.: Dissertation Universitat Hannover, 1986
173) CRAM, D. J., SOGAH, G. D. Y.: J. Chem. Soc., Chem. Commun. **1981**, 625
174) CONN, R. S. E., LOVELL, A. V., KARADY, S., WEINSTOCK, L. M.: J. Org. Chem. **51**, 4710 (1986)

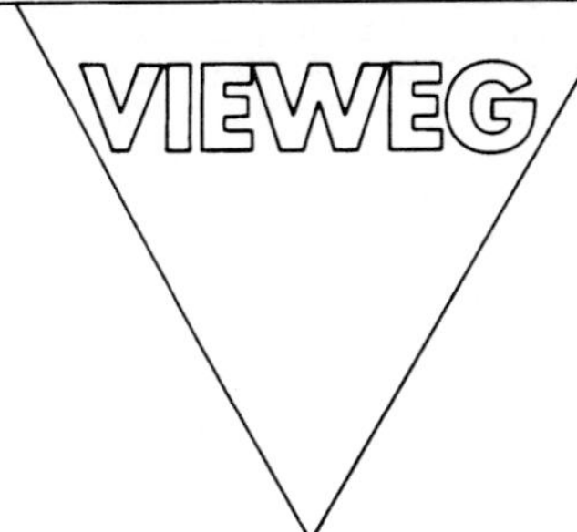

Gerhard Schmidt

Pestizide und Umweltschutz

1986 XIV, 466 S mit 109 Abbildungen 17 x 24,5 cm Geb

Der massive Einsatz von Pestiziden in Landwirtschaft und Hygiene bedeutet, wie hinreichend bekannt ist, fortschreitende Zerstorung der Umwelt und Bedrohung menschlichen Lebens Um die Toxizitat von Chemikalien zu beurteilen, mussen die Wirkungsweisen bekannt sein, diese werden deshalb eingehend behandelt Bei der breiten Diskussion der Einsatzmoglichkeiten wird deutlich, daß kein Bekampfungsverfahren fur sich allein Erfolg sichert, sondern eine Integration von Verfahren notig ist Das Buch ist die umfassende Bestandsaufnahme der biologischen und chemischen Kenntnisse und Erfahrungen und um das Thema Schutz der menschlichen Umwelt und zeigt wissenschaftlich fundierte und praxiserprobte Wege der Verwirklichung Da das Thema uns alle angeht, reicht der Kreis der Pflicht-Leser von Studenten und Dozenten an Hochschulen bis zu Schullehrern, von Gesetzgebern bis Regionalplanern und schließlich zu allen okologisch Interessierten

Walter Schunack, Klaus Mayer und Manfred Haake

Arzneistoffe

Lehrbuch der Pharmazeutischen Chemie

2., uberarb Aufl 1983 XII, 608 S mit 43 Abb und 103 Tab 17,5 x 24,5 cm Geb

Pragnanz, klare Gliederung und Aktualitat wurden in Besprechungen zur Erstauflage dieses Lehrbuches hervorgehoben Seine neuartige Konzeption einer integrierten Darstellung stofflich-chemischer und biochemischer Aspekte der Arzneistoffe erlaubt es, Themen wie Struktur-Wirkungs-Beziehungen und Arzneistoffentwicklung, in die chemische und biologische Inhalte gleichermaßen einfließen, zusammenhangend verstandlich zu machen Durch Eingliederung pharmakologischer Abschnitte wird der medizinischen Zweckgebundenheit der Arzneistoffe Rechnung getragen

Die Anforderungen der geltenden Approbationsordnung finden Berucksichtigung So enthalt das Buch auch Abschnitte aus dem Grenzbereich zur Medizin wie beispielsweise Blutuntersuchung und Enzymdiagnostik

Das Lehrbuch wendet sich insbesondere an Studierende der Pharmazie Dem praktischen Apotheker dient es zur Fort- und Weiterbildung sowie als aktuelles Nachschlagewerk

Lubert Stryer

Biochemie

(Biochemistry, dt) Aus dem Engl ubers von J Guglielmi und B Pfeiffer 4., durchges Aufl 1987 X, 750 S. mit 984, meist mehrfarb Abb 22 x 24 cm Geb

Das enorme Anwachsen des biochemischen Wissensstoffes machte eine uberarbeitete Auflage des bewahrten Lehrbuches notig Hierbei ist nicht nur eine Anpassung der einzelnen Kapitel und der Literaturzitate an den neuesten Stand der Forschung erfolgt, das Buch hat außerdem eine Erweiterung um zwei vollstandig neue Kapitel erfahren Das eine befaßt sich mit der Koordination und Steuerung der Stoffwechselvorgange, das andere mit einem heute hochaktuellen Thema, mit den Moglichkeiten zur Genveranderung – einem Problemkreis, der die Wissenschaft noch einige Zeit beschaftigen wird

Das Lehrbuch ist fur Studenten der Biochemie, der Biologie und der Medizin geschrieben Fur Medizinstudenten ist dem Buch eine Synopse beigefugt, die den Inhalt in bezug auf die Anforderungen des Gegenstandskatalogs aufschlusselt

GPSR Compliance

The European Union's (EU) General Product Safety Regulation (GPSR) is a set of rules that requires consumer products to be safe and our obligations to ensure this.

If you have any concerns about our products, you can contact us on ProductSafety@springernature.com

In case Publisher is established outside the EU, the EU authorized representative is:

Springer Nature Customer Service Center GmbH
Europaplatz 3
69115 Heidelberg, Germany

Zeitfracht Medien GmbH
Ferdinand-Jühlke-Straße 7
99095 Erfurt, Deutschland
produktsicherheit@kolibri360.de